Fr. Th. v. Hippel's

sämmtliche Werke.

Dritter Band.

Lebensläufe nach aufsteigender Linie.

Dritter Theil, erster Band.

Berlin,

bei G. Reimer.

1828.

Lebensläufe

nach

aufsteigender Linie

nebst Beilagen A, B, C.

Meines Lebenslaufs

Dritter Theil, erster Band.

Berlin,

bei G. Reimer.

1828.

D. Chodowiecki f. 1781

Wir sprachen kein **lebendiges** Wort; — als ob's **todte** gebe? nach der Weise von todten und lebendigen Sprachen? — Wenn man lebendige Worte thätige, mit Handlungen verbundene nennen wollte, würden freilich auch todte Worte seyn. O dem Todten! Gott ehre mir Leute, die Hand und Mund zugleich bewegen, pflegte mein Vater zu sagen. Freilich deutete er diesen Ausspruch auf Güte des Herzens und Mildthätigkeit; allein er ehrte auch das Symbol und hatte die Gewohnheit, die Hand mitsprechen zu lassen. —

Seufzer, halberdrückte Achs nennt nicht **todte Worte**, ihr Wortkrämer! denn die gelten mir mehr als eure Klagelieder und Condolenzen. Wenn es auf Achs kommt, löst der Geist den verstummten Leib ab, drängt sich vor, vertritt ihn und läßt sich allein hören. Es giebt unaussprechliche Achs! — Abba, mein Vater! — die Carthäuserparole: bedenke das Ende! war gewöhnlich unsere ganze Unterhaltung. Gretchen und ich hatten das Meiste eingebüßet; war es Wunder, daß unser Schmerz zuweilen bis auf's memento mori die Sprache verlor? daß der Geist das Wort nehmen mußte? In wenigen Tagen sahen wir etwas Grünes auf Minens Grabe das Haupt empor heben, und das war uns so willkommen, als wenn Minens Leib, diese Gottessaat, schon aufginge. Gretchen küßte dies erste Grün und bethaute es mit ihren Thränen. Sie war neidisch auf Thau und Regen, und wollte diese Erstlinge durchaus nur mit Thränen auferziehen. — — Mich hatte die Empfindung beim Anblick dieses ersten Grüns gelähmt. Es war mir, als säh' ich ein Stück von Minen. Am Kopfende schoß dieses erste Grün hervor. Den Noah konnte der Oelzweig so nicht entzücken, als uns dieser Aufschlag aus einem Gebeinhause. Entweder war der gute Prediger so voll von seiner Abhandlung, oder er legt' es geflissentlich dazu an, mich zu zerstreuen; denn eh' ich's mich versah, ließ sich der Schriftsteller hören. Ja wohl, er ließ sich hören.

Vor dem Begräbnisse war dem guten Prediger selbst Minens Andenken, eben so wie uns, Ein und Alles. Nach der Beerdigung trat er zwar auch die meiste Zeit unsern Empfindungen bei; indessen konnt' er zuweilen nicht umhin eine Störung zu machen, wenn wir uns Minens letzte Lebenstage in's Herz hineinmahlten, einbildhauten. Da galt es denn den Stuhl, auf dem Mine am liebsten gesessen, jeden Ort, wo sie an mich gedacht, wo sie voll Hoffnung, mich zu sprechen, gewesen — wo ihr diese Hoffnung den Dienst aufgesagt, wo sie diese Schwäche empfunden, mit dem rechten Arm ihren Kopf gestützt, und sich Gott ergeben, wo —

Eben öffneten mir diese Erinnerungen Thür und Thor. — Nur Ein Wort, nur ein Sterbenswort von Minen, fieng ich an, wie glücklich hätt' es mich gemacht! und der Prediger, „was den Druck betrifft," er that, als ob es eine Antwort auf unser Seelenringen wäre; „was den Druck betrifft;“ er sey nicht kostbar, allein rein, so wie jeder Anzug. Eine gute Wäsche ist bei mir mehr als Gold- und Silberbesatz. In dem Stück bin ich sehr für die Engländer und Holländer. Fast scheint es, saubere Wäsche und gut Papier wären nicht so weit auseinander. Beide Nationen, saubere Wäsche und sauber Papier. Ist das Papier gut, ist viel gut.

Dergleichen Eingriffe waren was Gewöhnliches, und damit meine Leser den Haupteingriff überstehen und einmal wissen, woran sie sind: Der Eingang des Werks war ein Sündenverzeichniß von Saul und David. Dieser raubte dem Urias das Leben, weil er eine schöne Frau hatte; jener war gegen die Feinde Israels mehr schonend, als er sollte. Heut zu Tage würde man sagen, er war menschlicher — und Saul empfand den Bind-, David den Löseschlüssel. —

Meine Leser werden den Uebergang zum Thema ohne meine Handleitung finden. Die Sünde in oder wider den heiligen Geist ward wie gewöhnlich in der Art behandelt, daß der erste Theil die unrechten Begriffe enthielt, welche man sich gewöhnlich von der Sünde wider den heiligen Geist mache. Unter diesen unrechten Begriffen kamen freilich einige vor, auf die kein Mensch eher als unser guter Schriftsteller gekommen. Er brachte darauf, weil er recht auf Irrwege studiert hatte. Der zweite Theil war der rechte Weg, oder eigentlich der, der ihm gefiel. Ueberall auf Weg' und Abwegen eine Belesenheit, die sich nicht blos auf die rußigen Bücherschränke der Gegend erstreckte, wie der gute Prediger sagte — sie ging weiter. — Ich würde zwar (Gott wend' es aber in Gnaden ab) nicht die Sünde quaestionis, allein doch eine wirkliche Sünde begehen, wenn ich meinen Lesern von diesem gewiß bewanderten Werke eine weitläufige Erzählung auslieferte. So viel ist gewiß, daß ich den guten Prediger mit seiner Ausarbeitung ziemlich zweifelhaft machte, indem ich ihm, in beliebter Kürze und Einfalt, meines Vaters Meinung über diesen heiligen Gegenstand eröffnete, der die Sünde wider den heiligen Geist eine Bemühung nannte, das in's Herz geschriebene natürliche Gesetz, die Regel, das göttliche Alphabet auszulöschen. Das Kind mit dem Bade ausgießen, sagte der Prediger, und legte die drei Finger seiner rechten Hand an seine Stirn und sodann an's Herz, als ob er an beiden Orten anklopfen wollte. Endlich ward ihm aufgethan. Ich würde, fieng er an, meine citationseisenschwer beschlagene Abhandlung gern Ihrem Herrn Vater auf eine freundschaftliche Bleifeder übersenden; allein ich fürchte, daß nach diesen Grundsätzen wenig von diesem gelehrten Stücke zurückkommen möchte. Ich versicherte den guten Prediger, ohne, wie ich bemerkt, ihm ein Compliment zu machen, daß mein Vater keine Bleifeder hätte.

Selten, pflegt' er zu sagen, ist das beständig, was durch ihre Vermittelung an Tageslicht kommt. Schwarze Wäsche und Tafelgedecke verzeichnete meine liebe Mutter mit der Bleifeder, wie es sich eignet und gebühret. Wenn schwarze Wäsche (meine Mutter nannte es schwarzes Zeug) und Tafelgedecke wieder durch Wasser und Luft gereiniget waren, weg waren auch die Bleifederworte. Das mit Bleifeder beschriebene Papier reibt sich an Allem, was ihm nahe kommt, sagte meine Mutter, und sehnt sich recht geflissentlich, von einer solchen

Unzierde befreit zu werden, wie ein stolzes Pferd von einem schwachen Reiter. Nennt es Bleistift, und nicht Feder — Feder ist zu schade, fuhr sie fort. — Da also mein Vater, sagt' ich, keine Bleifeder hat, und schwerlich eine von meiner Mutter leihen wird: so bin ich fest überzeugt, daß er Ihre Schrift von der Sünde wider den heiligen Geist ohne Bleifeder lesen werde. Vortrefflich, sagte der gute Schriftsteller; wollte Gott! es wären keine Bleifedern in der Welt, und unsere Kritikaster bedächten: wer die Bleifeder nimmt, wird durch die Bleifeder umkommen; richtet nicht, so werdet ihr nicht gerichtet. Kommt denn, fragte der Prediger, kommt denn Alles bei Ihrem lieben Vater ungeschlagen davon, was er hört und lies't? Seine Art ist, erwiedert' ich, ohne Bleifederstrich, ohne Beziehung auf es sey gehörtes oder gelesenes Wort, ein Wort zu seiner Zeit nicht schriftlich, auch nicht einst mündlich, anzubringen, sondern mündlich zu verlieren. Zuweilen scheint es, fuhr ich fort, daß das, was er sagt, so passe, wie die Faust auf's Auge; indessen war mir oft ein solch verlornes Wort ein Wort des Lebens zum Leben. — Dem Prediger gab das verlorne Wort Gelegenheit, von der verlornen Schildwache zu reden, und da ließ ich ihn sobald nicht los. — Er war ein kleiner Politicus, las die Zeitungen, wußte alle preußische Regimenter namentlich und ihre Uniform; das war aber auch Alles! An mir fand er einen andern Mann, ich sprach vom großen und kleinen Dienst, und hielt den Ehrenmann fest. Was eine verlorne Schildwache nicht machen kann! Hier fand mich der Prediger gewiegter als bei seiner Abhandlung. Er wollte heim; ich war in meinem Element. Endlich jammerte mich sein, ich lösete die Schildwache ab. —

Anlangend den Druck, fieng der Prediger, sobald er Luft hatte, an, und dankte dem Himmel, daß er aus den Händen des Kriegsknechts war, der ihm Werbegeld aufdringen wollen, anlangend den Druck, wiederholt' er, ohne weiter eine Begierde zu äußern, die Bleifeder meines Vaters auszufordern, so sey er nicht kostbar, allein rein. — Ein gutes Wort muß eine gute Stätte finden. — Der gute Prediger, der sich aus so manchem von mir verlornen Wort überzeugt hatte, daß mein Vater mit seiner Abhandlung nicht zufrieden seyn würde, ging ganz betrübt von meinem Vater, wie der Jüngling von Christo, der Alles gehalten hatte von seiner Jugend an: denn wahrlich! der Prediger war so wenig entschlossen seine Noten zu streichen und den gelehrten Wust, wie dieser Jüngling sein Hab und Gut zu verkaufen und es den Armen Preis zu geben. So wirst du einen Schatz im Himmel haben, sagte Christus zum Jüngling. Wer opfert ihm aber eisenschwere Gelehrsamkeit, welche doch Motten und Rost fressen, darnach Diebe graben und sie stehlen? —

Vom Kriegsdienst ist vor der Hand zwischen uns Beiden, nach diesem Ritt, keine Sylbe weiter vorgefallen.

Wir fiengen nach einer geraumen Zeit sehr regelmäßig, weil die Sünde wider den heiligen Geist uns darauf gebracht hatte im Gespräch, von der heiligen Regel an, die man in Ehren halten müßte, wenn gleich sonst Alles über und über ginge.

Alles in der Natur sucht sich an Etwas zu halten. Der Verstand an der Regel, die er als Gottes Bild ehret, und wahrlich! sie ist Gottes Bild. Sie ist nicht Buchstab, sie ist Geist von Geist. Meine Mutter würde sagen: Diese Regel streichen, heißt: wider besser Wissen und Gewissen handeln und wandeln. Wehe dem Menschen, durch welchen Aergerniß wider diesen heiligen Geist kommt! es wäre besser, daß ein Mühlstein an seinen Hals gehenkt und er ersäufet würd' im Meer, wo es am tiefsten ist. Dies ist das eigentliche Verbrechen der beleidigten göttlichen Majestät, nicht aber das, was Stadt-, Land- und Kaiserrecht so nennt.

Wollte Gott! setzt' ich hinzu, Ihr Werk würde diesem Aergerniß steuern und wehren! Man kann nicht wissen, antwortete der Prediger.

Was würd' aus uns werden ohne Regel? Da würd' all' Augenblick einer seinen Zauberstock aufheben, und das Volk würd' ihm dienen. Warum überzeugen wir uns jetzt nicht von Zaubereien? Weil wir der Regel den Boden ausstoßen würden, da würde sie denn liegen in ihren Ruinen. Regeln sind das Salz der Erden, wenn aber das Salz dumm wird, womit will man salzen? Erzähl' ein Wunder von heut und gestern oder ehegestern, wo findest du Glauben, und warum dieser Unglaube? Hat denn Treu' und Glauben aufgehört auf Erden? Nicht also, wohlmeinender Zeterrufer! Die Natur nahm ihren Anfang durch ein Wunder. Wunder genug! Jetzt ist Alles ohne Sprung. Die Sphärenmusik ist ein einfaches Lied und keine Ode. Es geht natürlich zu, heißt: es versteht sich Alles von selbst; die allerorthodoxesten, wundervollsten Geistlichen selbst haben den Wundern Ziel und Maaß setzen müssen. Bis dahin, und weiter nicht, sollten die Ausnahmen von der Regel stattfinden und die Wundergaben im Schwange gehen. — Die alten Propheten sind todt; die neueren haben kein Creditiv vorzeigen können; obgleich meine Mutter jederzeit über die wenige Aufmunterung für die jungen Propheten die Achseln zog. Wenn wir keine jungen Propheten leiden, werden wir auch keine alten ziehen. Jung gewohnt, setzte sie hinzu, alt gethan.

Sie verstand indessen durch einen Propheten nur einen Superintendenten, der ein Paar Zoll höher wäre (im Kunstwort: mehr hätte), als der regierende Herr in Curland. —

Wie kommt's aber, daß Alles die Ohren spitzt, wenn vom Wunderbaren die Red' ist? Das kommt, weil der Verstand steif und fest auf seine Regel hält und den Feind kennen lernen will, der diese seine Veste einzunehmen drohet. Das kommt, weil der Verstand sein Richteramt beweisen und Urtel und Recht eröffnen will wider den, der die Grenzen zu verletzen drohet. Das kommt auch, würde meine Mutter sagen, „durch Adams Fall und Missethat." Wahrlich! der Mensch ist sehr zum Fall geneigt; wer steht, mag wohl zusehen, daß er nicht falle. Wir nähren all' eine paradiesische Schlange im Busen. Der Mensch hat zuweilen einen schrecklichen Hang zum Aufruhr. —

Alles dies, und noch mehr von der nämlichen Manier, brachte den Prediger nicht weiter auf meines Vaters Bleifeder, wiewohl er noch öfter als zuvor an reinen Druck und an weißes Papier dachte. Kostbar sey er nicht, nur rein. —

So viel weiß ich, daß ich meine Zeit in L** nach den academischen Wünschen gut angewendet habe. Gott segnete auch meine Studia, Theorie und Praxis! Ich habe viel, viel an dem Grabe meiner Mine gelernt, wo am Kopfende Grün hervorschoß. Wir werden wiederkommen, rief ich zuweilen aus, und Gretchen faltete die Hände, wir werden wiederkommen gen Zion mit Jauchzen, ewige Freude wird über unserm Haupte seyn, Freude und Wonne wird uns ergreifen und Seufzen wird weg müssen! Gott wird uns wiedergeboren werden lassen zu einem unvergänglichen, unbefleckten und unverwelklichen Erbe, das im Himmel ist.

Das erste Grün war uns eine Hieroglyphe ihrer Auferstehung. Es kam uns vor als richtete Mine sich auf, und nie ist das erste Grün so bewillkommt worden als dieses! — Es kam von Minen! — Sie war handgreiflich — so kam es uns vor. Wir hatten ihre Grabeserde so gelockert und bearbeitet, daß sie wie ein Gartenacker aussah. Sie lebt, rief ich eben so entzückt, als wie ich sie fest an mein Herz drückte und ein warmer, lebendiger Odem sich aus ihren Lippen drängte. Sie lebt! rief ich, und Gretchen rief auch: Sie lebt! — Wahrlich, lieben Leser! dies Alles war mehr als arcadische Gärtnerei. — Es lag ein Sinn in dieser Hieroglyphe. — — —

Wenn man sich acht Tage so auf dem Dach' ist, als ich dem guten Prediger, hat man sich weg. — Die Bücher sind Lexica, nach Beschaffenheit der Umstände Real oder Verbal. Mehr kann ich ihnen nicht zugestehen. Mensch, lerne dich! Welch' ein großes Wort, sagten wir Beide, der Dekanus, der die vorige Nacht Großvater geworden war, und ich, der ich nicht viel weniger — Student werden sollte. Wahrlich! ein großes Wort! — allein, welch' ein schweres Wort zugleich! Der Vater lernt sich erst in seinem Sohne kennen. Nie=

mand will in sich hinein; außer sich herumzuschweifen, hat der Mensch eine so eingefleischte Lust, daß er gern unstät und flüchtig ist. Sein eignes Haus brennt dem Menschen über'm Kopf, er fürchtet, in sich hinein zu blicken, wie Kinder, in einem Zimmer allein zu schlafen. Darum die Geselligkeit. — Wenn ich an diese güldene Regel komme: Mensch, lerne dich, bin ich in meiner Heimath. Die Theologen nennen das Selbstverleugnung, was wirklich ein großer Theil von Selbstkenntniß ist. Man muß sich absterben, um sich aus den Todten hervorgehen zu sehen, und solch ein Erstandener, das bist du, Selbstkenner! —

Es kam zwar in unsern Lektionen der Herr Graf sehr oft und viel vor; indessen dachten wir nicht anders an ihn, als exempli gratia (zum Beispiel). Freilich hätten wir auch auf einen Besuch, den wir ihm schuldig waren, fallen sollen, und des Predigers Pflicht wär' es vorzüglich gewesen, sich und mich daran zu erinnern, da der Graf ein Stück von seinem Kirchenpatron und sein Wohlthäter war. Auf einmal ein Brief mit Pleureusen vom Hochgebornen Nachbar. Eine Einladung auf morgen, sagt' ich. — Das nicht, erwiederte der Pastor und bemerkte zugleich, daß der Graf niemals Jemanden auf einen gewissen bestimmten Tag zu sich bäte. Er lebt in diesem Stück, setzte der Prediger hinzu, wie man stirbt. Es muß ihm Alles unvermuthet kommen. Wer kann, soll er sagen, einen über zwei, drei Tage, auch wohl mehr, zur Mahlzeit einladen? Diese Nacht kann man deinen Appetit von dir fordern! Sehet zu, wachet, denn ihr wisset nicht, wann es Zeit ist. Wer sterben lernt, muß so und nicht anders leben, sey des Grafen Losung, die er übte, wo es sich nur irgend üben ließe.

Wie gesagt, der Brief war nur eine Erinnerung an unser Versprechen. Wenn bewirthen so viel heißt, als den Gast zu dieser Aufnahme durch eine Einladung vorbereiten, so hat der Graf noch in seinem Leben keinen aufgenommen und bewirthet. Es ward beschlossen, den folgenden Tag dem Grafen zu widmen, und damit mir Alles desto unerwarteter seyn möchte, ließ mich der Prediger in Absicht der Einrichtung des gräflichen Gebeinhauses in wohlgemeinter Unwissenheit. — Die Predigerin wollte mit, es gefiel ihr dort unaussprechlich, und gern hätte sie es in ihrem Hause in's Kleine gebracht, was dort im Großen war. Der Prediger und Gretchen konnten nicht aufhören zu steuern und zu wehren, damit dieses Miniaturstück unausgeführt bliebe. — Der Prediger schlug seiner Frau eben darum auch ab mitzufahren. Der Prediger und ich fuhren früh aus, um zeitig in — — zu seyn. Gretchen blieb bei ihrer Mutter. — Wie sehr freu' ich mich, diesen Grafen besucht zu haben! — Der Prediger aus L—, der schon im gräflichen Hause bekannt war, führte mich sogleich in ein Zimmer, wo Särge gearbeitet wurden. Es war das Bedientenzimmer; denn Niemand als ein Sargtischler, wie der Graf mich selbst nachher versicherte, wurde in seinen Dienst auf- und angenommen. Es wurden beständig Särge gearbeitet. Der Graf diente armen Leuten aus seiner Sargfabrik. Jetzt war kein Provisionssarg in Arbeit. Der Sargtischler hatte Thränen in den Augen, wie der in Curland, den meine Mutter des Todes Zimmermann nannte, und der in seiner Gewerksstube herzlich weinte, wenn er einen Sarg für einen Redlichen im Lande erbauete. Gott, sagte der Weinende und wandte sich zu seinem Beichtvater, meinem Reisegefährten! Ach Gott! lieber Herr Pfarrer, der künftige Einwohner dieses Hauses hatte ein schönes Ende! Das letztemal, daß ich für Jemand einen Sarg mache, den ich sterben gesehen! Mag es thun, wer's kann — ich nicht — ich hoble mir das Herz ab.

Dieser Ausdruck, der ihm, wie man deutlich sahe — entfuhr, schlug ihn nieder. Er verlor Spannung und Kraft. Das Handwerkzeug entfiel ihm. — Das Rührendste war immer, daß er sein Gesicht in ein Stück seiner Schürze verhüllte. Dies ist ein wohlhergebrachtes Zeichen der Traurigkeit. Wir verhüllen uns, als ob wir der Welt entsagen und uns auf uns selbst einschränken wollten, als ob der Fall zu schwer wäre, um ihn fassen — selbst um ihn sehen zu können. Wahrlich dieser Vorgang hobelte nicht nur dem Sargtischler das Herz ab — ich war, wie er, hin! Er schluchzte unter der Schürze! — Freund! fieng der Prediger an, man sieht und hört es ihm an, daß er beim Herrn Grafen das Sarghandwerk noch nicht ausgelernt. — Es wird sich geben — ist er denn nicht auch sterblich? — Seine Mitarbeiter, die sich bis dahin nicht einen Augenblick abhalten lassen, kamen jetzt zusammen, als kämen sie zur Kirche. Einer nahm ihn an die Hand, ein anderer streichelt' ihm den Arm, ein dritter legte seinen Kopf auf seine Schulter, als ob er ihm Trost in's Ohr sagen wollte; der vierte, der unempfindlichste, wollt' ihm den Vorhang wegreißen. Unser Betrübter hielt die Schürze fest vor's Gesicht. Dieser vierte schien es eben so gut zu meinen, wie die drei andern;

allein wer den Menschen kennt, wird es finden, was für eine grausame Beschämung es für unsern Weinenden gewesen wäre, wenn er uns Alle in's Gesicht bekommen hätte. Der Mensch scheint sich in dergleichen Fällen zu schämen, daß so viele Leute gefaßt sind, nur er nicht. — Ueberhaupt sieht man selten den Tröster an, es wäre denn, daß viele Trostbedürftige zusammen sind; dann überträgt einer den andern in Rücksicht dieser Beschämung. — Der vierte riß wirklich endlich die Schürze herab — wie konnte der Traurige lange widerstehen? Schmerz macht schwach. -- Unser Weinender machte indessen die Augen ganz dicht zu, und da stand er jämmerlich. Der erste nahm dem vierten die Schürze aus der Hand und gab sie dem Weinenden wieder. — In dieser Handlung traf uns der Graf, dem des Predigers und meine Ankunft gemeldet war! — Alles blieb, wie es da stand. Niemand kam dieses Ueberfalls wegen aus seiner Stellung. Niemand schlich sich an seine Werkstätte, alles schien an Ort und Stelle, selbst unser Betrübter nicht ausgenommen, der Mittelpunct dieser Scene. Was da? fragte der Graf, nachdem er den Prediger und mich mit einem guten Morgen begrüßt oder beherziget hatte. — Der Prediger nahm das Wort: — F e r d i n a n d hat den Einwohner des Hauses sterben gesehen, das er bauet! Nun, sagte der Graf, Fassung, Ferdinand! Begrab' ich denn nicht Alle, die ich sterben sehe? Leim' ich nicht hier und da selbst ein Leistchen an den Sarg? Der junge Mensch, der hier einziehen soll, hatte ein frommes, gutes, edles, warmes Mädchen, das ihm starb. Sie starb, und er — ihr nach. Gott! in deine Hände befehl' ich meinen Geist, dacht' ich tief im Herzen. Der junge Mensch hatte eine

Mine, fuhr ich fort im Herzen zu denken, und war froh, daß Gram und Kummer wegen verunglückter Liebe so lang' am Herzen nagten, bis es durch und durch ist, bis man nachstirbt. Mein Auge sah gen Himmel starr. Ha, sagte der Graf, der mich bei der Hand nahm, da haben wir's. Gelt! wenn Sie einen Sarg für diesen Jüngling machen sollten? Gern, griff ich ein, sehr gern. Das glaub' ich, erwiederte der Graf. Sie würden nicht weinen und heulen. Nein, sagt' ich, ich würd' es nicht — nicht einen einzigen Thränentropfen, nicht einen. — Das glaub' ich, erwiederte der Graf; der stirbt gern, sehr gern, den diese Welt nicht entschädigen kann, es sey in Wirklichkeit oder in Einbildung. So hab' ich einen jungen Menschen gekannt, der mit Freuden dem Tode entgegenging, weil er die Zierde seines Haupts, seine Haare verlor. Er hatte sie so schön wie Absolon; allein eben so leicht, wenn er's bedacht hätte, eben so leicht wie Absolon, hätt' er an einer Eiche hängen bleiben können. — Eine Krankheit raubte ihm diese Zierde, gegen die ihm der Tod wie gar nichts schien. Er erholte sich zusehends. Kein vernünftiger Arzt entdeckt dem Patienten die erste Erholungsspur. Dies würde heißen, auf dem Richtplatze Pardon ertheilen. Alle Affekte sind schon an sich dem Menschen schädlich, Freude so gut als Leid. Ein Stück von Fieber ist immer dabei, und wer ist wohl zu solchen plötzlichen Uebergängen aufgelegt? Nun war unser Absolon so weit in der Besserung gediehen, daß er sich nicht mehr auf dem Richtplatze befand, und nun kam der Arzt mit der frohen Nachricht, daß er und der Tod geschiedene Leute wären. Leben ist ein frohes Wort! ich setze ewig dazu, wenn ich mich freuen soll.

Bei den meisten Leuten ist das Wort leben schon genug. —

Froh blickt' unser Kranke auf, und sein Haupthaar war das Erste, mit dem er sich befreuen wollte. Er war mit ihm am mehrsten verwandt — allein es war dahin, und siehe da, er wollte nicht leben. Man hatte ihn zu voreilig versichert, daß seine Haare entweder nie wieder, oder wenigstens sehr spät, aufgehen würden, und wie konnt' er leben? Er hatte, wie Simson, seine Stärke in den Haaren. Man nannte ihm Völker alter und neuer Zeit, die sich zur Zierde der Haare entäußerten; allein nichts — er ward krank und starb so ruhig, als wenn ihm im Tode die Haare wieder wachsen würden! — Du armer Absalon! Bist du denn in keinem Gebeinhaus gewesen? Hast du denn keinen gebleichten Schädel gesehen? Ich nenne so etwas auf Gottes Bleiche liegen, sagte der Graf im vertraulichen Lehrton, in den er oft fiel, und wahrlich! wir werden durch den Tod ausgewaschen. Wenn ich einen alten Mann, ich sage mit Fleiß alten Mann, mit einer Glatze, mit einem Todtenkopf sehe, denk' ich, der Mann ist schon dem Himmel näher als ich. — Wie gefällt Ihnen die Geschichte von Absalon, der wahrlich an den Haaren starb? — O Freunde! Nicht wahr, von vielen, von vielen Sterbenden kann man sagen, sie bleiben an einer Eiche hangen? Nicht wahr, Gevatter Prediger?

Bis dahin hört' ich den Grafen mit Vergnügen; da er aber zur Nutzanwendung überging und mir ganz deutlich zu verstehen gab, daß Minens Verlust von der nämlichen Art wäre, ward ich über diese Kälte, über diese Todeskälte des Grafen, wegen meines unersetzlichen Verlustes ungehalten. — Es schicken sich wenig Leute, dacht' ich, zur Nutzanwendung. — Ich wandte mich zu unserm **Weinenden und Heulenden**, und verlangte den Uebergang von der Geschichte des eben Verstorbenen zu dem Herzen des Sargtischlers. — Dieser Weg, dacht' ich, muß sehr gerade gehen. Der junge Mensch, fiel der Graf ein, hat ein Mädchen, die ihm seine Eltern verweigern, weil sie reich sind. Ihre Eltern sind reicher, als wir Alle — — sie sind todt. — Er hat nicht nöthig in meiner Werkstube zu seyn; allein er arbeitet für Protektion, er glaubt, mein Fürwort könnte hinreichend seyn, seine Eltern zu bequemen. — Und wenn das nicht, fuhr ich fort, so haben der Herr Graf Mittel und Wege, das arme Mädchen zu bereichern, und hier gleich und gleich zu machen. Ha, dacht' ich, das ist für deine Kälte, Hochgeborner Herr. Anwendung für Anwendung. Schon recht, junger Mann, erwiederte der Graf; allein wenn ich die Vorurtheile der Eltern befriedigen sollte, hätt' ich dann für die Einigkeit gesäet? Wahrlich, ich hätt' auf Fleisch und nicht auf den Geist gesäet — und am Ende, wenn ich jedes Mädchen bereichern sollte? — Ich ärgerte mich, und vorzüglich, weil der Mann bei seiner Todeskälte wieder Recht hatte. So ist, glaub' ich, das Recht überall. Man faßt Eis, man faßt den Tod an, nicht das rechte Recht ist so kalt, sondern das Weltrecht, mit dem man so selten zufrieden ist, daß man fast lieber Unrecht wünscht, um wenigstens laut schelten zu können. Das Weltrecht ist aus dem Codice genommen, der todt an ihm selbst ist. Das rechte Recht aus dem lebendigen Specialfall, der eben vorliegt. — Ein haarkleiner Unterschied aus der Ursache, nicht aus der Wirkung, wie ändert er die Sache! Casus in terminis. Welch' ein dummdreistes Kunstwort! Ist euch, ihr hochverordneten Rechtskauer, das Principium indiscernibilium denn ganz und gar unbekannt, und, um euren Collegen ein lehrreiches Exempel darzustellen, einen wirklichen casum in terminis, thut der Arzt nicht wenigstens, als ob er dem lebendigen Specialfall, der eben vorliegt, nach dem Leben, nach dem Puls faßt, obgleich auch er nach dem Corpore Juris Hypocratesiano sein Urtheil formt?

Der Graf setzte diese Unterredung, ohne daß ich es ihm nahe legte, fort. Ich hoffe, sagte er, die Eltern des Weinenden und Heulenden weichherzig zu machen, und dann hab' ich Alles aus der ersten Hand; wenn ich sie ausstatten sollte, hätt' ich's aus der zweiten, wo nicht gar dritten. Die erste Hand ist mir immer die beste und sicherste. Ich liebe, fuhr der Graf fort, Heirathen zu stiften; denn wo würd' ich sonst Gelegenheit zu Särgen vorfinden? Dieser Sonnenschein, den der Graf auf unsern Weinenden (ein Heulender zu seyn, hatt' er ohnedem schon aufgehört) schießen ließ, trocknete seine Thränen, er hobelte weiter, ohne seinem Herzen mit seinem Hobel zu nahe zu kommen, und ihm einen Gnadenstoß beizubringen.

Der Graf bat näher zu treten, und ich weiß auf Ehre nicht, ob es meinen Lesern und Leserinnen angenehm seyn werde, näher zu kommen. Sie kennen den Grafen so gut, wie ich, und wissen so gut, wie ich, daß ich sie nicht nach Arcadien begleiten werde. Der Graf würde in Egypten zu der Zeit recht an Stell' und Ort gewesen seyn, da in jedem Hause ein Todter war, und was noch mehr ist, die kernfrische Erstgeburt. — Der Graf schien in sei=

nen Todes-Hör- und Sehsälen sehr tolerant. Es sterben Christen und gottgläubige Deisten bei mir, sagt' er. Wenn gleich ich, mit Gottes Hülfe, wie ein Christ zu sterben der festen Zuversicht lebe; so will ich doch mein Haus zum Sterbehaus und nicht zur Mördergrube machen, das heißt: ich will nicht Christen werben, und ehrlichen Heiden in meinem Obdach zum erbaulich-christlichen Ende Handgeld beibringen. Kein Jude hat mir noch das Vergnügen gemacht, in meinem Hause zu sterben. Mein Haus ist ihm unrein, obgleich er selbst so unsauber ist, daß ich ihn für einen Cyniker halten würde, wenn er nicht ein Jude wäre. Ich habe zwar nach Anzahl der fünf Bücher Mosis fünf Juden sterben gesehen; allein bis auf einen nur sterben gehört, vier starben hebräisch, sie hatten den Tod auswendig gelernt, und beteten ihn so her, wie die Nonne den Psalter. Beim Amen — weg waren sie. Den fünften hab' ich observirt, dessen Aeußeres zwar jüdisch schien, sein Inwendiges aber war gottgläubig deistisch, und also gehört er eigentlich nicht in die Judenclasse. Barba non facit Philosophum. Der Bart macht keinen Juden. —

Wir kamen einen Sabbatherweg von unserer eigentlichen Straße ab, und ich hatte Gelegenheit, von dem jüdischen Volke die Meinung meines Vaters anzubringen. Hat der göttliche Judenbekehrer dies Volk nicht einlenken können, mußte er seinen Stab Sanft zu den Heiden übersetzen; warum wollen wir bei einem so schlechten Beispiel, das wir den Juden in den meisten Christen darstellen, mehr erwarten? Des Herrn Reich wird kommen, der Tag, den Gott allein machen kann, einbrechen, da trotz des bärtigen und unbärtigen Gottesdienstes, Eine Heerde und Ein Hirte seyn wird. — Der gute Prediger aus L— hatte viel überhaupt, besonders aber wegen der Sünde wider den heiligen Geist dagegen, welche sich im eigentlichsten Originalverstande das stockblinde jüdische Volk, wie er versicherte, zu Schulden kommen lassen; indessen mußte er die Juden für Archivarii, für Siegelbewahrer der christlichen Religion, anerkennen, und der Graf lenkte mit dem Umstande ein, daß er die vier hebräisch gestorbenen umgekehrt in das Buch der Sterbensläufe eingetragen. Der fünfte stand in einer Reihe mit den Gottgläubigen. Ich habe, sagte der Graf, Alles nach Orts = Umständen und Gelegenheit eingerichtet, und zwei Classen gemacht. Hier zu meiner Rechten Christen, zu meiner Linken Gottgläubige. Muhamedaner gehen diese Straße nicht; warum also? — Hier ist noch ein Simultanstübchen, wo Socinianer, Pelagianer, Semipelagianer, Berliner und Semiberliner (wie der Prediger — — in — — die neueste Ketzerei nennet) bleiben können. Es sind indessen nur zwei Socinianer hier unsanft entschlafen; die meisten haben sich zu einer der größten Classen ohne meine Mitwirkung bekehret und sind auf Prima oder Secunda, oder zur Rechten oder Linken gestorben. Ich selbst bin ein Christ, mache mir eine Ehre daraus, und alle rechtschaffene Primaner erkennen mich dafür.

Ha, fing der Graf, wie aus einer frischen Champagner=Bouteille, an: meine Mode ist Vielen ein Geruch des Todes zum Tode. Sie spotten mein, und belegen mich mit apocryphischen Schandnamen. Es sey also, ich achte Alles für Schaden gegen diese überschwengliche Erkenntniß; Sterben ist mein Gewinn; ich schätze mich selbst noch nicht, daß ich's ergriffen hätte.

Eins aber sag' ich, ich vergesse was dahinten ist, und strecke mich zu dem, was da vornen ist, und jage nach dem vorgesteckten Ziele nach dem Kleinod. — Zwar leugne ich nicht, daß die Kranken- und Todeswärter auch Träger. von je her eben nicht in großem Ansehen gestanden, und daß schwerlich, so lange die Welt steht, ein des heiligen Römischen Reichs Graf und Herr sich damit beschäftiget haben dürfte; aber dafür hab' ich auch die Ehre, der Erste in dieser Art zu seyn. Es ist wahrlich ein Stück von Adam in seiner paradiesischen Pracht und Herrlichkeit, wenn man auf einem Wege der Erste ist! Es liegt etwas Göttliches darin. Zwar wenn vom Stammbaum die Rede wäre, fing der Graf in einem hochgebornen Ton an, möcht' ich sehen, wer einen entferntern Ersten hätte, als unser Haus! Ich nehm' aber meinen Ersten im andern Sinn. Auch der Letzte ist mir ehrenwerth. Der Letzte zu seyn, ist zwei Drittel weniger köstlich; indessen besser als Alle, die vor sind, bis auf den hohen Ersten. — Adam und Eva wurden nicht geboren, und die den jüngsten Tag erleben, werden nicht sterben. Ich möcht' ihn schon nicht erleben, den jüngsten Tag, denn ich habe Lust abzuscheiden. Ich habe die Ehre den Tod zu kennen, und kann wohl sagen, daß ich ihn lieb habe, so lieb wie mein Leben und mehr.

Der Graf sprach dieses nicht im Ausforderungstone, sondern so kalt wie der Tod. Er hatte schon die Weise des Todes angenommen. Ich hatt' ihm seine obige Anwendung längst verziehen, und war froh, einen solchen Sterbensmann kennen zu lernen. Ich möchte bei dem Allen wissen, fing der Graf von Frischem an, wie es zugehe, daß Leute, welche alsdann, wenn uns oft die besten Freunde untreu werden, uns zu Diensten stehen, so wenig geachtet wurden und noch werden. Die natürlichste Ursache, erwiedert' ich, da der Graf wirklich inne hielt, weil der Mensch ohne Seele nicht viel ist. Es hinkt und stinkt mit ihm, pflegte meine Mutter zu sagen. Da es nun endlich mit uns allzusammen auch einmal hinken und stinken wird; so scheint das Leichenbegängniß, woran Alles ohne Anstoß, ohne Capitis Diminutio, Theil nimmt, eingeführt zu seyn, welches bei allen gesitteten Personen von jeher üblich gewesen. — Hierdurch wollen wir unsere Entfernung von der Leiche, unsere Verachtung selbst gegen die, so ihr nahe blieben, rechtfertigen. Wir treten der Leiche näher. Man nennet dies die letzte Ehre, den letzten Liebesdienst, weil die Seele nicht mehr gegenwärtig ist, da der Erdenklooß zum letztenmal nach seinem in der Welt behaupteten Menschenwerth und Rang behandelt wird. Ich will mich hier nicht anführen; denn wär' es möglich gewesen, mit Minen auch ohne lebendigen Othem zu leben und zu seyn — gern! — Der Graf, dem dieser Seufzer unangenehm schien, half mir wieder in die Rede, wie folget.

Ich läugne es nicht, daß wir Menschen vielleicht bei dieser Gelegenheit eine Dosis Großmuth räuchern wollen. Der Erbe zeiget, er habe, unerachtet der Erblasser nicht mehr da ist, noch Liebe für ihn, und mehr, als für den Nachlaß. — Der Sohn will die Pflicht der Erkenntlichkeit erfüllen gegen den, der ihm sein Bild anhing, das auch noch im Tode nicht ohne übereinstimmende Aehnlichkeit ist. Die Tochter will beweisen, daß sie eine tugendhafte Mutter gehabt, das heißt mit andern Worten, daß sie selbst tugendhaft sey. Mine weinte bei dem Grabe ihrer Mutter meinet= und ihrer Mutter wegen. Dem Grafen war dieser Eingriff wieder nicht am rechten Orte; denn ich konnte den Namen Mine, der mir mehr als alle Namen ist, nicht aussprechen, ich kann es noch nicht, ohn' aus dem Concept zu kommen. Diesmal half der Graf mir ein. — Das Alles leugn' ich nicht; indessen bin ich der lebendigen Zuversicht, daß, weil alle Nationen so einstimmig in puncto puncti sind: es sey die Nachexistenz der Seele die Ursache dieses Hebens und Tragens, das man mit ihrer Hülle vornimmt. Man ehrt sie im Körper, so wie den Mann im Bilde, und will das, was ein Geist getragen hat, in einer Ehrenrüstkammer aufhängen, so wie man Harnische in der Kirche aufhängt, obgleich sie nicht alle wider die Türken gebraucht worden. Man will das an Andern thun, was man selbst an sich zu seiner Zeit gethan wissen will. Man fürchtet ein schlechtes Compliment in der andern Welt, wenn man gegen den Entseelten diese Pflichten versäumet hat. Wahrlich, es liegt sehr was Menschliches in dem Begräbniß, und ich bin ihm sehr gut — sehr. Der Graf konnte nicht umhin mich herzlich zu umarmen; mehr konnt' er nicht.

Die Flüche, womit man in alten Zeiten diejenigen bedrohte, die Hand an die Todtenhäuser legen würden, wie sehr beweisen sie den Werth, den man auf Staub, Erd' und Asche legt! Wer dies Grabmal stört, soll die Seinigen all' überleben. Schrecklicher Fluch! Er ruhet auf mir, sagte der Graf! Ich lenkte ab, und sagt' einen Fluch anderer Art: den sollen die Manes sauer ansehen! — Ist das nicht schrecklicher, als wenn es an den Wegen heißt: wer hier Taback raucht, soll sechs Jahr in die Festung! denn dies heißt, mutatis mutandis, soll ihn sechs Jahr in der Festung rauchen. Dies Wort, zu seiner Zeit oder zur Unzeit, munterte den Grafen auf, der wider Denken und Vermuthen eine Empfindung über den Umstand merken ließ, daß er auf dem Staube aller Seinigen stünde.

Man hatte zu aller Zeit Familienbegräbnisse, Familiengewölbe, Hypogaea, wo Jeder sein Kämmerlein besaß, jeder Topf sein Plätzchen und sein Apotheker-Etiket! —

Recht, sagte der Graf, die Urnen und Grabhäuser der Alten verrathen indessen viel Geschmack. Man findet in diesen galanten Zeiten Tassen, fügt' er hinzu, Potspourris, was weiß ich mehr, auf diese Weise, und manches Weibsbild sollte nur wissen, woraus es trinkt, woraus es Geruch ziehet, sie würde —

Daß ich, fuhr der Graf fort, meine Tassen in der Art habe, ist kein Wunder; da ich indessen ein Christ bin, habe ich was Christliches dabei angebracht, ein Kreuz. Ich bin kein Heide, sehender oder blinder! Heide ist Heide! Nicht wahr, Gevatter Prediger?

Der Gevatter Prediger, der des Grafen Toleranz kannte, obgleich er auch wußte, wie ächtchristlich der Graf sey, gab kein Wort darauf, sondern ließ sich bei dieser Gelegenheit mit der Anmerkung hören, daß Seefahrer, wenn sie in Lebensgefahr gewesen, sich Kostbarkeiten um den Leib gebunden, und ein Gesuch, sie, wenn das Meer die Gnade haben würde, sie auszuspeien, zur Erde zu bringen; denn der Mensch ist Erde, und muß zur Erde werden, setzt' er hinzu. Hier sagte der Graf: Recht! Gevatter Prediger.

Ich führte meinen Cornelius Nepos an, wegen des

Cimons, dessen Leib der Herr Sohn Miltiades auslösen mußte. Es macht Menschen Ehr' und Schande, daß sie einen menschlichen Leib für ein Unterpfand ansehen können, sagte der Graf, und setzte wieder hinzu: Nicht wahr, Gevatter Prediger?

Wir konnten von der letzten Ehr' und letzten Schande nicht abkommen, die wir den Verstorbenen erwiesen. Die letzte Schande, sagten wir einstimmig, finge von dem Augenblick an, da Alles sagt: Kalt, und daure bis zur Collocation, bis zur Ausstellung; hier finge sich die letzte Ehr' an, und gehe bis sich Gleich und Gleich gesellet hat, und Erde zu Erde gekommen. Bei uns zu Lande, bemerkte Gevatter Prediger, heben Träger von einiger Bedeutung die Bahre nicht auf, sondern schlechte Leute. Sie setzen sie auch nicht nieder. Da wieder Schand' und Ehre. Wer wird, fragte der Graf, der Albernheit das Wort nehmen, die sich beim Anputz der Leiche und bei dem Begräbniß-Luxus zu offenbaren pflegt? Da begraben die Todten die Todten! Wir fielen auf die Todten- und Begräbnißlieder der Alten, die nicht so erbaulich waren, als: Ich hab' mein' Sach' Gott heimgestellt; Ich bin ja Herr in deiner Macht, und das neue Todtenlied vom Jahr des Organisten in L—

Wir danken Gott für seine Gaben ꝛc.

Die Todtenlieder der Alten waren weinerliche Lustgesänge, sagte der Graf. Ernst und Scherz, wie ist es zu erklären (das war das Wort, so der Graf suchte), wie ist's zu erklären, daß so kluge Völker in diesem Stücke so unklug seyn konnten? Diese Gesänge, diese Nänien, die Hanswürste und Gaukler, diese Klageweiber, die so lachen konnten, daß alle Welt es für Weinen hielt, wie ist's in rerum natura, wie ist's erklärbar? Wie Lachen und Weinen zusammen!

Nachbild der Welt, sagt' ich, oder mein Vater.

Doch ich will bloß den Inhalt eines langen Gesprächs geben; sonst würd' ich zu weitläuftig werden.

Dieses Leben, fing ich an, ist Lachen und Weinen. In einem Sack, setzte der Graf hinzu. Warum der Anstoß bei einem Universalwort, das fast in allen Sprachen ein und dasselbe bedeutet? Sack, sagt' ich dem Grafen nach, Dramas, weinerliche Lustspiele, würden wahre natürlich=warme Lebensdarstellung seyn, wenn das Ende nicht lustig und der Anfang traurig wäre. Links und rechts, bald so, bald anders müßte es seyn, das wär' ein Leben! — Lust= und Trauerspiele wären dann Kunst, jene Naturstücke; nicht wahr? fragte der Graf den Gevatter Prediger; allein dieser schüttelte bloß mit dem Kopfe, weil von Lust= und Trauerspielen die Rede war, auf die sich der Gevatter so wenig, als auf die weinerlichen Lustspiele, kunstgerecht verstand. — Die Alten agirten beim Begräbniß das Leben, so wie sie bei Allem, was ihnen groß, erbaulich, göttlich war — agirten. Es lag vielleicht ein hoher Sinn in ihrer Begräbnißmethode, wo Lust und Unlust zusammen waren und wechselten, wunderlich. Sie lasen den wahren Lebenslauf des Verstorbenen ohne Tropen und Figuren. Ihre Begräbnisse waren Leichenpredigt, Leichengesang, für die so umher gingen. Seht da das Leben! seht! seht! faßt euch, wenn der Tod es fordert. Laßt Leben und Tod aus einem Stück seyn, und soll Leben und Tod als etwas Verschiedenes angesehen werden, macht, daß der Deckel zum Gefäß passe. Das Beste ist, so sterben, als man lebt.

Der wirklich Traurige, wenn ja ein Pickelhering ihn aus der Fassung bringt, und ihm ein Lachen bereitet, welch' ein bitterer Vorwurf folgt darauf! Die Freude der Welt wirket den Tod! — Das Leben ist so etwas Niedrigcomisches, daß es jedem klugen Mann ekelt zu leben. — Alle Todte haben Ernst in ihren Gesichtszügen. In der andern Welt wird vielleicht das Lachen kein solch' Hauptstück des Lebens seyn; da wird das Lachen werden theu'r! Dies und das könnte vielleicht ein Theil von dem hohen Sinn seyn, der in den Begräbnissen der Alten enthalten ist. Wir läugneten, daß dieser Sinn eben so hoch läge, indem Jeder ziemlich leicht, und ohne auf Zehen dazu kommen könnte.

* * *

Wir ehren sehr Leute, die sich durch den Tod nicht aus dem Concept bringen lassen: freilich trifft ein gewisses gesetztes Wesen, das dem Tod entgegenkommt, mehr das Herz, wir schätzen auch Leute von dieser windstillen Art im Leben am meisten. Genau genommen ist nur der Umstand verehrungswerth, daß wir nicht stecken bleiben — daß es so aussieht, als lebten wir in eins weg. — Des Thomas Morus letzte Worte sahen wie Tischreden aus, und wahrlich, er starb wie ein Mann. Sobald, sagte der Graf, ich einen leichtsinnig sterben sehe, der so lebte — sage man mir nichts über den Leichtsinn; ich nehme dieses Wort im guten Sinn. Man könnte diesen Sinn, um ihn zu verstehen, auch Leichtsinn nennen. — Noch hab' ich dergleichen Sterbende nicht gefunden. Denn Witz und Sinne sind in einem besondern geheimen Einverständniß. — Bevor die Frage: wie wir starben? beantwortet wird, sagte Epaminondas, kann man nicht sagen, wer von uns die meiste Achtung verdient. — Niemand ist vor seinem Tode glücklich, Niemand bei seinem Leben groß. — Mensch, bedenke das Ende! Aber, fing der Graf an und wandte sich an mich, warum so viel Leid um unsere Todten? Sie gehen keinen Schritt vorwärts und werden vom Schmerz angehalten, sobald der Name Mine vorkommt. Ich habe viel äußere Trauer an mir, als da sind z. E. die Pleureusen an meinen Briefen — und mich hält nichts an, und was eigentlich hieher gehört, hat nichts angehalten. Ist denn der Todte nicht bloß vorausgezogen? Er hat Extrapost genommen; wir gehen mit eignen Pferden. Werden wir denn nicht zu ihm kommen? Je stiller der Durchgang, je besser! Ich für mein Theil liebe sehr die Reisen incognito, ohne Geräusch. Warum wollen wir denn nicht die lieben Unsrigen incognito sterben lassen? Wir sehen uns wieder. Ist in der Welt eine Lücke durch unsern Freund, durch unsre Geliebte worden? Fehlt denn ein Anderer? Ist Alexander selbst in der Welt vermißt, der doch wohl unstreitig ein Weltmann war? Haben Sie, mein Kind, in Curland gewußt, daß ich Frau und Kinder verloren? Laßt uns doch nicht vergessen, daß wir in der Welt und nicht in der Familie sind. — Das war ungefähr, was der Graf und der Prediger mir an's Herz legten. Hier ist der Extrakt meiner Exception.

Der Zeit kann und muß nichts vorgreifen; nicht Religion, nicht Weisheit. Sie leidet es nicht, und nur sie kann den Schmerz, den allergerechtesten Schmerz, lindern. Zeit und Ewigkeit liegen nicht so von einander, wie Königsberg von Paris, wo ich Extrapost und langsam fahren kann. Die Idee, den Freund, die Geliebte siehst du nicht mehr, so ganz erdenganz, wie sie da waren; die Idee, der Leib, den du geliebt hast, dem du so gut gewesen bist, ist Asche! ist Staub! O liebster Graf! das brennt wie Nesseln an die Seele. Wir betrauren nicht die Seele, sondern den Leib, weil er Fleisch von unserm Fleisch ist. —

Wenn noch ja eine künstliche Störung im Schmerz angenehm wäre, würd' es die seyn, wenn man hohe Achtung für Jemand hat, und sich gerade halten muß. Der Schmerz geht krumm und sehr gebückt. Durch diesen Zwang kommt man zuweilen der Zeit vor; allein oft ruht sie sich. Es kommen Recidive! — Sich Gott, das ist, sich der Zeit überlassen, das, hoff' ich, wird meine Wunde heilen. — Es kann Linderung geben, wenn man aus Schmerz die Binde wegreißt; allein die Wunde wird gefährlicher durch diesen Aufriß. Man lasse der Natur ihren Lauf; sonst ist's Unnatur. Die Alten erzürnten sich zuweilen mit den Göttern über einen Todesfall. Sie schimpften, sie warfen die Bilder der Hausgötter auf die Straße, und wollten nicht mehr so unerkenntlichen Göttern ein Obdach verstatten. Es ist Schmerzensnatur, so etwas auslaufen lassen, — und nichts bringt so sehr zu sich, als dergleichen Exceß. Ein ganz stiller Schmerz ist der gefährlichste. Wenn er poltert, schlägt und stößt, legt sich der Sturm und es wird bald stille. Strenge Herren regieren nicht lange! —

Der gute Prediger, der oft zurückgeblieben, wollte bei dieser Gelegenheit voraus, und eilte uns mit der Anzeige nach, daß Alexander der Große, als ihm sein Jonathan Hephästion starb, sogar die Stadtmauern kurz und klein gemacht, um eben hierdurch Trauer zu tragen um seinen Todten. —

Daß man sich die Haar' abschnitt, um seine Trauer an den Tag zu legen, find' ich nicht unrecht, sagte der Graf. Man will auch was von sich verlieren, man will dem Verstorbenen Etwas mitgeben. — Ich dacht' an Minens Locke, die ich an meinen Busen befestiget hatte, und gern hätt' ich jetzt eine von mir Minen in's Grab gegeben, wenn es nicht zu spät gewesen. — Wie viel Sterbensart kann man von einem Mann, wie der Graf, lernen!

Ich komme wieder in's vorige Extractsgeleise. — Die Haare ausraufen, ist von jeher als ein Zeichen der Traurigkeit angenommen worden. Wer gen Himmel betrübt sehen kann, fordert der nicht fast Gott heraus, thut der nicht mehr, als die Hausgötter ausfegen? und doch halt' ich ihn für einen bessern Menschen, als den, der dem lieben Gott was vorliebäugelt, und im Herzen gallenbitter auf ihn ist. Der Pharisäer! Ich glaube, der liebe Gott sieht's recht gern, daß wir Menschen sind, daß wir das Herz haben, es zu seyn! Es ist ein lieber, guter Gott!

Dem Grafen war es eine Besonderheit, daß man zu alten und neuen Zeiten Menschen zur Gruft von andern Menschen tragen lassen und läßt, und daß auch hierbei, nach Bewandtniß der Leiche, bald viel, bald wenig Träger genommen werden, obgleich dies mit zur letzten Ehre gereicht, von der oben gehandelt worden. Leitet man nicht den, der nicht gehen kann? sagt' ich, und um auf die letzte Ehre einzulenken: Träger sind die Livrei-Bedienten des Todten. Sollte man nicht beim Begräbniß Ewigkeit spielen, und dies Verwesliche nach dem Unverweslichen stimmen? erwiederte der Graf. Und der Hammer? fragt' ich. Sollte, fuhr der Graf fort, und nun waren wir im

Saale.

Was zeither vorfiel, war gehendes Fußes, war auf der Treppe. Man sieht ihm die Stufen an. — Erschrecken, pflegte mein Vater zu sagen, ist die Goldwaage für Männer. Wir können erhaben und pöbelhaft erschrecken. Die Weiber erschrecken bald, und, was noch mehr ist, nach einer und zwar bekannten Melodie. — Sie erschrecken schön, wenn man will. — Um Alles in der Welt wünscht' ich mir keine Frau, die nicht leicht erschräke. Schaamröthe und Erschrecken liegt bei ihnen in einem Bezirk. Eins borgt vom andern; beides kleidet das schöne Geschlecht. — Es ist extra fein Postpapier, wo Alles durchschlägt. —

Könnt' ich meine Leser und Leserinnen doch in den Saal selbst und weiter einführen! Könnt' ich's doch! Todespracht überall! Wahrlich Todespracht. — Mir war's oft, als hört' ich einen dumpfen Ton: Mensch, du mußt sterben! Wäre mir diese Botschaft weniger fremd in meiner damaligen Lage gewesen; ich wäre mehr zurückgefallen. — Ich weiß nicht, ob meinen Lesern die Geschichte des Belsazars beiwohnet, der eine Hand an der Wand schreiben sahe. — Solch eine Hand an die Wand schreiben zu sehen — —

Was ich erzählen kann und werde, o! wie gar nichts gegen das, was ich sahe — nichts —

Den Saal, fing der Graf an, haben die Weltlichen, so nenn' ich die Gottgläubigen, in Beziehung der Christen, die ich in dieser schnurgeraden Linie Geistliche heiße. Verzeihung, Gevatter, sagte der Graf, indem er zum Prediger sich wandte, der tief in Gedanken darniederlag und unfehlbar mit dem Verleger wegen der zweiten Auflage im Streit war. — Gern, erwiederte der Prediger. Das Wort Gern war immer seine Antwort, wenn Verzeihung die Frage war, er mochte wachen oder träumen. Christen, fuhr der Graf fort, sind allzumal geistliche Priester! Ja wohl, erwiederte der Prediger. Der Geistliche konnte den Verleger nicht los werden. Der Graf fuhr weiter fort —

Ob nun gleich Christus, der Erzpriester, kein Altarredner und Kanzelprediger war, sondern statt auf die Kanzel auf einen Berg stieg, wo er eine Predigt hielt, die er drucken lassen; — Der Prediger wie aus der Pistole: Von der Sünde wider den heiligen Geist. Ei, Freund! fiel der Graf ein: in der Bergpredigt keine Sylbe von der Sünde wider den heiligen Geist. Matth. Cap. 5. versetzte der Prediger. Recht! endigte der Graf, der während der Zeit das Ob nun gleich verloren hatte, so daß diese Periode ungerundet blieb. Christen, hub er von Frischem an, verwandelten ihre Höhlen in Capellen, bis Tempel daraus wurden; und warum nicht? Wohnt gleich Gott der Herr hier nicht ausschlußweise, wohnet er doch auch hier. Christus ging in den Tempel und nannt' ihn ein Bethaus, das man zur Mördergrube gemacht hätte. — Christen in die Kirche — Gottgläubige in den Saal.

Wir billigten Alle die Gewissenhaftigkeit, die Peinlichkeit des Grafen, der Christenthum von Heidenthum, selbst bis auf die Mobilien, trennte. Werden, fing ich wieder an, doch unsere christliche Helden in römischen Ornat gesteckt, wenn man sie aufhängen, aufstellen und also der Ewigkeit zubringen und, wenn ich so frei seyn darf, schon für die Ewigkeit über die Taufe halten will. Scheint es gleich überhaupt, daß der Kleiderschnitt, den wir angenommen haben, nur ein Schlafrock wäre, und daß, so bald wir zu Ehren gebeten werden, es römisch seyn müßte; so ist es doch nicht recht und löblich!

Ich stelle, sagte der Graf, Alles an seinen Ort. Wahrlich, dann würde wenig zu lehren und zu lernen seyn, wenn Alles so gestellt wäre. Jetzt ist der Haufe bloß darum so hoch, weil Alles, Groß und Klein, durcheinander geworfen ist. — Wenn indessen, fing der Prediger in einer abzurundenden Periode, der gewiß nicht, wie des Grafen sein: Ob es nun gleich, in Stocken gerathen wird, an — wenn indessen der Christ Allen allerlei werden soll, und wenn Christus, der Herr, selbst sich beschneiden lassen und das Osterlamm gegessen; die Jünger auch, obgleich sie Juden waren, am Sabbath Aehren zu lesen und Esel aus dem Brunnen zu ziehen von ihrem Meister die Erlaubniß erhielten; so darf doch der Christ kein so großer Ceremonien-Meister seyn. Ceremonial-Gesetz ist bei allen, selbst den geistigen Dingen: indessen sind wir in der christlichen Freiheit, wie es selbst bei unsern christlichen Ceremonien am Tag ist, denen ich indessen von Herzen gut bin. Der Christ hat den Geist von allen Religionen, das unsterbliche Wesen, so Christus durch's Evangelium an's Licht bracht hat. Laßt uns also tolerant seyn, wie unser theure Graf, der es ist, wenn er gleich — Saal und Kirche unterscheidet. Und in Allem, fuhr ich fort, dem Geist, dem Wesen nachspüren, bis Ein Hirt und Eine Heerde wird. — Hosianna, gelobet sey diese Zeit, die da kommt im Namen des Herrn! Hosianna ihr in der Höhe! Das

Christenthum, sagt' ich, ist die einfachste Religion auf Gottes weitem Erdboden, so wie der Geist einfach ist. Sie kann Körper annehmen, wie in der Schrift Engel Körper angenommen haben, und wie man von sehr guten Menschen, die gut wie Seelen sind, sagen könnte: sie hätten Körper angenommen. Freilich adoptirten Engel keine andere, als menschliche, als solche Körper, die sie im Griff hatten, die ihnen die nächsten waren. — Die christliche Religion hat keinen Tempel, kein Haus, kein Obdach nöthig, sondern überall, wo Luft und Sonne ist, wo wir sind und weben, ist Gottes Stuhl, und die ihn anrufen, dürfen nicht das Gesicht drehen und wenden. Gott ist überall: im Morgen und in Mitternacht. Wer recht thut, ist ihm angenehm. Dies war (obgleich es hohe mystische, nur Wenigen verstehliche Toleranz ist) dem blos gewöhnlichen und für's Haus toleranten Prediger so gefunden, daß er mit einer Dreistigkeit schloß, die dem Grafen ein wenig zu hart auffiel.

Ceremonien, sagt' er, sind des Herzens Härtigkeit wegen, und da, nach Orts Umständen, die ersten, die besten! —

Nicht also, lieber Gevatter, versetzte der Graf, etwas intolerant. Ceremonien, lieber Gevatter, sind Kleider der Sache. Kleiden denn alle Farben alle Gesichter? Es ist ein Aufputz, das Colorit — das wahrlich seinen Meister erfordert. — Wenn es also recht wäre, müßten Christen christliche Ceremonien haben. Wie stimmet Christus mit Belial? hätt' ich bei einem Haar gesagt; allein Belial und ein Heide ist zweierlei. Die Folge dieses Spruchs paßt besser. Was hat das Licht für Gemeinschaft mit der Finsterniß?

Ich gestehe es gern, daß mein Auge dem Ohr viel abgewonnen; indessen kam die Sache endlich so zu stehen:

Es gibt ein blindheidnisches und ein gottverehrendes, ein sehendes Heidenthum. Auch diese Sehenden sind von Christen unterschieden, so wie Saal von Kirche. Findet man Antiken, wo man einen unbekannten Gott drinn siehet, einen Künstler, der bei dieser Arbeit nicht auf's Sichtbare, sondern auf's Unsichtbare sahe: Heil dem Künstler! Und findet man einen Samariter mit Oel und Wein — er sey uns ehrenwerth — und findet man — Genug.

Zu beiden Seiten der großen Thüre standen zwei Genien, deren jeder seine Fackel umgekehrt hatte und in's Kreuz auf eine Urne hielt. Zwei Sphinxe von beiden Seiten sahen zu. —

In einem Felde waren zwei reißende Thiere, die nach einem Schmetterling haschten, der über einer prächtigen Urne flog. Sie haschten; allein er entfloh.

In einem andern die Artemisia, mit einem Trank, köstlicher als die Perle der Cleopatra! Mannsasche. Zu einer Seite ein Künstler mit dem Riß vom Mausoleum in der Hand, zur andern ein Dichter, der mit den Augen sang. Wie kann er anders auf der Wand? —

Sodann allerlei Arten von Pyramiden, Mausoleen, Grabmälern, Urnen, Thränenflaschen. Ein Feld mit drei Parzen! Zu beiden Seiten solch Feld.

Endlich Himmel und Hölle, der Alten drei Furien, der Tantalus, der heidnische reiche Mann, der mitten im Wasser steht und doch Gefahr läuft zu verdursten.

Ein Rad, mit dem ein Verdammter ewig herumgetrieben wird. Das nenn' ich rädern, sagte der Graf! Leidenschaft heißt dies Rad.

Ferner ein Leichenbrand, von Leuten angezündet, die ihre Gesichter abgewandt hatten. Eine Gebeinlese von Verwandten — und die Collecte: S. T. T. L. sit tibi terra levis. Leicht sey dir die Erde — drei, vier, fünfmal angeschrieben. —

Sodann ein Feld. Elysisch. Frühling. Paradies. Ein Körper, diesem Clima gleich — drei Grazien.

Endlich eine Art von Altar, oben ein Spiegel. Um den Spiegel die Aufschrift: dem unbekannten Gott!

Dies, sagte der Graf, ist der Erbauungs-Saal derer, welche nur eine Offenbarung durch die Vernunft kennen, nur ein Licht, das den Tag regiert, ohne an das Licht, das die Nacht regiert, und die Sternenflur zu denken. Die Vernunft wird durch den Spiegel angedeutet, den man nur auf Zehen erreichen kann. Es muß ein Flügelmann seyn, der einen Blick hineinstehlen soll; und was sieht er? Ein klein Stückchen Kopf! Er sieht sich, wenn er Gott sehen will. Bei allem dem bin ich kein Feind dieser Gottesverehrer, ich habe Kerls darunter sterben gesehen, besser wie Sokrates, ohne Hahn, ohne Todesangst. — Kein Wunder, sie hatten das neue Testament unsers Herrn gelesen. — Sie sollen einige sehen unter meinen Todtenköpfen, wo ich Christ- und Gottverehrer zusammen, wie es in allen Gebeinhäusern Sitte ist, gestellt habe. — — Da ist nicht mehr Tempel und Saal.

Paulus kann unmöglich brünstiger den unbekannten Gottesaltar angesehen haben, als ich den des Grafen, geweihet den Menschen, die Gott nicht als Vater, sondern als Herrn, als Alleinherrscher, anschauen. Ist denn, dacht' ich, Gott den Christen bekannter? Wohnet er nicht in einem Lichte, wozu Niemand kommen kann? Ist er nicht ein Wesen, das Niemand gesehen hat, und sehen kann? Der Gottverehrer indessen sieht sich selbst im Spiegel, der Christ sieht Christum, wenn beide Gott sehen wollen. Ihm, dem Vater aller Dinge, sey Ehre von Ewigkeit zu Ewigkeit, Amen!

Wir gingen durch mancherlei Zimmer zur Capelle; durch viel Trübsal, sagte der Graf, zum Reiche Gottes. Es waren ihrer dreimal sieben. Der Graf liebte diese Zahl sehr, er nannte sie eine Offenbarungs-Johannis-Zahl, eine biblische Zahl, und hatte gewiß ein Paar Zimmer (da wollt' ich drauf wetten) eingehen lassen, oder mehr angebauet, um nur die Zahl sieben herauszubringen! Man lasse ihm doch die siebente Zahl! Meine Mutter pflegte zu sagen, Jeder habe seine Zahl, die ihm am Herzen liege. — Es war kein einziges unter allen siebenmal sieben Zimmern (so viel waren im Hause), in dem nicht Ende, Tod und Verwesung angeschrieben war! Alles mit großen Buchstaben. Er war ein heiliger Vater, der die Bilder die Schrift der Einfalt nannte. Sie sind es; allein für den Klugen sind sie Poesie. In dem Saal und sechs andern Zimmern gemeine Liebe, in den siebenmal sieben Zimmern weniger sieben die christliche. Särge in den christlichen Zimmern ohne End' und Zahl — Wenn ich bei jedem dieser Särge eine christliche Leichenpredigt halten und die Todeszimmer alle zusammen be- und umschreiben sollte, würd' ich zu langweilig werden. Ein guter schneller Tod, ist er nicht der beste? Ich behalte mir vor, auf drei (auch eine heilige Zahl, eben so gut wie die sieben, vielleicht eine, die mir nach dem Ausdruck meiner Mutter am Herzen liegt, so wie meinem Vater die Zahl neun) Zimmer einen Accent zu legen, und eile zur Capelle. — Es führte ein finsterer Gang dahin; so wie oft ein schlechtes Geläute zu einer schön gebauten Kirche einladet, sagte der Graf. Es konnten nur zwei gehen, so eng war der Gang, um den schmalen Weg zu parodiren. Von beiden Seiten kamen Aerme heraus, auf welchen, obgleich es hoch Tag war, dennoch Lichter brannten, oder brennen mußten; denn hier war es ewig Nacht. Die Aerme schienen (so besonders waren sie) schnell herauszuwachsen, um den Wanderern auf dem finstern Wege zu leuchten! — Auf einer Seite waren sechs Lichter, auf der andern fünfe. Warum das? Dafür konnte der Graf nicht, daß die eine Abtheilung der Spruchstelle: Dein Wort ist meiner Füße Leuchte, sechs, und die andere: Ein Licht auf meinem Wege, ganz richtig berechnet, fünf und nicht weniger Wörter hatte. Ueber jedem Lichte stand ein Wort, schön wie eine Dedication. Würd' er dem Worte Und auch einen Arm verehret haben, so wären beide Seiten gleich gewesen. Das arme Wörtlein Und, ich hätt' es nicht verstoßen, wenn ich der Graf gewesen wäre. Es ist gemeinhin ein menschliches, liebes, gutherziges Wort, und ist seinen Arm werth. Der Graf aber sprach ihm die Göttlichkeit ab; wenn Gott spricht, ist's ohne Und. In der Capelle selbst hing ein Crucifix und der Schächer, den Christus in's Paradies mitnahm. Der sterbende

Simeon, mit einer Friedensmiene im Gesicht, die entgegenrief: Herr, nun lässest du deinen Diener in Frieden fahren. Einige Apostel als Märtyrer sterbend. In ihren Gesichtern lagen die Worte: Leben wir, so leben wir dem Herrn, sterben wir, so sterben wir dem Herrn; ob wir leben oder sterben, sind wir des Herrn. Hier stand auch in einem Behältniß, von einem eisernen Gegitter eingeschlossen, des Grafen Sarg. Rührend war es mir anzuhören, daß er alle Vierteljahr einmal drinn schlief. Ich habe mich mit meinem Hause, sagt' er, so bekannt gemacht, daß ich Alles im Griff habe. — Die erste Zeit schwitzt' ich, als hätt' ich Bezoar-Pulver eingenommen; jetzt schlaf' ich, ohne einen einzigen Schweißtropfen, ruhig und sanft. Der Tod wird mir, das hoff' ich, nicht unbereitet kommen. Der Wappenzierrath war mir bei diesem Sarge unausstehlich. Es waren drei bemalte Pfeiler in der Capelle, Weisheit, Stärke, Schönheit, Glaube, Liebe, Hoffnung! drei Grazien — Drei Frauenzimmer, sagte der Graf, und ich: „Die Tugend selbst ist ein Frauenzimmer, das Laster ist eine Mannsperson.“ Ei! schrie der Graf, Ei! der Prediger. Ich hatte Mühe, die guten Herren zu überzeugen, daß mein Vater wohl wüßte, was er spräche. Man muß nur Alles nehmen, wie es von Gott und Rechtswegen zu nehmen ist. Der Buchstab' ist todt; allein der Sinn ist lebendig. Ich blieb bei Würden und Ehren, und das Ei war vertilgt bis auf den letzten Buchstaben, welches um so leichter geschehen konnte, da es nur aus zweien bestehet. Sonst versteht Jeder, was Glaube, Liebe, Hoffnung sey, oder eigentlicher, wie sie gemalt werden; indessen hatte der Graf seinen eigenen Glauben, seine eigene Liebe, seine eigene Hoffnung.

Der Glaube war ein Mädchen, das mit der rechten Hand gen Himmel mit einem Crucifix den Weg wies, in der linken Hand einen Kelch hatte, woraus es trank; mit dem einen Auge ließ es die Bitterkeit des Tranks merken, mit dem andern aber himmelan, als säh' es den himmlischen Vater — auf dem Haupte eine Krone mit Lorbeeren durchflochten. Es lag auf den Knieen, das gute Kind. Oben standen die Worte: Ich glaube, Herr! hilf meinem Unglauben! Glaube war groß geschrieben, und es war auch nöthig, denn wer hätte sonst wohl wissen können, daß dies der Glaube sey? Es thut mir ordentlich leid, daß ich vergessen habe, mit welchem Auge der Glaube gen Himmel und mit welchem er in den Kelch der Bitterkeit sahe, als wollt' er die Tropfen auszählen. Kannst du sie zählen, hieß es zu Abraham, da ihm die Milchstraße am Himmel gewiesen und die Versicherung in forma probante behändigt ward: also soll auch dein Saame seyn. —

Die Liebe war eine junge, liebenswürdige Mutter, (das schönste in der Natur) ein Kind an ihrer Brust, eins lag ihr auf der Schulter und küßte sie mit Inbrunst. Noch war ein Kind, dem sie drohend ihre rechte Hand reichte. O wie drohete sie! Allerliebst. Oben stand:

Stärker als der Tod!

Die Liebe ist sehr beschäftigt, sagte der Graf! Sie hat alle Hände voll; die wird wohl Jeder kennen! —

Die Hoffnung war eine Gesegnete, eine der Ent=

bindung nahe. Das Kind sprang ihr im Leibe, wie der Elisabeth, und doch sah man ihr einigen Kummer an. Sie zählte die Monden. Sie hatte sich auf einen Anker gelehnt. Sie lag fast ganz darauf. — In der einen Hand hatte sie ein postfliegendes Noahtäubchen. Den Kopf hielt sie in die Höhe, als ob sie wissen wollte, wie weit von ihr zur Erfüllung wäre, vom Ja zum Amen. Die Augen, das merkte man, konnte sie nicht in die Höhe bringen, sie wollte —

Es standen die Worte herum: Hoffnung läßt nicht zu Schanden werden! Hoffnung groß.

Der Prediger war ein Musikus, und da ihm der Graf das kleine Positivchen zuwies, zog er den Tremulanten, den Hauptzug an diesem Werklein, und spielte: Was willst du, armes Leben?

Beim Herausgehen wurde mir ein Buch in die Hand gegeben, das die Aufschrift führte:

„Namen derer, die in dieser Capelle gewesen, die, „da sie schrieben, waren, und, eh' sich das Blatt „umkehret, nicht mehr sind. Ihre Namen mögen geschrieben seyn in's Buch des Lebens! „Amen."

Herzlich freut' ich mich, daß ich meinen Namen beinahe am Ende schrieb, so daß das Blatt bald umgekehrt werden mußte — bald! Es ergriff mich ein Schauer, und es war, als hört' ich Minen säuseln: bald!

Der Graf bewohnte sieben Zimmer, wo er und sein Bruder Feuer und Heerd hatten. Des Grafen Bette war ein förmliches Gewölbe. Lazarus, unser Freund, schläft, sagt' er zu mir, da er es mir zeigte. Sein Bruder gab ihm nichts nach, nur daß auch hier das gräfliche Wappen eine Scheidewand machte. Das liebe Wappen! Der Graf, der sehr in die Urnenfaçons verliebt war, hatte in seinen sieben Leibzimmern christliche Urnen, wo er wirklich christliche Todtenknochen unter wohlriechende Dinge gelegt und aufbewahrete.

Bei Gelegenheit, daß uns der Graf in seinen sieben Leibzimmern herumführte, war er nicht etwa stumm, sondern so beredt, als nur irgend Jemand seyn kann. Wir setzten unsere Gespräche, des Sehens unerachtet, ohne Zeitverlust fort. Man sieht noch einmal so gut, wenn man drein spricht; wenn man sagt, was man sieht. Das Hören leidet Abbruch, wenn man recht von Herzen sieht. Wir sprachen über das, was wir sahen — und über Vieles, was wir nicht sahen. Meine Leser werden keine Mühe haben, zu wissen, was Jedem aus unserm Kleeblatt, aus diesem Spiritus — oder wie es sonst heißt, eignet, zugehöret und gebühret. Die Griechen, sagte der Graf, hatten die Gewohnheit, einen Zweig an die Thüre zu stecken, wo ein Todringer lag, wie ungefähr hier, wo Bier feil ist. Ich behalte diese Gewohnheit auch bei. Ueber jede Thür in meinem Sterbehause, wo gestorben wird, ist ein Reis als ein Siegeszeichen angesteckt; warum ich aber an Einem Sterbenden nicht genug habe, geschiehet nicht sowohl meinet-, als der Sterbenden wegen. Man hat sich gewaltiglich über den Gebrauch der Alten gewundert, daß man bei der Leiche Anderer viele Leichen machte, um dem Gott des Todes den Mund zu stopfen und den Charon auf einen Tag in solchen Schweiß zu setzen, daß er fast selbst gestorben wäre. Man hat, dünkt mich, Ursache, sich zu wundern. So viel ist aber gewiß, daß es weit angenehmer ist, in Gesellschaft zu sterben, als in Gesellschaft zu leben. Der größte Theil der Menschen stirbt eben darum so schwer, weil er Alles verlassen muß und weil ihn Alles verläßt, weil er so sehr allein bleibt. Ein schweres Wort, allein. Der Mensch ist ein geselliges Thier. Der Sterbende hat selbst so oft und viel in seinem Leben derer, die starben, vergessen, als daß er auf die Ehre eines längern Andenkens rechnen sollte. Wenn er aber mit dem Cirkel, in dem er leibte und lebte, in einem stirbt, wie tröstet dies? Auch wenn ihm die andere Welt und die Wiederkunft der Guten und Bösen ein unauflösliches Räthsel bleibt, giebt ihm dieser Gedanke einige Ruhe — und welch' eine Seelenruhe, wenn er mit ihnen, so wie er hier lebte, dort wieder lebt! Da denkt denn der Reiche, er werde unter seinen mit ihm zusammen gestorbenen Schuldnern noch immer der Gläubiger bleiben. Die Leute werden sich doch schämen, ihn auf einem andern Fuß zu nehmen, da sie ihm die Zinsen ohnedem acht Tage nach der Verfallstunde berichtiget, welches auf's Jahr schon etwas beträget. Da denkt der Herr, wenn er mit seinen Bedienten zusammen stirbt, die Menschen werden doch Lebensart verstehen. Ich, sagte der Graf, ich selbst möchte mich nicht gern von meinem Bruder trennen. Darum, fuhr er fort, sind uns neue Freundschaften so verhaßt, wenn wir in gewissen Jahren sind, im Fall die Freundschaftspartheien nicht jahregleich sind. — Auf Ehre, liebe Sterbenscandidaten und Candidatinnen! wenn die Hohen und Reichen, die Augenlustigen und die vom hoffärtigen Leben, wüßten, wie wohl es in dieser Rücksicht sich im Hospital sterben ließe, stürben viel drin, die sich jetzo wohlbedächtig genügen, Geld unter diese Armen auszuwerfen. Diese Armen besitzen oft mehr, als alle Schätze der Welt; denn das Himmelreich ist ihrer! Darum vorzüglich glaub' ich, sagte der Graf, durch gute Gesellschaft meinen Sterbenden ihr Ende zu erleichtern, und ihnen einen Dienst daran zu thun. Sie können jetzt die Zeit nicht abwarten, sie keuchen recht nach dem vorgesteckten Ziel, und oft hab' ich gehört: Willst du mit? Ich bin bereit. So komm — ich geh — Gern! So komm doch! Gern! Nun? Hol' mich nach. So gern ich wollte, kann ich?

Wenn die grausame Gewohnheit der Alten, Leichen bei Leichen zu machen, in diese Ideen zum Theil einschlüge? sagten wir alle drei, und thaten so, als frügen wir's. Wir machten es wie die Redner und Schriftsteller, bei denen das Fragzeichen nicht ein Menschenhaar mehr bedeutet, als gehorsamer Diener, unterthäniger Knecht, und dergleichen siebenmal sieben Sachen mehr.

Selbst der Selbstmord würde beim offenen Grabe noch am ersten aus der Natur des Menschen zu erklären seyn, und es gehört ein eben so großer Grad Lebensliebe dazu, als der große Menschentöpfer uns mit eingeblasen, um diesen Grillen bei den offenen Gräbern der lieben Unsrigen zu entkommen. Man dünkt sich, ohne die Seinen, verwaiset in der weiten Welt, und ist man es nicht an diesem unempfindlichen, großen Orte? Was wäre das Leben, wenn man nicht noch den Cirkel der Seinen hätte, wo man noch das süße Echo seines Schmerzes, seiner Freude hört, und eine Theilnehmung sieht, Liebe und Gegenliebe empfindet? — Wer sich auf einem andern Wege, als am offenen Grabe, das Lebenslicht ausbläst, bedenket nicht, von wannen er kommt und wohin er fähret. So ehrbar es Manchem läßt; er ist doch mit seinem Kopf über Bord. Ei, wenn es der Mensch in einem entsetzlichen, übermenschlichen Schmerz thäte? Giebt's übermenschlichen? Exempel zwar, daß Menschen sich des Schmerzes halber umgebracht, ob's aber übermenschlicher Schmerz war, bleibt Frage. So viel ist auffallend, daß der Leib, der, wenn er todt ist, da liegt, wie ein Stück abgehauenes Holz, unmöglich dem Schmerz ausgesetzet seyn könne, den er im Leben empfand, und wenn also ein Leidender seine Seele Gott befiehlet und seinem ihn plagenden Leibe einen Streich spielt, oder dem armen Schelm eine Wohlthat erweiset; so ließe sich darüber reden, mehr aber auch schwerlich: denn ein solcher Selbstmörder kommt aus dem Text der Natur. — Wie selten sind indessen Exempel von Leuten, die aus Schmerz sich in's Leben greifen, in ein zweischneidendes Schwert fassen; denn Leute, die dem Tode recht ehrlich trotzen können, o, die trotzen auch dem Leben.

Ei, wenn der Mensch Alles vollendet hätte? Wenn ihm die Zeit mit Recht lang würde? Alles vollendet, Lieber, Alles! Wenn wir gethan haben, was wir zu thun schuldig waren, sind wir dann mehr, als unnütze Knechte? Wer hat aber Alles vollbracht? Wem wird die Zeit auf eine weise Art zu lange?

Jener Freigelassene der Agrippina, der sich bei dem Scheiterhaufen seiner Gönnerin (um ihr Ehrenbette nicht zu beflecken) erstach. Viel Erkenntlichkeit, wenn sie ihm blos Schutzgöttin war! — Doch solche Erkenntlichkeit haben noch mehrere bewiesen. Weiber, Freigewordene, selbst Hunde und andere Thiere, die sonst nicht so treu befunden werden.

Sehen und Hören, ich hab' es, glaub' ich, schon sonst wo gesagt, vertragen sich mit einander, wie Halbgeschwister. Ich gestehe es sehr gern, viel, sehr viel von dem Gerede des Grafen verloren zu haben, und das ist Schade! Der Graf, der in andern Fächern eben keine große Kenntnisse bewies, war unerschöpflich in den Sterbenswissenschaften. Da hatte er gedacht und gelesen. Da konnt' er mit dem Gelehrtesten schon eins anbinden. Ich wundere mich noch, daß er bis auf die Terminologien, die eben seine Sache nicht waren, den Tod in allen Zeiten, in allen Zungen und Sprachen verstand. Sogar aus fremden Sprachen, die er nicht kannte, wußte er gewisse Worte, den Tod betreffend. Der Prediger konnte ihm in dieser Kunst auf Sechs kaum das Siebente antworten; indessen examinirt' er nicht, wie es denn auch Niemand thut, der dem Andern sehr überlegen ist. Wer wirklich weniger weiß, als der Initiandus, ist ein Inquisitor im Examen. — Der Ueberlegene lehret nur, das heißt, er legt es Alles zum Greifen nahe.

Ich erinnere mich meines Versprechens, meine Leser in drei Zimmer zu führen.

* * *

Das erste Zimmer soll das seyn, wo der Graf seine verstorbene nächste Familie hatte.

Es wird meinen Lesern noch im frischen Andenken seyn, daß ich bei dem seligen Ende des zweiten Theils der Lebensläufe, da ich den besondern Mann, den Herrn Grafen, am dritten Ort zu präsentiren die Ehre hatte, zugleich anbrachte, wie er sehr traurige Schicksale überlebt. Sieben Kinder, alle im Lenze des Lebens, waren ihm gestorben. Dieses Zimmer hieß Familiencabinet, und war den Schatten dieser sieben Seligen, dieser sieben Engel, die Gottes Angesicht sahen, gewidmet. Lange stand der Graf an, ob er diese heilige Seelenzahl verrücken, und ihnen noch die beiden Bräutigams der beiden als Bräute gestorbenen Töchter, und die Braut des als Bräutigam gestorbenen Sohnes, zugesellen sollte? Endlich Ja! weil seine Gemahlin schon über Sieben war. Die Zahl war also schon verdorben. Dies Familiencabinet enthielt diese lieben Todten, wie der Graf sie nannte, von denen immer Eins dem Andern die Hand gab und Eins nach dem Andern an den Reihen kam. Eines fordert das Andere zum Todtentanz, zum Grabesgang auf. Viel Einheit der Zeit, Alles starb in Zeit von drei Jahren. — Ich kann eben nicht sagen, daß in diesem Trauerspiel griechischer Geschmack herrschte; indessen war viel Manns- und Väterwärme da, viel Empfindung. Es waren zwei Thürstücke, das eine stellte Genesin, das andere Apocalypsin vor. Genesis war in Gestalt eines Menschen, Apocalypsis wie ein Engel gekleidet. In jenem sahe man die Worte: Es ward — in diesem das Offenbarungs-Johannis-Wort: Amen! —

Die Seligen waren alle wie Geister gekleidet. Sie hatten weiße Kleider. Sie waren mit Körperchen umschlagen, mit einem leichten Gewande, mit dem Sterbehemde. Die Gesichter kenntlich, aber himmlisch. Wenn die jungen Grafen und der Bräutigam nicht Hutkränze von weißen Federn auf ihren fliegenden Haaren gehabt, und ganz unvermerkt das gräfliche Wappen nebst der Perlenkrone an ihrer Seite hervorgeschimmert hätte, so würden die Geister mehr Geister gewesen seyn. Jetzt waren es gräfliche Geister. Andere Welt! wenn du Fürsten, Grafen, Freiherren, Ritter, Bürger und Bauern hast, sind sie auch nur durch ein Wappen unterschieden; wie wenig bist du dann, andere Welt! wie wenig! — Alles handelte in diesem Familienstück. — O, der unseligen Wappen und der weißen Federbüsche! und der gräflichen Krone! —

Die Gräfin Mutter hatte sieben Weinreben in der Hand, die alle sieben weinten, so daß die Thränen zusehends herabträufelten; drunter gingen Vergißmeinnicht auf.

Zwei Söhne hatten Grabschaufeln in der Rechten, standen an einem aufgemachten Bette, wie der Graf es nannte, an einem fertigen Grabe, und besahen die Erde und sich, als wenn man sein Portrait und sich collationirt, um beizuzeichnen: Concordare cum suo originali testor. Man sahe, daß sie sich sagten: Staub von unserm Staub! Zwei Gräfinnen, unschuldig wie Engel, bis auf die verfluchten Wappen. Wozu doch die Wappen? Zwei Gräfinnen, wirkliche Engel, gossen jede eine Schaale auf die aufgeworfene, zur Saat Gottes vorbereitete Erde.

Meine Mutter hätte das Taufwasser nicht feierlicher ausgießen können, als diese Engel die Schaalen.

Die beiden Bräute mit herabhängenden, halbverwelkten Kränzen, Hand in Hand. Der eine Bräutigam den rechten Arm in der linken Hand — so aufgestützt sieht er starr auf einen Fleck im bloßen Kopf, wie der Graf sagte, das ist, auf nackte Erde. Wohin der Blick nur reichen kann, ist die Stelle kahl, ohne grün und gelb. — Der andere neigte sich sanft zur Erde, die er küßt. Die Bewegung jenes Römers, da er seinem Vaterlande einen Kuß gab, ist nichts dagegen.

Der Sohn und seine Braut, oder Federn und Wappen, hielten eine mit Blumen durchflochtene Schnur. Sie zogen Jedes sein Ende mit Macht, und siehe da, sie reißt und Beide sind im Sinken. — Zwei Tauben fliegen mit Oelzweigen über der ganzen Gesellschaft. Und nun noch ein Engel ohne Sterbehemde, ohne schlafrocksmäßig um den Geist hängendes, fliegendes Körperchen, ein Engel in einer noch angemessenern Uniform, in einem so Original-Engelgewande — Alles englisch an ihm; wie schön er in die Höhe sieht! wie schön! Es war der jüngste, der Benjamin unter seinen Brüdern. Wenn ich doch diese Uniform beschreiben könnte! — — Schade! er hat ein Ordensbändchen, worauf das lutherische Wort steht: Vivit. Freilich mehr, als pro gloria et patria.

Allein ein Ordensengel! O des Ordens! der Wappen! der Federbüsche!

Das zweite Zimmer, mit dem Accent; ich gesteh' es, ich hätt' es für mein Leben gern. —

Lauter sterbende Köpfe! Noch ist's Zeit zurückzutreten, gnädige Frau — allein die letzte Zeit war diese heilige Schwelle betreten — ich stehe nicht für ihn. — Man sieht es Ew. Gnaden an — Sie erliegen! ohne Umstände ein polnischer Abschied, oder ein deutscher, wie Sie befehlen!

Ha! das war ein Odemzug! Das Beharren bis an's Ende ist nicht Jedermanns Ding. — Viel Vergnügen auf der Redoute. — Da sind freilich andere Gesichter! Narrenkappen, wie man sie will. Als Schäferin also? — — — Und diese Köpfe? O Freunde, wie werth, wie werth zu sehen! Es sind Gestorbene, die eben kalt geworden, eben. — Alle ganz pünktlich, richtig nach dem Leben — nach dem Tode, würd' ich sagen, nach ihrem Sonnenuntergang! — Selig, selig, selig, sagte der Graf, sind die Todten, die im Herrn sterben. Sie ruhen von ihrer Arbeit, ihre Werke folgen ihnen nach. — Wir falteten alle drei die Hände! Es war erwecklich anzusehen. — Sie sind, fing der Graf etwas zu gesucht an, diese Todten hier, sind nach dem Ausgange der Seele durch's rothe Meer, wie diese schon Canaans Thurmspitzen sah, gemalt. Wenn die Seele, fuhr er fort, von ihrem vieljährigen Freunde Abschied nimmt, verehrt sie ihm noch ein kleines Andenken. Eine goldne Tabatiere mit ihrem Bilde! Sie wirft noch Strahlen auf ihn, die so aus den Gesichtszügen des Gestorbenen herausleuchten, wie das Antlitz des Moses, obgleich er schon vom Donner- und Blitzberge war. Der Mensch dort, der, so lange die Seele in ihm lebte, schwebte und war, sich so oft hinter ihr versteckte, und vom Verstande Feigenblätter, Vorhänge borgte, kaufte, wie es die Noth wollte, ist da auf ein Haar zu sehen, als wenn er lebt; als wenn die Seele nur über Feld gegangen wäre, um frische Luft zu schöpfen, um in's Freie zu gehen; als wenn die Seele gleich wieder kommen würde. Ihr Hauptsessel ist noch nicht kalt. — Spaßvogel Diogenes, lösche deine Laterne aus! Hier sind Menschen, recht wie sie sind. — Da ist das aufgegebene Räthsel und die Lösung, das Exempel und die Probe! Jeder fürchtet sich vor dem natürlichen, vor dem Kammertode, vor dem kalten, vernünftigen Tode. Der Heldentod, der Feldtod ist nicht kalt, nicht vernünftig. Es ist ein künstlicher Tod, man weiß nicht wo man bleibt; und ich, sagte der Graf, ich, der ich dem Tode seine Künste ablaure, ich, der ich ihm nachschreibe, wollte in Fällen dieser Art nicht Observationen anstellen, um Alles nicht, in Fällen nämlich, wo der Mensch so recht in seinen Sünden, ohne Zeit und Raum sich in Ordnung zu legen, dahin stirbt, dahin. — Zwar, fuhr der Graf fort, zwar hab' ich selbst zwei Brüder, die auf diesem sogenannten Bette der Ehren geblieben sind, und ich hoffe sie gewiß in der seligen Ewigkeit zu treffen; indessen ist nichts richtiger, als daß der Baum, wie er fällt, liegen bleibe. Da liegt der Grund von meinem Grundsatz. Wahrlich, lieber Leser, das war das Motto zu dem Zimmer, in das ich euch ein= und die gnädige Frau v. —, die eben jetzo schon ein englisch Tänzchen macht, ausgeführet habe, obgleich die gute Frau, unter uns gesagt, über ein Kleines auch ein Todtenkopf werden wird, und in's Ohr gesagt, schon jetzt halb einer ist. — Und diese Köpfe? So hab' ich schon einmal gefragt, und so werd' ich noch oft fragen, und immer darauf antworten: o Freunde, wie werth zu sehen, wie werth! Wer kann sie aber ohne Verlust beschreiben? Wer? Ein Gemälde von andern Gemälden ist Copie, ist todt an ihm selbst, ist kalt von kalt — wie — der eine Kopf als frug' er: wo kam ich hin? so bescheiden gefragt, daß es ihm gleich war, wohin es ginge. Die Augen so geschlossen, als ob er sich Alles willig gefallen ließe, und gern unter Gottes Regiment blind wäre, ohne alle Capitulation. Wer wird auch mit dem guten, mit dem lieben Gott capituliren.

Tiresias tödtete die Frau Drachen, und ward aus einem Manne ein Weib. Nach sieben Jahren tödtete sie oder er den Herrn Drachen, und ward ein Mann.

Seiner Offenherzigkeit halber, da Jupiter und Juno über die Süßigkeiten des Ehestandes stritten, und er dem weiblichen Geschlechte den Apfel reichte, ward Juno aufgebracht; denn welche Dame, wäre sie auch eine Göttin, thut nicht so, als sey ihr nichts um die Liebkosung der Männer zu thun, und sey es auch Herr Jupiter, der ihr liebkose. Der Zorn der Juno machte den Tiresias blind. Jupiter aber verlieh ihm in höchsten Gnaden das Privilegium personale, wiewohl in casu onerosum, wahrzusagen, zur Erkenntlichkeit. Die Anwendung dieser Fabel: Tiresias hatte so die Augen zu, wie unser Verstorbener — er war so zufrieden, wie Tiresias. Das Schicksal wollt' es, daß er die Augen schließen sollte, und er schloß sie. So auch unser Kopf. Tiresias war blind und sah mehr, als Leute, die ihre zwei Augen im Kopfe hatten. Unser Gestorbener schien auch beim Verlust seiner Augen eines andern Heils gewiß zu seyn. Das war Aussicht. Die Rücksicht? Sich selbst von Jugendsünden zugezogener Sterbensschmerz schien auf der Stirn zu runzeln: allein kein Bewußtseyn, seinen Nächsten um funfzig Procent gebracht zu haben, kein Betrug, kein Bubenstück. Die Unterlippe biß die obere ein, doch verwundete sie solche nicht. — Paete, non dolet. Oberlippe, es thut nicht weh, schien die Unterlippe der Oberlippe aufbeißen zu wollen. Just dann schmerzt es aber, wenn man sagt, es schmerzt nicht. Man bespricht den Schmerz, wenn man spricht, indem es weh thut, wenigstens glaubt man ihn zu besprechen. —

Sollten Sie denken, meine Herren, sagte der Graf, es ist ein bloßer Gottverehrer — der, wie er mir bekannt hat, den lieben Gott bloß in seiner lieben gütigen Natur gesehen, gekannt und sich drob gefreut hat. Denn Gott ist nicht ferne von einem Jeglichen. Den feurigen Busch der Religion hat er nicht gesehen. Er blieb seinem Naturglauben und Vernunft=Catechismus, der nur einen Artikel hat, treu! Ich kann nicht, sagt' er, wenn ich gleich wollte; allein ich habe Keinen in seinen drei Artikeln gestört, Keinem seinen Catechismus im Spiel abgenommen, Keinem geschwindes Witz- oder langsam wirkendes Verstandsgift eingegeben, Keinem in seinem Thun und Lassen einen Stein des Anstoßes in den Weg gelegt. Ich hielt viel für Gotteslästerung, was Andere für Gottesverehrung hielten — ich — Besonders war es, bemerkte der Graf, daß er das Ich unendlich oft und viel aussprach, und mit seinem Ich hinten und vorn war. Er blieb auch im Ich. — Er stieß sich das Herz daran ab. Mit dem lieben Ich! — Die Herren Naturalisten im guten Sinne, dabei bleib' ich, fuhr der Graf fort, halten sich selbst für kein Kleines. Ihre Seele wenigstens ist ihnen ein Stücklein lieber Gott, wie wir Christen denn auch darin nicht ganz in Abrede sind, allein wie? — Man könnte die Deisten Seelenverehrer nennen, bald hätt' ich Seelenabgötter gesagt; allein seht nur die Miene des Gestorbenen! Ist da wohl Abgötterei drin? — Ich mag keinen Stein aufheben wider ihn, weder einen großen, wie wider den Stephanus, noch einen kleinen, wie wider Goliath — ich nicht. Noch ein Deist mit mehr Stirnunbeladenheit, allein mehr Lebensmühseligkeit über den geschlossenen Augen, die er eigentlich nicht geschlossen, sondern zugedrückt hatte. Es schien so, als wäre der Schlüssel abgedreht. Eine Auferstehung gehörte dazu, um diese verschlossenen Augenthüren zu öffnen. Alles war dicht zu auf beiden Wangen. Von der Mitte der Nase an, bis ganz herunter lag ein Strick von Runzel, der sich unten zusammengab. Er ist sehr verfolgt, der arme Schelm — sagte der Graf. Sein Tod war sanft, das sah man — kein Gewissensbiß, auch nicht einmal in einer Lippe. Ruhe lag über und über und so viel Ergebung, daß er, wenn Gott gesagt hätte: hör' auf, erwiedert haben würde, dein Wille geschehe! Wahrlich das könnt' ich nicht, bemerkte der Graf; ich würde dem lieben Gott wenn nicht mehr antworten, so doch: aber lieber Gott — Ich konnte nicht weg von diesem Kopfe. Herr, wie du willst, so hieß er. Der Graf erzählte mir viel Verfolgungsscenen von Geistlichen, und besonders von einem gewissen Consistorial-Präsidenten Caiphas — der selbst weder Gott noch Teufel glaubte, der aber von Amtswegen und aus leidigem Präsidentenstolz orthodox schien bis zur Raserei, die überhaupt mit ihm sehr nahe verwandt war. Gott lasse dich ruhig hängen, sagt' ich, da ich ihn sahe — du ruhiger Mensch! Könnte seine Seele wohl in der Hölle und Qual seyn, und sein bestes Leibstück, sein Kopf, so aussehen? Es wär' ihm, sollt' ich denken, auf dem Hölle- und Qual-Fall gewiß etwas vom Durst anzusehen, den seine andre Hälfte dort litte. Mein Vater pflegte zu sagen: alles Paarweise, Seele Mann, Körper Weib. W. Z. E. W. Meine Mutter würde gesagt haben, Leib Weib — ohne W. Z. E. W. Dies fiel mir ein, und schnell dacht' ich: ein gutes Weib! Sollte wohl da oben über den Augen etwas Menschenhaß liegen; und der Gerntodt eben daher sein schönes

Feierkleid her haben; und die Entschlossenheit, auch ganz zur Erde zu werden, daher kommen, um nur mit Menschen nicht mehr zusammen zu seyn? — Seht ihn recht an, ich finde keine Schuld an ihm, und wenn etwas Bitterkeit wider Priester und Leviten, wie Unkraut unterm Waizen, stünde: war nicht vielleicht Verfolgung wider diesen Samariter Schuld daran? Es liegt auf jedem lebensausgegangenen Gesicht Rücksicht und Hinsicht, sagte der Graf. Ich fand keines von beiden auf unserm Ruhigen. Er neigte nicht sein Haupt, das that auch sein Bruder nicht; sie hatten den Kopf rückwärts gebogen, und doch in die Höhe! — Schlaf gesund, du Verfolgter, und genieße der stolzen Ruhe derer, die in Gottes Hand sind, und von denen es heißt: keine Qual (auch nicht einst vom Consistorialpräsidenten Caiphas, dem Schwiegersohn des Hannas) rühret sie an. — Das waren die beiden Deisten, denen der Graf hier ein Räumlein bei seinen Christenköpfen gegönnet hatte, so daß diese Todtenkopfgallerie eben hierdurch ein Simultangewölbe worden war.

Der Deist, da er wohl einsiehet, er komme nicht aus, er habe eine Rechnung ohne Wirth gemacht, nimmt sich eine Handlung aus seinem Leben heraus, stellet sie auf und sieht sie so mit unverwandten starren Augen an, daß er drauf lebt und stirbt, daß er sich einbildet, der liebe Gott werde auch sein ganzes Leben so vergessen als er, bis auf das Pröbchen, das er zur Schau aufgestellt. Moses ward begraben, ohne daß Jemand wußte, wo? Doch! ich wollte vom Lycurgus reden. Dieser große spartanische Gesetzgeber eröffnete dem Volke seine in Delphos confirmirten und göttlich erklärten Gesetze, und da Sparta unter seinen Gesetztafeln blühete, wie ein Weidenbaum an den Wasserbächen, nahm er von seinen Bürgern einen Eid, die Gesetze so lange in Ehren und Würden zu lassen, bis er heim käme; denn er müßte wieder nach Delphos, und nun reisete er nach Cirra und bestätigte mit seinem Tode seine Gesetze. — Eine Parenthese. Ist Lycurgus ein Selbstmörder, und jener Patriot, der für sein Vaterland in ein warmes Todesbad ging? Nein, sie sind Märtyrer und haben den nämlichen Zug im Gesicht als die, so aus Liebe zu einer Sache, damit sie, die Sache, nicht stürbe, gestorben sind. Ich komme ab. Ich wollte sagen, Lycurgus habe so ausgesehen, wie jeder Deist, der sich ein Lebensbild aufschlägt, und dies ohne Aufhören ansieht. — Die Seele selbst gewöhnt ihr Auge dran.

Ueber die Christenköpfe überhaupt die Anmerkung: die Augen alle nicht ganz zu. Sie wollten sehen, wo ihre durch Christum geheiligten Leichname blieben. Sie wollten lauschen (das thut man nur mit niedergeschlagenen Augen), wohin die erlöste Seele citiret worden, und also die Augen etwas offen. Die Augen waren von Andern zugedrückt; allein die Thüren wollten nicht zuhalten, sie waren eingetrocknet. Die Christen hatten alle das Haupt geneigt. Sie hatten, das sah man ihnen an, schon das Seelentestament deponirt: Vater, ich befehle meinen Geist in deine Hände, nimm meinen Geist auf! und nach diesem Testamente neigten sie ihr Haupt und verschieden. Die Erde ist des Herrn! Nimm, liebe Mutter, diesen Leib, den du neu gebähren sollst — ich fürchte nicht deinen verschlossenen Leib — ich weiß, an welchen ich glaube, und bin gewiß, daß er diese Beilage bewahren werde, bis zu meinem Geburtstage, bis an jenen Tag —

* * *

Der eine Mann da, sollt' ich mich irren, wenn ich behaupte, daß etwas Zweifel in ihm läge? Eine edle Unruhe —— bald hätt' ich sokratische gesagt; allein sie war lange noch nicht sokratisch. — Es war eine christliche. Baal, erhöre uns, hätte dieser Mann nimmer und in Ewigkeit gerufen! — Heute im Paradiese — heute noch? Wo liegt es? Gott von Angesicht zu Angesicht sehen? Ein Geist den andern? Ewige Seligkeit! ewige! in einem weg, ohne daß uns die Zeit, hätt' ich bald gesagt, ohne daß uns die Ewigkeit (das, glaub' ich, kann ich auch nicht sagen) lang wird. — Auferstehung der Todten, des in alle Welt zerstreueten Leibes? Dergleichen Fragzeichen schien der Mann auf dem Gesichte zu haben, und auch sein Nachbar, auch der hier, auch jener dort, o! der an der Thür am deutlichsten: das ganze Gesicht ein Fragzeichen! allein bei alle dem, mit einer Art von Vertraulichkeit gegen Gott. Nicht Dummdreistigkeit, nicht Christenstolz, wie die Feinde der christlichen Religion es zu benennen belieben, sondern kindliche Zudringlichkeit, höchstens Vorschnelligkeit, höchstens Kinderfrage. Sind Kinderfragen Zweifel? Sind es Knoten, die der Deist heroisch, statt zu lösen, entzwei haut? Werdet wie die Kinder! Wer kann das genug lehren und lernen, und beim Capitel der Rücksicht, o! mein Gott, welche richtige Rechnung! Wie stimmig die Balance! keine

Schuld im Rückstande, nichts zum Uebertragen, Alles thut wie oben. Alles rein abgeschlossen! ohne Bruch, ohne —

Der Kalte da! die wenigsten Zweifel! im linken Auge ein halbes Aber, kaum halb, das rechte glaubt — beide christlich neugierig; ist das Wunder? Aber wie ruhig wegen des vollbrachten Lebens! Der Deist, wenn er's recht, wenn er's genau nimmt, bankeroutirt, und sein Tod ist ein Prangertod, ein Spektakeltod, als Christ? Alles bezahlt! Sollte denn der Christ stärker in seinen Tugenden, fester in seinen Gesinnungen seyn? Sollte! Halt! gelehrter Frager, der Christ ist überall kindlicher. Er thut nichts aus Stolz oder eitler Ehre. Gott ist Vater, er ist ein kleines Kind, das wo einmal in's Licht greift und sich verbrennt, das — —

Wer, Freunde, ist der Engelreine, der nichts auf seinem Herzen und Gewissen hätte? Solch ein paar Gottes-Menschen, als wir beim Grafen erblickt, finden sich, glaub' ich, nicht in vielen Jahren. Wir haben sie aber rühmlichst abgehandelt; indessen haben auch sie gewiß ein Pröbchen ausgehangen. Der Mensch, wenn er Alles gethan hat, hat er Alles gedacht? Und bleibt er nicht ein unnützer Knecht? Und wer macht das Blutrothe schneeweis, und das Rosinfarbne wie Wolle? Ich glaube nicht, daß Gott der Herr unmittelbar beleidiget werden könne! Und die crimina laesae majestatis divinae sind, wie schon bemerkt worden, so was Menschlichgesagtes, als Gottes Hand, Gottes Fuß, Gottes Auge. Wer von Gottes Mund spricht, thut etwas sehr Gewöhnliches; wer aber nur die Hälfte von Gottes Nase spräche, und von seiner Stirn, und von seinen Beinen, würde Gott danken können, wenn man ihn nicht für eine Art von Gotteslästerer hielte. Warum das?

Gott, der nicht zu sehen ist, wird nur in unsern Brüdern beleidigt, die zu sehen sind, und in uns selbst, die wir auch sein Odem sind. Hier indessen, welch ein Feld zu Verbrechen! — — Wir wollen annehmen, daß Selbstsünden auch Selbststrafen nach sich zögen; (Sünde, den Tod) ist's aber darum gut gemacht? Wäre dies, so wäre jeder Selbstmörder selig, ohne Streitschrift, weil er das Leben eingebüßt hat; nicht also? Wer sich zum Arbeiter im göttlichen Weinberge, zur Weltarbeit untauglich macht, wer nicht treu und fleißig mit den Gaben umgeht, die er empfangen hat, verdient nicht allein keinen Taglohn, und Armuth und Mangel, sondern er hat auch mit seinen Sünden noch andere Strafen verdient. — Und wer ist so unschuldig, daß er seinen Bruder nicht mit Gedanken, Geberden, Worten und Werken beleidiget hätte?

Schön, Freunde! wenn ihr das Seine dem gebt, dem ihr's genommen, dem Nachbar sein Waizenland, und der armen Priesterwittwe ihren Kohlgarten. Schön, wenn ihr dem die landüblichen Zinsen wegen des entbehrten Niesbrauchs ersetzet, dem ihr den Niesbrauch seines Ackers entzogen. Habt ihr aber auch die drei Lebensjahre erstattet, welche ihr diesem Armen durch eure Kränkungen entzoget? Die Sonne, die auf dieses Land sahe? Den Regen, der darauf fiel? — Habt ihr dadurch schon den in integrum restituirt, den ihr für einen Weinsäufer, beißig, hartherzig ausgabt, wenn ihr über viele Zeit, da er schon dieses eures Todtschlages halber in die Verwesung übergegangen, eine Palinodie sanget und behauptetet, er sey ein Wassermann, habe keine

Zornzähne, sey warmherzig; und wie mancher ist gar nicht mehr mit euch auf dem Wege, den ihr beleidiget habt! Wird der Mord, den ihr an der Mutter verübtet, etwa nicht gestrafet, wenn ihr ihrem Säuglinge eine Amme gebt? oder wenn ihr den Altar bekleidet, oder dem Oberpastor einen Anthal vom besten spendiret? Hat Christus, der Mund der Wahrheit, etwa die Unwahrheit unter die Christenleute gebracht, wenn er über jedes unnütze Wort Rechenschaft einfordert? Ist was wahrer, was richtiger? Herr! wenn du willst Sünden zurechnen, wer kann bestehen? So gut ich mein Buch gemeint, können nicht Stellen seyn, die nicht da seyn sollten? Und was alsdann? So ruhig wie die zwei Gottes=Menschen oben gestorben! Wer es kann. Wer nach Orts=Ellen gestempelt, durch den Land= und Stadtphilosophen Gottes Eigenschaften abmißt, und Gerechtigkeit und Barmherzigkeit nach dem Einmaleins berechnet; was meint ihr, kann er wohl bei ganz gesundem Nachdenken sein Haupt so rückwerfen, wie die Beiden, die wir nahebei gesehen haben? Und seht sie doch nur recht an. Recht! Ist denn die Ruhe der beiden guten Leute die rechte Ruhe? Wer steht uns dafür? Der Phlegmatische ist ruhig, weil er phlegmatisch ist. Wenn aber ein Betriebsamer seine Geschäfte richtig durchkalkulirt, Debet und Credit abzieht, und Summa Summarum Ruhe abzieht. — Was meint ihr? Ist das nicht eine andre Ruhe? Eine Ruhe, ohne vorherige Unruhe, was ist sie? Reue, die Niemand gereut, wirkt Leben, und wenn denn ein Deist traurig wird, was kann diese Traurigkeit der Welt anders würken, als den Tod? — Seht da den Christen, die Augen offen (im Leben heißt es, Nase und Mund offen) wegen der Hinsicht; allein wie ruhig wegen der Rücksicht! Selig! selig wer wie Mine stirbt! so kindlich groß! so schön! So sterben zu sehen, ist das nicht Wonne? Wer so stirbt, der stirbt wohl, wohl, wohl! Und verdenkst du, unberufner Kunstrichter, dem Grafen, daß — —

Seht nun, wie ausdrücklich berechnet ist die Ruhe der Christen auf ihren Gesichtern! Gilt es denn hier etwa nur eine taube Nuß, oder gilt es eine Ewigkeit? —

Nach diesem Präludio, ich wünscht' es wär' in der Wirklichkeit so stark im Ausdruck, als das des alten Herrn in der Einbildung! Seht euch mit mir um, lieben Leser!

Auf den Christen-Todtenköpfen eine vollständige Quittung, Brief und Siegel zum Losspruch. Kein Zweifel-Glaube, ohne alle Einwendung in der Rücksicht. — Die Kinderfrage in der Hinsicht thut nichts zur Sache. Seht jenes Weibsbild! wie unbefleckt, wie frohruhig, wie zweifelsfrei! Nicht Hoffnung, sondern der Himmel selbst in hoher Person, hätt' ich bald gesagt, liegt auf ihrem edlen Gesichte! Ich kann hier selbst keine Neugierde, keine Kinderfrage finden. Solch ein Weib, wie schön selbst im Tode! Alles ist neues Testament, Alles ist Erfüllung in ihrem glänzenden Angesicht! Nichts Prophezeiung, nichts Vorbild, nichts Verheißung. Jener alte Mannskopf ihr gleich! O Gott, wär' ich doch einst auch so todt, wie die Beiden! Da ist auch nicht ein einziger Zug, der nicht wünschenswerth wäre! Nicht einer! So schöne Köpfe würde man Mühe haben, im Leben zu finden. — Der Graf erzählte uns beider Sterbensläufe. Sie wären gern, wie er sagte, herzlich gern gestorben, und hätten die Kräfte der zukünftigen Welt so gewaltig gefühlt, daß sie mehr dort als hier gewesen. Ueberdruß der Welt ist Vortod, bemerkte der Graf. Es ist ein gut Hausmittel, die Bitterkeit des Todes zu vertreiben. Wer aber so gleich geradezu stirbt, so einen klaren reinen Tod ohne alle Ingredienzien! O schön! rief der Graf aus. — Ein auszehrendes Fieber lösete die beiden Köpfe auf. Ihr Geist lag nicht an der Auszehrung; feierlich, sagte der Graf, so mit Verstand und allen fünf Sinnen, gingen sie aus der Welt, so daß nur ein Thor, wie der Graf sich etwas zu hart ausdrückte, sagen könnte: Sie wären gestorben. Freunde! auf Ehre, sie zogen nur über Land. Wer einfach, wer im Naturstande, im Stande der Unschuld lebt, stirbt der? Nein, er wird lebendig gen Himmel geholet, und solcher Uebergänger, solcher Himmelsfahrer giebt's viel, obgleich das Paradies nicht mehr ist. Es ist mit der Unschuld zusammen verschwunden. —

Wir sprachen bei dieser Gelegenheit ein Hohes und Tiefes über den Einfluß, den die Krankheit auf die Gestorbenen behauptet; allein der Graf versicherte, wenig oder gar nichts. Auf den Agonisirenden zwar; allein auf den eigentlich Sterbenden, auf den Gestorbenen nicht. Sobald der Mensch todt ist, fuhr der Graf belehrend fort, zieht sich Alles, wenn ich so sagen soll, nach der Seele; die größten, eindrücklichsten Krankheiten verlieren ihre Spuren. Das Wort: komm oder geh, welches die Seele, die ihr voriges Leben dem Gewissen vorreferirt, schon in den letzten Augenblicken vor dem infallibeln, unappellabeln Richterstuhl des Gewissens, vor dem Baum der Erkenntniß Gutes und

Böses, als eine rechtskräftige Sentenz erschallen hört, geht in den ganzen Körper über, in die ewigen Elemente desselben, wie ein Blitz oder Sonnenstrahl, nach dem es komm oder geh heißt und bleibt. —

Wenn ich, sagte der Graf, dessen Einbildungskraft im Adlerfluge war, den Augenblick hinmalen lassen könnte, wenn ein Mensch stirbt, was würd' ich drum geben! Diesen Augenblick zu observiren, kostet Mühe und Erfahrung, und doch glaub' ich am Ende, hab' ich nur fünf im eigentlichsten Sinne sterben gesehen; ich hoff's zu sieben zu bringen. Ein heftiger Ruck — bei allen Fünfen; bei einem unter den Fünfen war der Tod ein wirklicher Einschlaf. Diese Fünfe hängen hier, nicht wahr, etwas zu sehr im Dunklen? Ich liebe einen gewissen Schatten auf diesen Gesichtern, den ich zum Theil erkünsteln muß. Die Fensterladen auf! — — Da der, der ist's, von dem ich sprach! Wahr! ich fand es, ich fand noch Seele, aber eben abschiednehmend, und so lieblich, als sagte sie: Leb wohl, lieber Junge, Leib! leb wohl! Ich werde dich noch oft auf dem Kirchhofe besuchen, wo man dich hinbringt; wenn es angeht, will ich sehen, wo du bleibst, auch wenn sich Staub von Staub losreißt. — Sey gutes Muths! Gott vermag Alles! So lange du in seiner Welt bist, sind wir zusammen! Weine doch nicht! Armer Junge, könnt' ich dich doch trösten! Armer lieber, geliebter Erdenkloß, könnt' ich doch! O könnt' ich! Beten kann ich, will ich. Laß ihn, o du Seele aller Seelen, Geist aller Geister, laß ihn nicht versinken in des Todes letzter Noth, erbarm dich sein! — Ein Theil Leben, wenn es ginge, wie gern gäb' ich es hin für dich, lieber Getreuer! — und ihr, Elemente! ihr ewigen

Stücke am Körpertheil des Menschen, ihr Vorsteher des Körpers, nehmt euch der unedlen Stücke an, wenn sie gleich nicht von Familie sind, schämt euch ihrer nicht. — — — O der guten abschiednehmenden Seele!

Gott, was für Schmerz auf zwei Gesichtern! —

Warum verstellest du deine Geberde? könnte man zu allen Beiden sagen. Der zur Linken scheint sich zu fassen, oder fassen zu wollen. Es ist Alexander, da er krank war und den Arzneibecher von General=Feldmedico Philippus entgegennahm. Eben ein Brief vom Parmenio. Er nahm den Becher und trank, und gab dem Doktor Philipp den Brief, der ihn las. Fast so, sagte der Graf. Nicht völlig, sagt' ich, denn ich kannte den Alexander auf ein Haar, und besser als unser Hochgeborner Herr, obgleich er Graf war. Aber da! mein Gott, welche Verzogenheit, Carrikatur, als wär's kein Menschenkopf. Der Graf erzählte mir zu meiner allergrößten Verwunderung, daß dies ein Plötzlichgestorbener sey. Mein Gott! rief ich aus, wie sehnlich hab' ich mir, bis ich diese Verzerrung sahe, einen guten schnellen Tod gewünscht! Vielleicht, fuhr ich fort, war dies ein böser, schneller Tod, von dem es in unsrer Litanei heißt:

Für einen bösen schnellen Tod
Behüt' uns, lieber Herre Gott.

Ich glaub' es nicht; erwiederte der Graf, allein über den schnellen Tod, mein Freund, wie viel zu sagen! Ich habe Ursache zu denken, fuhr der Graf fort, daß jeder Mensch gleichviel Todesnoth ausstehe. Todesangst und Noth ist zweierlei. Die Angst ist zufällig; nachdem der Mann, nachdem die Angst. Die Noth ist wesentlich. — Aber, wandt' ich ein, sollte Mine so wie dieser gestorben seyn, mit so viel Noth? Ihre Mutter ist wahrlich so nicht gestorben! Recht, sagte der Graf, sie hat die Todesnoth, mit einigem Stoff Wasser gemischt, getrunken. Dieser auf einmal! Aesop nahm den größten Korb zu tragen; allein es waren Lebensmittel darin, und eben dadurch war der Korb ihm am Ende am leichtesten. Mein Gott, was giebt's für schmerzhafte Krankheiten und Vorfälle in dieser bösgewordenen, gefallenen Welt! Alles Todte, die Schrift nennt sie todt, und sie sind es im eigentlichen Sinne; wenn aber der Mensch, der nie gestorben, auf einmal recht und eigentlich stirbt, auf einmal weg soll, im Augenblick, aus dem Lande der Lebendigen; — Seel und Leib so bekannt mit einander; er eben in der Ausführung von vier Planen, wovon immer einer den andern deckt: o Freund! so was pflegt in einen Schrei — auszuarten! Und dieser hier ist eben im Schrei! Ich hab' ihn nicht observirt. Es ist ein großes Präsent von einem Freunde, der mir aber auf Treu und Glauben dies Stück gegeben hat, und mich dünkt, es sey ein Stück auf Treu und Glauben. — — — Und dieser verhangene Kopf? (Es war einer aus den Fünfen.) Freund, sagte der Graf, der Maler T i m a n t h malte I p h i g e n i e n s, der Tochter Agamemnons, Aufopferung und theilnehmende Personen, die Jeden rührten, der sie sah. Timanth brachte Alles zum Vorschein, Alles, Alles vom Schmerz, was auf der Stirn, dem Throne des Schmerzes, im Aug' und im Gesichte nur Raum hat, was man nur vom Schmerze weiß. Niemand konnt' in die Höhe sehen, wer Iphigeniens Aufopferung von Timanth sah; Alles stand betrübt, gebeugt zur Erde; nur Iphigeniens Vater, und wie der? eine schwarze Trauerdecke um sein Angesicht. Warum also? Darum also, weil es der Vater ist. Hier, sagte der Graf, hier unter diesem entsetzlichen Leichentuche ist auch ein Schmerz, größer, tiefer als jeder Ausdruck. Etwas ist davon am Tuche zu sehen, und nur eben so viel etwas, als hinreichend ist uns das Herz zu durchbohren. Sehen Sie hier nicht mehr als überall? Und doch ist hier nur ein Strich, ein Punct! — Dies Stück ist auch der Vater!

Ich kann es nicht aussprechen, was ich empfand! Ich unterlag. —

Der Prediger machte dem Grafen bei Gelegenheit der Todesangst und Todesnoth einen Einwand. Es hat, sagte der Prediger, Leute gegeben, die aus Freude gestorben sind. Was thut's? sagte der Graf.

Viel!

Nichts!

Wo da die Todesnoth?

Freund! erwiederte der Graf, die heftige Freude kann eher, wie heftige Traurigkeit tödten. Die heftige Freude hat sehr was Widerliches an sich. Fast wollt' ich behaupten, es ist noch Niemand aus Traurigkeit gestorben, wohl aber aus Freude. Nicht weil die Traurigkeit dem Menschen eigener als die Freude ist, obgleich dieser Umstand uns eben nicht aus dem Wege liegen würde; sondern weil der Mensch bei der Traurigkeit auf seiner Hut ist, die ganze Wache in's Gewehr ruft, alle Macht und Kraft aufbietet, und: macht Euch fertig! schreit. Bei der Freude überläßt sich der Mensch sich selbst, es geht mit ihm rips raps, holter polter, über und über, und dies Freuden-Wirrwarr, wie leicht kann es dem Menschen Eins versetzen! Ein aus sich versetzter Mensch ist todt. — Große Lustigkeit und tiefster, schmerzhafter Unwille sind sich so nah, daß sie sich in die Fenster sehen können. Fast wollt' ich sagen, ein heftig Lustiger sey eben so gefährlich unwillig im Sinn, wie man gefährlich Kranke hat, die sehr gesund aussehen. —

Diagoras freute sich über seine drei Söhne, weil sie alle drei den Preis der Academie der Wissenschaften erhalten, fing ich an. — Lassen Sie den Diagoras, sagte der Graf, er hat mehr seines Gleichen. Ein großes Glück ist eine Posaune der Ewigkeit, und sollte jeden Menschen aufmerksam machen. Wenn man schnell dick und fett wird, ist dies eben kein Beweis der Gesundheit. Hat man Schmerz, Kummer und Gram, und der Körper ist nur aus gesundem Schrot und Korn, Freunde! das sind Leute, die ihr Leben bis auf den Gipfel treiben, das sind Leute aus dem vierten Gebot! Ein lachend Sterbender fühlt Noth über Noth. Er macht nur zum schlechten Spiel ein gut Gesicht, und gelt! das ist schwer Ding! Stirbt er schnell und lacht er überlaut, ist's ärger, als der Schrei dieses Mannes hier! Wer so lachen gehört hätte, würde nie mehr lachen. Stirbt man langsam und lächelt, kann ein so freundlich Aussehender auch ein leichtes Ende haben; denn er ist schon lange zuvor gestorben, eh' er dies Ueberwinder-Lächeln aufschlug. — Ich halt' es, beschloß der Graf indessen mit Ernst, im Sterben mit einer gewissen Fassung, und die kennt weder Lachen noch Weinen. Eine gewisse Grazie liegt zwar in jedem ernsten Gesicht, und ein gewisses Seelenlächeln, wenn Ernst edler, unangenommener, nachdrücklicher Ernst. — Ein Ernstspieler, ein Einfallsernst, o das kennt man auf ein Haar! —

Noch ein Wort zu seiner Unzeit.

Meine Leser werden es von selbst gemerkt haben, daß dies Alles nicht in wenigen Stunden verhandelt ward. Wir aßen und tranken, wenn die Zeit und ihr Zeiger, die Sonne, es wollte; da war der Graf wie ein anderer Mensch. Und ich kann versichern, daß es hier nicht heißen konnte: der Tod in Töpfen; inzwischen war auch bei Tafel Alles wie beim Leichenessen. Eine unsichtbare Stimme rief, statt des Benedicite und Gratias, nach Art des Philippus: Gedenke an den Tod! Bei Tafel ward geredet, und zwar viel. Wir waren nicht Papageien, die nur Memento mori bei schicklicher und unschicklicher Gelegenheit anbrachten, doch war Alles so, als bei einer Leichenwache. Mein Vater liebte eine frohe Mahlzeit, eine mit Sonnenschein. Beim Essen wird man nicht alt, sagte er. Der Graf aß, wenn ich so sagen soll, bei Mondenlicht. Er schien beim Essen alt werden zu wollen. Die Zimmer waren alle am Tage verfinstert; der Schatten ist bei mir die Probe vom Dinge, das ihn wirft, sagte der Graf. — Das Sonnenlicht war überhaupt nicht für ihn. — Wie ehrwürdig, wenn sich das Sonnenlicht hier und da durchschlängelte! Der Graf sagte: Wer kann Gott und die Sonne in dieser Welt sichtbarlich vertragen? Gott wohnet in einem Lichte, wozu Niemand kommen kann. Nur durch den Tod zu ihm! Durch Finsterniß zum Licht. Wie schön die Sonne da durchstrahlt — ich verhänge mir die Welt und was in der Welt ist. Wer kann mit der Welt in dulci jubilo leben und auf die Sterbens-Astronomie ausgehen? Stellatim, sagte der Prediger, gehen, wie man zu meiner Zeit auf der Akademie sprach.

Nun mit der Erlaubniß meiner Leser in
das dritte Zimmer,
auf welchem ein langer Accent liegt.

Ehe ich sie hinein führe, wieder ein Wort der Vorbereitung. —

Bei den Sterbenden war der Graf mit Tubus und Ferngläsern auf dem Observatorio. Ich sterbe täglich, das war seine Losung; das wissen wir schon. Als etwas Neues und Besonderes muß ich bemerken, daß der Graf fast immer Zeit und Stunde wußte, wenn es mit dem Patienten aus seyn würde; allein er sagte es nie dem Sterbenden. Er? nie? obgleich er den Tod so hochschätzte, und eigentlich lebte, um zu sterben, oder eigentlich starb, und nicht lebte. Der Graf hatte zu diesem Rückhalt sehr große Ursachen. Man muß, sagte er, keinem Menschen das Sterben verderben. Der Arzt, der es durch die Signa Mortis vielleicht eben so gut weiß, als ich, (ich sage vielleicht; denn er weiß es vom Körper, ich von der Seele,) ist mein Mann nicht mehr, sobald er es seinem Patienten in's Ohr raunt, oder Leuten entdeckt, die der Patient an den Arzt abgesandt. Eine schreckliche Gesandtschaft! Meine Aerzte müssen sich dergleichen Kunstverräthereien nicht zu Schulden kommen lassen. Mir können sie zunicken, was sie hoffen — was sie fürchten. — Das erste, fuhr der Graf fort, was die Patienten gefragt wird, ist: ob sie schon ihren letzten Willen entworfen, ihr Haus bestellt, und ihren Geist in die Hand Gottes einschreiben lassen? Diese peinliche Frage, dieses Verhör enthält den größten Theil des Lebenslaufs, den der Graf gern, herzlich gern, vorn Willen nahm, indessen ihn, wie er auf Ehre versicherte, nie erpreßt hätte. Viele Leute fürchten den letzten Willen, blos des Worts letzt wegen, obgleich die Postscripte, Codicille und Alles, so lange die Zunge nur lallen kann, aufzuheben und zuzugeben, von den Gesetzen berechtiget werden. Die Lehre von den Testamenten, wie gefällt sie Ihnen? fragte der Graf. Indessen kamen wir von dem letzten Willen an sich, ab. Wer wird, rief der Graf aus, solch' eine unverdiente Güte, als die Lehre von den Testamenten, nicht vorn Willen nehmen, und so Etwas bis auf den letzten Abdruck aussetzen? Ist denn schon Jemand am letzten Willen gestorben? Hat sich der Patient leiblich wohl bereitet, denn auch dies ist eine feine äußere Zucht, so geht das Geistliche an, und der Patient wird eingeläutet, und sodann Gott und meinen Anstalten überlassen. — Ich hätte gern, das läugne ich nicht, dies Glöcklein gehört, indessen ward's abgeschlagen. Man hört' es nie, als wenn eins zur geistlichen Vorbereitung schritt und in's Sterbekloster auf- und angenommen ward. Ist aber, da dies Glöckchen nur bei Einläuten eines Sterbenden zu hören, dieser Klang nicht schon die letzte Oelung, ist er nicht die Entdeckung, daß man in's Todesthal eintrete? In's Noviziat, Freund! versetzte der Graf, wo man, wie bekannt, auch heraus kann, wenn Gott will. Viele ahnen die Sterbestunde selbst, und das ist ein ander Ding, sagte der Graf, denen hat es Gott offenbaret. Wie viel ich für solche Leute Achtung habe, ist unaussprechlich; ich denke immer, der liebe Gott habe mit ihnen geredet, und sie wären getrieben vom heiligen Geist. Wer sie nicht ahnet, sterbe, ohne Zeit und Stunde zu wissen, welche Gott seiner Macht vorbehalten hat. Daher auch alle Sterbenszeichendeuter, ich selbst nicht ausgenommen, oft irren und fehlen. Meine Aerzte haben aus diesem Grunde ihre Instruction, in ihrer Kur der lieben Natur zu folgen, ihr nicht in den Weg zu treten, sondern sie blos zu begleiten. Will sie nicht mit solch einem elenden Geschöpf, als ein Doctor ist, zusammen gehen, so lasse sie der hochgelahrte Herr allein. Auch gut. — Bei mir stirbt Niemand durch den Arzt, versicherte der Graf, sondern natürlichen, nicht medicinischen Todes. Das Stundensanduhrchen muß sanft abnehmen, ohne daß ihm nachgeholfen wird. Meine Mutter würde sagen: ohne daß es gerüttelt und geschüttelt wird. Man hat so viel von der Abstellung der Todesstrafen in die Kreuz und Quere geredet und geschrieben, daß wirklich einige Staaten die C. C. C. wo ohn' Ende und Ziel getödtet wird, in's Galante, in's Feine gebracht. Ich würde, sagte der Graf, die Todesstrafen darum abstellen, weil Niemand weiß, ob er nicht durch die Hand des Arztes schmerzhafter als durch die des Henkers, stirbt, und weil eine Seele, die noch kernfrisch ist, sich auf tausenderlei Art, durch Anstrengung auf einen Punkt, des Todes Bitterkeit vertreiben kann. — Das Einzige, was einen Henkerstod schrecklicher als einen Kammertod macht, ist die Gewißheit der Stunde; wer also die weiß, wenn er auf seinem Bettlein dahin fährt aus diesem Elend, stirbt ganz und gar wie ein Delinquent, wie ein armer Sünder — ganz und gar. —

Ich könnte noch viel, viel erzählen, wenn ich alle Bemerkungen wiederholen wollte, die mir reichlich und täglich in Wurf kamen.

Ein Paar, und damit genug. —

Das Händefalten hielt der Graf für ein schmerzlinderndes Mittel — und sprach sehr von der guten Wirkung, die er von diesem Hausmittel ersichtlich erfochten. —

Die Art, wie er Kranke behandelte, war wirklich Erfahrungs-Weise. Alles hatt' er aus dem Leben, Nichts, rein Nichts aus Büchern.

Kurz, ehe es zum Sterben kam, trank er mit den Sterbenden Brüder- und Schwesterschaft. Eine solche Sterbensschwester konnte von ihrem Lager aufstehen, und wenn es ihre Natur so wollte, gesund werden; allein sie blieb was sie einmal war — Schwester, obgleich ihr Vater Organist, Fabrikant, Nadler war.

Der Graf nannte diese Ceremonien: Becherreichung. Ich freue mich, sagte er, schon hier in dieser Welt, im Himmel zu seyn, wo wir Alle, bis auf den lieben Gott, der der Hausvater ist, Brüder und Schwestern sind. Solch ein Trank ist wirklicher Himmelstrank, wirklicher Nektar, von dem viele Menschen sich keine Idee machen können.

Der Prediger aus L— hatte anfänglich dieser Becherreichung wegen viel zu erinnern gehabt; indessen ward Alles fein ordentlich und ehrlich beigelegt.

Es herrschte im ganzen Hause des Grafen ein Krankentritt; langsam und auf den Spitzen der Füße ging Alles. Kein Wunder, sagte der Graf, wenn hie und da etwas steif in meinem Hause ist und nach diesen Einrichtungen aussieht. Wenn's nur der Staat nicht ist, fuhr er fort, der auf den Zehen gehet. — Im Privathause hat's wenig oder nichts zu sagen. Ich kenn' einen Staat, der schon lange auf den Zehen gehet. (Meine Mutter würde „geht und steht" gesagt haben.) Der Himmel helf' ihm auf die Beine, wenn es ihm nützlich und selig ist! fügte der Prediger hinzu. Ich liebe den Privattod wie mein Leben, fuhr der Graf fort, nur den publiken, den Nationtod nicht. Da stirbt Nichts und Alles. Der Graf konnte sich nicht erholen, um die Krankensprache zu reden, so voll war er über den publiken Tod, und freilich ist's eine Todesart, die mit in sein Fach einschlägt. So im Todtentritt kamen wir in eine der Sterbezellen. Der Graf nannte diesen Zehengang den Todtentanz, und hatte wunderliche, steifbenutzte Regeln darüber, und eine ganz peinliche Theorie. Ich konnt' es in so kurzer Zeit freilich nicht weit in dieser Kunst bringen; wie ich denn überhaupt kein großer Tänzer in meinem Leben gewesen. Für's Haus, und so war ich auch ein Todtentänzer.

Der Aelteste unter den Sterbenden hieß Pater, die älteste Mater. Diese Aeltesten veranstalteten entweder eine Versammlung in einem Zimmer zum Gebet und Gesang und Krankheitserzählung, oder es wurden, wenn es die Krankheit nicht zuließ, alle Zellenthüren geöffnet, und Jedes sang und betete auf seinem Sterbebettlein. Alle Zimmer waren in Gemeinschaft. Jede Sterbezelle war auf zwei Personen eingerichtet. In Littera O (alle Buchstaben kommen nicht zu dieser Bezeichnungsehre; der Graf hatte einige, denen er diesen Vorzug erwies), wo ich eben die Thüre zu öffnen mir die Erlaubniß nehmen werde, um einen Accent darauf zu legen, war kurz zuvor eine Sterbens-Candidatin gesund geworden, und nun war nur

die Curländerin

in Littera O. Ich bitte, sagte der Graf, und kaum hatte er's ausgesagt, da ich eine Stimme hörte: der Pastor — aus Curland, der Pastor — —

aus Curland! Sein Sohn, erwiederte der Graf. Bei aller Lebenslaufs-Neugierde und Verhörslust, wovon der Graf schon in L— ein Pröbchen zurückließ, war er, wie wir schon wissen, nichts weniger als zudringlich. Der Ausruf: der Pastor — — aus Curland, den der Graf verbesserte und stehenden Fußes in's Reine brachte, hatte meine Neugierde eben so, wie die des Grafen, in Bewegung gebracht. Die Curländerin hatte so was Liebevolles im Auge, da sie rief, daß sie Strahlen aus ihren Augen warf; die Augenbrauen gingen so schnell in die Höhe, als wenn man Fenstervorhänge durch Schnellfedern zieht. Ein Romanheld würde die Neugierde seiner Leser und Leserinnen noch wenigstens ein paar Seiten erhitzen, und ihnen alsdann einen Labetrunk geben; so ungesund es gleich ist, in voller Hitze zu trinken. Ich sage geradezu: die Krippenritterin, verstoßen, verworfen von ihrem Ehemann, und im Begriff irgendwo den Tod zu suchen. Gottlob, setzte sie hinzu, da sie diesen Umstand erzählte, daß der Tod mich ohne mein Verdienst und Würdigkeit bei Ew. Hochgebohrnen in Empfang nehmen will. Ich bitte, fiel der Graf ein, Hochgebohrnen weg. — — Hier zu Lande sind wir nur schriftlich Hochgebohrne. Ich dachte bei dieser Gelegenheit an den Ordensengel und die Wappen und die Federbüsche. Dieser Eingriff setzte die Curländerin in eine kleine Unordnung; nach einigem Stillstande fuhr sie fort: So ein schönes rendez-vous war ich vom Tode nicht erwartend. Sie dankte dem Grafen mit einem Blick, daß ich völlig einsah, wie viel sie mit ihrem Auge vermochte. —

Ich will ihre Geschichte in tertia persona geben, ohne zu bemerken, ob ich die Umstände von ihr selbst, oder vom Grafen empfangen. Ihre Schicksale waren höchst traurig. Der Ritter hatte wirklich Neigung zur jüngsten Tochter des Pastors L—. Die Ohrfeige gab den Ausschlag. Er hatte in Curland nichts zu verlieren, als mensam ambulatoriam, zu deutsch, Krippenritt, und da Pastor L— von jeher seine Geberde so zu verstellen wußte, daß man ihn reich hielt, kostete es dem Krippenritter wenig Mühe, seinen Freunden Tisch und Krippe aufzusagen. Ihre Anzüglichkeiten gegen ihn, womit sie ihm Alles versalzten, was er genoß, nachdem er geschlagen war, bestimmten ihn völlig. Der Weinstock seiner Gönner war ihm des Weinstocks zu Sodom und von dem Acker Gomorra. Ihre Trauben waren ihm Galle, sie hatten bittere Beeren. Ihr Wein war ihm Drachengift und wüthige Ottern=Galle. Worte, über welche der Casuist Pastor L— seinem Schwiegersohne eine Abschiedspredigt hielt, und sich wegen zeither genossener Höflichkeiten im Namen desselben bei seinen Tischfreunden bedankte; obgleich in Curland Weinstock und Traube etwas Wildfremdes ist. Zu lesen im 5. Buch Mosis im 13. Capitel im 32. und 33. Vers, sagte der Prediger aus L— und freu'te sich, daß er, so alt er wäre, noch so gut treffen könne.

Der alte Herr spielte im figürlichen Verstande zu der Predigt des Casuisten. Er gab dem neuen Ehepaar' durch einige Reimlein das Geleite. Die Curländerin brauchte den Ausdruck: er bestreu'te diesen Weg mit einem Pasquill, und da sie alle Beilagen zu ihrem Lebenslauf aufgeblättert hatte, fand sie diese Beilage A. mit einem Griff, womit ich meine Leser aber nicht belästigen will.

Ein Reimschmidt war gewöhnlich die andre Hand

des Herrmanns. Aus Höflichkeit nannte er ihn seine rechte Hand. Selten war er ohne eine solche andre oder rechte Hand. Ein paar Strophen:

Was hat in dieser letzten Zeit
Ein Pastor über Fingerbreit?
Den Beichtstuhl, arme Sünder,
Und, wenn zu Haus es wohl gedeih't,
Ein ganzes Häuflein Kinder!

Wie aber Sie? — Halt! us hat e
Achtbarer Herr Präposite
Zu Mosen und Propheten? *)
Und bei der Zeiten Ach und Weh
Zu Pauken und Trompeten?

* *

Ein Jüngferchen wird gnäd'ge Frau;
Des Pastors Trinchen kommt zum V.
Auf ungebahntem Wege.
O Wunderworte! braun und blau,
Schlag über alle Schläge!

* * *

* *

*

Ist Ende gut, ist Alles gut!
Das neue Paar zieht wohlgemuth
Mit Bibel und mit Degen.
Der Herr Gemahl hat adlich Blut,
Und Sie des Vaters Segen.

O des Herrmanns und seiner andern Hand! Meine Mutter, wie wir Alle wissen, war keine Freundin ihrer Nebenbuhlerin, und alle Reimlein fein waren

---

*) Hieß zu der Zeit in Curland Geld und Gut, oder, wie Einige wollen, Gold und Silbergeld, oder im Provinzial-Ausdruck, grob und fein, groß und klein Geld, dies will sagen, Alberts-Thaler und Vierdings.

ihr ein süßer Geruch. Was würde sie indessen zu diesem Auswuchs gesagt haben? „So wie Christus der Herr unter Mörder kam, so auch oft die Dichtkunst, diese edle Gabe Gottes. Die Sonne geht auf über Fromme und Gottlose, und der Regen fällt über Gerechte und Ungerechte.“ Sie nannte sonst die Poesie Etwas, was der liebe Gott seinen Lieblingen in die Hand stecke, ohne daß es Andere merken. — Was kann der Geber dafür, setzte sie aber hinzu, wenn der Schlingel in der nächsten Schenke seine Gabe versäuft? — Doch von Allem dem ist schon sonst geprediget worden. —

Herrmann — — warum vor der Hand von ihm auch nur ein einzig Wort? —

Der Ritter erhielt vom Pastor L— so viel als das Haus vermochte. Ein Schelm giebt mehr, als er hat. Der Pastor L— that sich wehe seines Hochwohlgebohrnen Schwiegersohns halber, seine andere Tochter litt Noth dabei; sie starb im Hospital. Unser Ritter hatte nie Gelegenheit gehabt, Debet und Credit in seiner eigenen Angelegenheit abzuschließen; indessen verstand er doch zu übersehen, daß die Mitgabe nicht hochadlich zugeschnitten wäre. Er entschloß sich also zum Incognito, wo es, wenn nur eine reiche Weste hervorsticht, auf's Kleid nicht ankommt. Der Ritter beschonte seinen adelichen Namen, und legte sich wohlbedächtig einen unadlichen bei. Das junge Paar lebt' also in bürgerlichen Ueberkleidern in — — einem preußischen Städtchen, und verzehrte bei einer friedlichen Ehe Alles, was es hatte. Die Ritterin fand Ursache, ihren Gemahl für ein gut Spiel in der Hand zu halten, wobei es zwar noch immer auf den Spieler an=

kommt; da sie indessen des Dafürhaltens war, daß sie sich schon in die Zeit zu schicken im Stande seyn würde, so lebte sie sorgenlos froh, das heißt, seliglich. — In dieser glücklichen Periode hatte sie keine Kinder. Die Anzeige, daß ihr Vorrath zum Ende ginge, bracht' ein Nordwind zu Wege, der lange anhielt, wie die Nordwinde gewöhnlich zu thun pflegen. Was war zu thun? Unser Ehepaar entschloß sich zur Hauptstadt, und nach mancherlei Hin und Her und Ueberlegen, wollte der Ritter Französischer Sprach- oder Tanz- oder Fechtmeister werden, obgleich er sich schlüßlich als Sprach- und Tanzmeister bei der Universität Königsberg für Geld und gute Worte eintragen ließ. Es waren ihm Kleinigkeiten, daß er so wenig tanzen konnte als parliren. Im Fechten war er zwar in naturalibus; indessen hätt' er doch eher als Fechtmeister, als wie ein andrer Meister, die Zunft gewinnen können. Er war indessen, wegen einer natürlichen Herzlosigkeit, auf diese edle Kunst gar nicht fundirt. Der Teufel, glaubt' er, könnte sein Spiel haben, wie er's oft hat. — Da unser Krippenritter ein Mann war, der sich in Allem, selbst bei einer Ohrfeige, wie uns bekannt ist, zu finden wußte, so half er sich aus, und brachte es dahin, daß er in beiden schönen Wissenschaften, denen er den Eid der Treue abgelegt, das Gewöhnliche leistete. Vom Französischen haben meine Leser am Wörtchen Rendez-vous eine Probe, das er sogar auf seine Frau fortgepflanzt hatte.

Unser Meister zweier brodgebenden Künste hatte ein Gedächtniß, das er auf curische Manier ein Pferdsgedächtniß hieß, und was brauchte er mehr, als ein Lexicon, wozu er in Kurzem Rath schaffte. Nun war er für's Haus ausstaffirt. Die Kunst verräth den Meister nicht. Er hatte gelehrt und gelernt, den Acker cultivirt und sogleich Saamen auf den Boden gestreut. Doppelte Schnur reißt nicht. Diese Methode erforderte Fleiß und Häuslichkeit, und das ist der Grund und Boden einer glücklichen Ehe, worüber unsere Ritterin, nachdem sich der Nord gelegt hatte, nicht klagen konnte. „Jetzt, da ich weniger Brod hatte, erhielt ich „mehr Zähne und mehr Magen. Ich schenkte meinem „Manne einen Sohn und eine Tochter.“ Unser Meister mußte bei seinem sauren Wein der Sprach- und Tanzkunst verschiedene Kränze aushängen. Er zog die studirende Jugend mit Rath und That an sich. Die That bestand in Cautionen, die er für seine Leute, vom Professor an bis zur Wäscherin, einlegte. Man nahm ihn überall, seiner Frau und Kindes halber, als Bürgen an. Der Hauptkranz, den er aushing, war sein Incognito. Er zeigte zuweilen den Schimmer seiner Weste, und bedeckte sogleich wieder diesen Sonnenglanz durch die Verfinsterung seines Bürgerrocks. Man wird selten einen Sprach- und Tanzmeister finden, der nicht Menschenblut auf sich sitzen hat, und so hatte auch unser Sprach- und Tanzmeister Einen gewissen im Duell erstochen, um mit Blut seine Frau zu lösen. Für einen Mann, der Sprach- und Tanzmeister zusammen in einer Person war, ist es sehr bescheiden, daß er nur Einen, und nicht für jede Kunst wenigstens Einen, um's Leben gebracht; obgleich dieser Eine gewisse sich gottlob besser befand, wie er. Leute, die den Pfiff verstanden, schätzten die Schonung des unschuldigen Menschenbluts und die Bescheidenheit unseres Tanzbären und Deutsch-Franzosen. Die es auf's Wort glaubten, sahen die mit kostbarem Menschenblute gelösete Krippenritterin so steif an, daß sie roth werden mußte. Ich bin als Gast in ein Paar französischen Stunden des Krippenritters gewesen, und muß nach einem L. B. S. ihm ein Zeugniß mit Obgleich geben. Ob er gleich durch's Lehren wirklich gelernt hatte, so wollte mir doch verschiedenes nicht in Augen und Ohren, Vernunft und alle Sinne. —

Unser Ritter fing an warm zu werden; ich glaube das wird kein Deutscher, wenn er nicht französisch kann. Er ließ es seinem Weibe empfinden, daß sie ihn bis zu Trebern erniedriget hatte, wie er sich, weil sie Pastors Tochter war, biblisch ausdrückte. Du hast ja gottlob ein gutes Lexicon, erwiederte sie in edler Unschuld; allein der Krippenritter hatte aufgehört Unschuld zu fühlen. Es war nicht zu leugnen, daß es nicht immer Füchse gab, die Füchse hatten (ein Paar akademische Ausdrücke, die ich so frei, wie die Curländerin sie brauchte, meinen Lesern abgebe; Füchse heißen Dukaten und einjährige Studenten); allein dies war nicht der Hauptgrund seiner Ausgelassenheit. Es hatte sich ein Liebeshandel zwischen ihm und der Mutter und Tochter eines wohlachtbaren Mannes auf dem Tanzboden angesponnen; dies setzt' ihn zurück, und war die Hauptursache von Allem. Unser Ritter legt' es seinem armen Weibe nahe, daß sie den Weg des Fleisches gehen sollte, den er ritterlich ging; es ist, setzt' er hinzu, der Weg alles Fleisches. Nicht also, erwiederte die Curländerin. — Also, also, rief er. Ein unmenschliches Also! Der Tyrann entzog seinem Weibe Alles, was zur Leibes-Nahrung und Nothdurft gehört; den letzten Bissen Brod. Seine Kinder, die nach

Speise jammerten, störten ihn nicht in seinem Luftschloßbau, wo er mit seinen Prinzessinnen in Gedanken sich weidete. — Ich will heute, sagte der Kleine eines Abends, aufbleiben, um dem Vater die Füße zu küssen und ihn zu bitten. Was denn? fiel die Mutter ein. — Das könnt Ihr wohl rathen (es war alles Ihr und Ihr). Die Mutter weinte; denn sie wußte wohl, daß der arme Jacques gern noch eine Semmel gehabt hätte. Jackchen schlug sich mit dem Schlafe, und hatte einen desto schwerern Stand; denn ihn hungerte, weil er den Schlaf überwunden hatte. Der Vater kam um Mitternacht, und, wie es aus seiner Art Gepolter den Anschein hatte, fröhlich und guter Dinge heim. Der liebe kleine Junge kroch im Finstern (zu Licht war kein Dreier im Hause) zu seinen Füßen. Was da für ein Hund? rief der Unvater. Dein Hündchen, lieber Vater, sagte Jackchen. Er: „Fort!“ Der Kleine: „Gleich, lieber Vater.“ Warum läßt dich die Mutter herumkriechen? Auf diese Aufforderung gab das arme Weib, das sich schon längst in ihr Schlafkämmerlein zurückgezogen hatte, keine Sylbe. Der liebe Junge erzählte mit einer himmlischen Leichtigkeit, daß er sich des Schlafs erwehret, und daß er seinen Vater Etwas zu bitten hätte, was seine Mutter nicht hören dürfte. Vielleicht wacht sie noch, fuhr der Kleine fort, hebt mich an Euer Ohr, oder neigt Euch zu mir. Der arme Junge bat den Vater ganz leise, seiner Mutter zwei Semmeln zurückzulassen. Wir Beide, setzt' er hinzu, meine Schwester und ich, werden, wie ich hoffe, satt werden, wenn wir Mutterchen essen sehen. Diese fußfällige Bitte beantwortete der Vater mit einem Stoß und dem Ausschrei: Comödie! Vortrefflich! Madam hat nicht einmal nöthig zu soufflirен, brummte er hinterdrein. Das arme Weib verlor über diese Geschichte den letzten warmen Tropfen Fassung, und unserm Jacquchen (ich will ihn lieber Jakob nennen) spielte der Schlaf den Streich, daß er kein Auge schließen konnte. Die Mutter schluchzte und der kleine Junge weinte so bitterlich, so, daß er bis Morgens um fünf darüber vergaß, daß er hungrig war. — Die Curländerin lebte mit ihren Kindern von ihrer Hände Arbeit. Das Mädchen mußte spinnen und Jakobchen die Wolle aus einander ziehen. Sie wollte eher ihren Ismael und seine Schwester Hungers sterben sehen, als auf unrechtem Wege Nahrung und Kleider suchen. Sie erfuhr in Wahrheit, daß der Mensch nicht vom Brod allein lebe, sondern vom Worte aus dem Munde Gottes, vom Bewußtseyn, recht und richtig zu wandeln. Ich war nie böse, sagte sie, allein mein trauriges Schicksal brachte mich weiter; ich ward fromm, gut, so wie es Menschen seyn können. Ein gewesener Sprachschüler hatte schon zur Zeit des genommenen Unterrichts ein Auge auf sie geworfen, ohne daß sie dieses Auge auf ihren Wangen, geschweige an ihrem Herzen empfunden. Jetzt glaubte der gewesene Sprachschüler beide Augen auf sie werfen zu können. Um indessen desto sicherer zu gehen (er kannte ihre Denkungsart), mußte seine Base, die in der Familie kuppelte, es mit der Ritterin freundschaftlich anbinden. Diese Base war in einen Engel des Lichts gekleidet, und wenn auch vielleicht zuweilen ein schwarzes Fleckchen hervorkam, wie hätte es wohl unsere Curländerin sehen können? Verliebte haben mit guten Seelen eine gewisse Denkungsart gemein; jene lieben Alles, diese halten Alles für ihres Gleichen. Die Geschenke, womit die Base der Nothleidenden auf eine so gute Art zuvorkam, machten sie blind, wie doch Geschenke sogar die Weisen blind machen und die Sachen der Gerechten verkehren. Der Knoten war geschürzt, und der Buhler fand sich eines Tages bei Frau Basen ein, und von Stund' an, so oft die Curländerin zur Base ging. In geraumer Zeit sahe sie das Netz nicht, das zu ihrem Fang ausgebreitet war. Einst aber küßte dieser Buhler die Kinder der Curländerin so verliebt, daß die Wangen der Mutter aus Scham glühten. Vielleicht wär' es ihr weniger bedenklich vorgekommen, wenn er nicht noch obenein die Kinder diesmal, da er küßte, so reichlich beschenkt hätte, daß die Curländerin ganz deutlich sahe, worauf es heraus ging. Die Sache kam dem fünften Akt immer näher, und Frau Base deckte jetzt so wenig ihre schwarzen Flecken, daß sie über und über kohlschwarz erschien. Sie brachte, um recht ordentlich und bedächtig zu Werke zu schreiten, ein Pakt in Vorschlag. Die Curländerin, die ihr Herz ehemals in ihren Händen getragen, schloß und verriegelte es jetzt, brach mit Frau Basen, sandte die Geschenke zurück, welche die Kinder erhalten. Die mit buhlerischen Küssen befleckten Kinder wusch die Mutter mit frischem Wasser aus dem Brunnen vor ihrem Fenster. Die Kleinen weinten über ihren Verlust, allein ihre Mutter tröstete sie mit süßen Worten. Das arme Weib wußte nicht, was man vorhatte. Man drohte, da Bitte nicht helfen wollte. Es enträthselte sich, daß Frau Base nur die Geschenke spedirt hätte, die jetzt zurückgefordert wurden. In welcher Seelennoth sahe sich die Curländerin. Sie rang die Hände, entdeckte sich ihrem Manne, der zum erstenmal im Jahr (es war im November) lachte; allein er lachte so, daß noch nie so schrecklich gelacht ist, seitdem der Teufel lachte, da Adam und Eva so dummköpfig fielen. Der Satan war lichterloh in ihn gefahren. Sie sprach Leute an, allein vergebens. Sie hatte von einem reichen Manne gehört, von dem man sagte, daß er zuweilen einen guten Augenblick hätte. Sie ging, fand ihn beschäftigt; er nahm sich Zeit sie anzuhören. Sie mußte ihm ihre ganze Geschichte erzählen. Da sie am Ende war, fragte er sie mit einer Gelassenheit, die mit dem Lachen ihres Mannes sehr nahe verwandt war, ob sie hypothekarische Sicherheit hätte? Nein, antwortete sie. Nun, jede Noth findet ihren Trost, fuhr der reiche Mann fort, so werden Sie einen Biedermann finden, der Bürgschaft für Sie leistet. Die Curländerin bat ihn, dieser Biedermann selbst zu werden; allein er erklärte ihr nach Rechtsgrundsätzen, wie er bei sich selbst nicht Bürge seyn könnte. Ich führte die große Bürgschaft an, sagte die Curländerin, die Gott sich selbst geleistet hatte — allein er meinte, diese Sache wäre zu heilig, um sie auf irdisches Geld und Gut zu deuten. — Schließlich gab er ihr das Geleite bis zur letzten Stufe und befahl sie Gott. Eben dacht' ich, fuhr die Curländerin fort, wenn Gott die Menschen auch nach Hypothek fragen, wenn er mit ihnen verfahren sollte, wie sie unter sich — als ich ohnmächtig hinsank, und noch jetzt nicht weiß, wie ich in ein Haus in der heiligen Geiststraße gebracht worden. Sie fand sich, da sie erwachte, in den Händen einer alten Frau und eines jungen Mannes. Dies brachte sie zum Schrei, denn sie stellte sich die Base und ihren Vetter vor; allein sie erfuhr, daß es Schwiegermutter und Schwiegersohn waren. Sie war in ihrer

Erzählung noch nicht bei der Hypothek, als diese Mutter und Sohn sich ansahen und den Blick schnell abbrachen. Ein Blick, sagte die Curländerin, der mir wie ein Sonnenstrahl tief in die Seele schien. — Die Tochter der Alten, die Güte selbst. — Die guten Leute ließen die Kinder der Curländerin holen und gaben ihnen zwei Tage zu essen und zwei Nächte Betten zu schlafen. Dieser Schlaf war mir ein Vorschmack des Todesschlafs, so süß, sagte die Curländerin. Nun kam sie in ihr häusliches Elend; allein sie fand ihren Mann nicht mehr; sein Auszug hatte keine Stunde erfordert. Ein jämmerliches Bette, mehr war nichts nehmenswerth, und eben dies fehlende Bette zeigte seine Entfernung an. Sie warf sich auf die wüste Stätte, wo sein Bette gestanden, nieder und wollte beten, da ihre Thür aufging und eine weibliche Gestalt erschien. So trug der Engel dem Elisa Essen, wie diese Gestalt ein im weißen Tuche verknüpftes — Wer? Wie? Wo? Weg war die Trägerin. Die Beterin lösete auf, fand das Geld für den Bösewicht und noch drüber. — Da blinkerte der Blick vor ihren Augen, der ihr in der heiligen Geiststraße in die Seele strahlte. — Diesen Abend dankte sie Gott, den folgenden wollte sie ihren Errettern in der heiligen Geiststraße danken; allein sie fand Niemanden im Hause. Die Nachbaren versicherten, daß die gewesenen Einwohner über Land gezogen, wohin, wüßten sie nicht. Sie haben's im Himmel zu gut, liebe Freundin. (Bald hätte der Graf Schwester gesagt, das war sie noch nicht.) Wehe der Stadt, die solche Leute verlassen! Ich dachte an Lot und seine Familie, fuhr die Curländerin fort. — — Doch warum diese Weitläuftigkeit in wörtlicher Nacherzählung? Der Vetter und seine Base wurden von Heller zu Pfennig befriedigt, das Uebrige im Bündel war kein Oelkrüglein; allein es war Spargeld in den Tagen der Krankheit, womit Gott unsere Curländerin heimsuchte. Ihr Töchterlein starb an den Blattern, Jakob aber, ein rüstiger Junge, der es selbst mit dem Schlaf anzubinden sich getraute und den Sieg erhielt, unterlag nicht der Krankheit, sondern starb im eigentlichen Sinn an der Gesundheit, die mehr als die Krankheit forderte. Er überstand die Blattern; allein Mangel der Pflege war die Ursache seines seligen Todes. Er kam mit dem Tode wie mit dem Schlafe zurecht. Eine benachbarte Wittwe brach in dem größten Elend mit unserer Unglücklichen das Brod. Sie hatte einen Sohn, den sie den Bräutigam der kleinen Julie (so hieß die Tochter der Ritterin) nannte. Da aber ihr Sohn mit der Tochter zu gleicher Zeit die Blattern bekam und auch zu gleicher Zeit ein kurzes Leben endete, ward die Wittwe so bitter unwillig, daß sie die Curländerin mit einem Tropfen Wasser vergeben hätte. Ist das der Dank, schrie die Wittwe ohne Aufhören, daß sie mein Kind würgt? Sie begegnete der Curländerin als der Mörderin ihres Sohnes und wollte nichts weiter von ihr sehen noch hören. Der Schmerz thut mehr als dergleichen Dinge, und auch seltener als der Zorn, was recht ist.

Noch eine Anekdote muß ich einholen, die mich sehr bewegte. Zur Zeit, da ihr Ungetreuer sein Bette noch nicht aufgehoben und sie verlassen hatte, war die Krippenritterin wegen Quartiermiethe sehr verlegen. Ostern und Michael war Zinstag und Jammertag, wie sie sagte. Nie konnte sie Zeit und Stunde einhalten. Habe Geduld mit mir, ich will dir Alles bezahlen, war alle

Jahre zweimal ihre Bitte. Der Vermiether hatte Geduld: es war ein Leinweber. Einsmals ward ihm die Zeit zu lange; die Weihnachten waren vor der Thür und mit dem Michaeliszins noch kein Anfang gemacht. Der Krippenritter hatte den Leinweber, der ihn in Züchten und Ehren mahnte, ziemlich deutsch abgefertiget, obgleich er französischer Sprachmeister war. Mit einer Frau und einem Leinweber getraute er's sich schon anzubinden. Der Hausherr ward zornig. — Sie kam, und eine spiegelblanke Thräne stand ihr im Auge. Der zornige Hausherr sah sich in dieser Thräne und fand seine Geberden verstellt; denn er hatte es auch mit ihr zum Scheltwort angelegt. Plötzlich ward aus dem Saulus ein Paulus. Liebe, gute Madam, ich bedauere Sie. Freilich, Sie sind unschuldig, aber er — ein böser Mann. Sie seufzte in die Höhe; die Thräne blinkerte. Nach ein Paar Worten fing er an: Laß gut seyn! So lange ich lebe, hören Sie? so lange ich lebe, sollen Sie in meinem Hause wohnen und sich Ostern und Michael (ein Paar schöne Feste!) nicht mehr durch die Frage verderben, wo die Miethe? frank und frei! Der Leineweber konnte die Worte: frank und frei, vor Bewegung nicht laut herausbringen, er sprach sie gebrochen, das heißt, die meiste Zeit, herzlich. Sie wußte nicht, wie ihr geschahe. Die diesjährige Michaelismiethe, fuhr er fort, zum heiligen Christ für Ihr Jüngstes; das war Jakobchen. — Gott! mehr konnte sie nicht; sie wollte den Geber anfassen und ihm danken — man faßt gern an, wenn man dankt — allein noch ehe sie dazu kam, legte der Wohlthäter beide Hände auf den Tisch, eine auf die andere, den Kopf langsam drauf und — wer hätt' es denken sollen? — starb. —

O glücklicher Leineweber, dein Lebensfaden, wie schön ist er zerrissen! Du bist lebendig gen Himmel geholt. Solch ein Tod! — Das nenn' ich sterben! sagte der Graf, der Todesangst und Noth uneracht et, wovon ich unsern Seligen nicht loszählen kann. — —

O du, der du die Menschen lässest sterben und sprichst: Kommt wieder, Menschenkinder! Ich bin zu geringe, wie jener Märtyrer den Himmel offen zu sehen; laß mich, laß mich nur mit einer solchen That, wie dieser, dahinscheiden! Konnte Gott diesen großen Thäter mehr belohnen? Nicht wahr, der starb in einer seligen Stunde? Gott schenke sie mir und Allen, die solch eine Thräne verstehen. Amen!

Hiermit wäre diese Leineweber geschichte für den Himmel zu Ende, allein für die Erde bei weitem nicht. Die frohen Erben verstanden sich so auf Thränen nicht, als unser Leineweber. Das Versprechen: So lange ich lebe, war mit seinem Tode abgelaufen, das verstand sich von selbst; allein der Michaeliszins? Auch den mußte die Curländerin einbüßen, oder ihr Jüngstes —

„Denn es ist mit nichts bescheiniget, daß eine der„gleichen Schenkung vorgefallen, vielmehr sind alle Um„stände dawider. Defunctus hat zu verschiedenenmalen „den Zins im Guten und Bösen verlangt, und ist nicht „abzusehen, warum er so schnell seine Gesinnungen än„dern sollen. Es ist unter dem vorschriftsmäßig schrift„lich errichteten Miethscontrakt diese Schenkung mit „keiner Sylbe bemerkt, vielmehr findet sich weder hinter „dem Miethscontrakt, noch sonst wo, eine Quittung „wegen des angeblich verschenkten Zinses. Niemand „hat die Schenkung entgegengenommen, und können die

„vorgeschützten Worte: „„Die diesjährigen Mi-
„chaeliszinsen zum heiligen Christ für Ihr
„Jüngstes,““ wenn sie wirklich vorgefallen, auf ver-
„schiedene andere Weise gelenkt und ausgelegt werden,
„zu geschweigen, daß kein deutlicher Sinn herauszubrin-
„gen und daß das Hauptwort: Schenkung, gänzlich fehlt.
„Der so plötzlich darauf erfolgte Tod läßt vielmehr ver-
„muthen, daß, wenn Defunctus sich ja wirklich (wel-
„ches doch an sich zu bezweifeln) dieser Worte bedient,
„er schon ohne Bewußtseyn gewesen. Defunctus hat,
„wie es zugestanden ist, sich jederzeit und auch nur
„kurz vor seinem Ableben gegen den Mann bitter aus-
„gelassen; und würde es wohl der Ehegattin Ehre ma-
„chen, wenn sie sich mit eben demselben Mann so gut
„gestanden? Auffallend ist's, daß sie durch diese Schen-
„kung ihre eigene Schande veroffenbaret. Dergleichen
„Personen versagen die Rechte allen Glauben, sowohl
„nach den gemeinen als den statutarischen Rechten.“ —

Das war ungefähr der Inhalt zu einer Sentenz, die uns die Curländerin sub B. in copia authentica vorzeigte. Ich mag nicht weiter abschreiben, mir ekelt vor dieser losen Speise.

O der feinen, spinnwebfeinen, nadelspitzen Gerechtigkeit! sagte der Graf. Wie oft hab' ich mich in meiner Jugend der heiligen Justiz angenommen und den Kopf geschüttelt, wenn Priester und Küster, Präsident und Notarius in öffentlichen Lust- und Trauerspielen dem Volke zum Spektakel aufgezäumet wurden; nach der Zeit sah ich ein, und wer sieht's nicht, daß man ihr nicht zu viel, sondern zu wenig thue. Der Fehler ist, man behandelt sie bei ihrer Feinheit zu handgreiflich. — Mit demselben Maaße, womit sie misset. —

Doch weh', weh' ihr, wenn der Richter aller Welt sie messen wird! — Die Curländerin behielt die Sentenz zum Sterbekissen, und wahrlich, auf solch ein Urtheil den Kopf gelegt, muß sich leicht sterben, fast so leicht, wie der Leineweber auf seiner eigenen Hand. Wie aber, der solch eine Sentenz formte? — Richtet nicht! — Eine von des Leinewebers Erben war ein niedliches Mädchen, das ein Rath aus dem Ober-Collegio nicht sauer ansahe. Ich weiß nicht, ob und in wie weit dieser Umstand auf die gemeinen und statutarischen Rechte einen Einfluß gehabt. O der wächsernen Nase! rief der Prediger, und dachte an das Promemoria des Justizraths. Der Graf beschloß: Wenn die Christen zur heiligen Christzeit solche Sentenzen machen! Der Judenjunge und Benjamin fielen mir ein, jener in Ketten, dieser wie er dreimal um den Tisch hinkt. — —

Dieses Sterbekopfkissen war nicht das Einzige, das unsere Curländerin sich unterzulegen im Stande war; sie konnte noch weicher liegen. Ihr Ehemann war entschlossen, die Tochter quaestionis zu heirathen. Die Mutter quaestionis glaubte, bloß ihret-, der Mutter halber, die Tochter bildete sich ein, es besser zu wissen. Der Ritter gewann zusehends bei diesem Spiel und ließ die Mutter glauben und die Tochter sich einbilden, was Jedes wollte. Er mußte, eh' aus ihm und der Tochter ein Paar und, die Mutter zugerechnet, ein Dreiblatt werden konnte, von seiner vorigen Frau, nach der Sitte im Lande, geschieden werden. Es ist ein Greuel in Preußen, zwei Weiber zu gleicher Zeit haben; allein ich hab' einen Mann gekannt, der zwei Frauen, von denen er geschieden war, bei sich hatte, die dritte ungerechnet, mit der er aber priesterlich verbunden war. Es kommt

Alles auf die Form an. — Gott, der du Mann und Weib, Adam und Eva schufst! —

Der Bräutigam schrieb an seine Frau einen schrecklichen Brief; er beschuldigte sie der schwärzesten Laster und trug es ihr als eine Großmuth an, daß er sich aller Beahndung in bester Rechtsform begeben wollte, wenn sie gutwillig, unter dem Vorwande, daß eine Todfeindschaft sich zwischen sie in's Ehebette gelegt, in die Trennung willigen würde. Das arme Weib, die sich ihrer Unschuld bewußt war, antwortete ihm, wie er's mit seinen Sünden verdient hatte; und nun der Weg Rechtens! Ein kleiner, schielender Bube, der Rath des Ehegerichts (ein Verwandter von dem Hause, mit dem der Ritter ehelich und unehelich verbunden war und werden sollte), war Kläger, Richter, Henker. Er entwarf die Eingaben, referirte, erkannte und trieb sein Werk, wie die feinsten Bösewichter, so öffentlich, daß er mit dem Ritter vor aller Welt Augen ging und stand, aß und trank. Unserer Beklagtin ward ein Anwald ex officio zugeordnet, dem sie den Schaden Josephs entdeckte; indessen that dies Männchen nichts weiter, als die Achseln ziehen. Mit einem Steuermann des Collegii, eines Armen-Parts wegen, einen Speer brechen, verlohnte der Mühe nicht. Der Kläger nahm aus der Beilage sub B Gelegenheit, die Beklagtin eines verdächtigen Umgangs mit dem Leineweber zu beschuldigen. Die Base ward zur Zeugin laudirt, daß sie Geschenke von ihrem Vetter angenommen, die sie wieder zu erstatten wäre gezwungen worden. Ihr Lebenswandel, behauptete der Bösewicht, sey schon vor der Ehe verdächtig gewesen, und eben dieses Verdachts halber hätte sie mein Vater (wie unschuldig man in Akten prangen tann) recusirt. Die zwei Tage und Nächte, die sie bei den Engeln in der heiligen Geistgasse gewohnt hatte, wurden als eine bösliche Verlassung (malitiosa desertio) ausgegeben. Sie ward als eine Verschwenderin dargestellt, und wenn alle diese Stricke reißen sollten, ward eins (ein Galgenstrick) angebunden, das über Alles ging, die liebe Todfeindschaft. Wohlbedächtig verschwieg der Herr Ehekläger die Ohr—, die er vor der Ehe aus guter Hand erhalten; allein er erwähnte, wie oft er nothgedrungen gewesen, Hand an sein Weib zu legen und sie sich von Leib und Seele zu halten, wenn sie als eine Furie Feuer gespieen. — Er hatte wirklich, ohnfehlbar dem Beirath des Klägers, Richters und Henkers zur gehorsamsten Folge, ihr das erste Liebesband, die Ohrfeige, mit vielen wucherlichen Zinsen erstattet. Die Sentenz war in den besten Händen. Der schielende Bube setzte sich auf den Richtstuhl an der Stätte, die da heißet Hochpflaster, ja wohl Hochpflaster, auf hebräisch aber Gabbatha. Sie wurden geschieden, und da es keiner Auseinandersetzung, sowohl wegen Kinder als Vermögens, bedurfte, weil nichts von Beidem da war, so wurden der Beklagtin in der Sentenz ihre Bosheiten und Herzensstücken auf's Nachdrücklichste verwiesen und sie zwar für diesesmal und, wie es hieß, vorzüglich um den Namen ihres gewesenen Mannes zu schonen, von einer öffentlichen Gefängnißstrafe befreiet, indessen für's Künftige angewiesen, sich eines christlichen, eingezogenen Lebenswandels zu befleißigen. —— O du sanftes Kopfkissen im Sterben! — Soll ich apelliren? fragte der Advokat, und eine Thräne fiel ihm auf die Abschrift, die er in Händen hielt. (Er war nur im ersten Jahr in der Praxi.) Nein, sagte sie, Sie nicht, ich werde appelliren, ich, und sah gen Himmel. Wenn der arme Schelm von Advokaten doch ein anderes Handwerk gewählt hätte! Ich habe nichts, sagte die Curländerin, was ich Ihnen anbieten kann, als hier diese Bibel von meinem Vater (sie hatte silberne Clausuren —). Wäre sie nicht in Silber, wie willkommen sollte sie mir aus Ihren Händen seyn, erwiederte der Advokat. Nun hatte die Curländerin nichts, was einen Rückblick nach Sodom veranlassen können, wenn sie auch Madam Lot gewesen wäre. Sie war sicher, daß sie keine Salzsäule werden würde. Der Weg nach der heiligen Geistgasse, den sie dreimal auf- und abging, war ihr letzter in Königsberg. Sie weinte bei diesem Auf- und Abgang dankbare Thränen, die besten, die man weinen kann, und nun? wohin Gott wollte! Mine ging in ein Land, das Gott ihr zeigen würde. — Die Curländerin hatte, wie sie sagte, zum Glück Etwas aus dem gutthätigen Wörterbuche gelernt und wollte mit ihrer Wissenschaft wuchern. Nicht auf die Saat, sondern auf's Gedeihen kommt's an. Ich für mein Theil, sagte der Graf, würde meine Kinder eher von Ihnen, als von einer Französin, die nur eben geraden Weges von Paris kommt, im Französischen unterrichten lassen, wenn ich Kinder hätte, fügte er nach einer Weile hinzu, und das so gerührt, daß — Er selbst weinte nicht. Indessen war der Geist bei unserer Curländerin willig, das Fleisch aber schwach; sie erreichte mit genauer Noth ein Wirthshaus, wo man sich bloß des Lagers wegen das letzte Bischen Sachen zueignete, das sie mittrug. Man nahm sogar ein Bündel französischer Vocabeln, die sie sich als ein Viaticum ausgeschrieben hatte, weil sie in Goldpapier genäht waren, in Zahlung. Die Sentenzen und andere Papiere ohne Goldpapier ließ man ihr. O die Unglückliche! Sie verlor mit den Vocabeln auch die Herzhaftigkeit, in der Sprache Unterricht zu geben. Hand an sich zu legen, wer kann das? Die Hungersnoth, dacht' ich, wird ohne dein Zuthun dich erlösen, und ärgerte mich, daß mich nicht hungerte. — Solch ein Hungerswunsch ist das Schrecklichste, was man sich denken kann. Die Todesfurcht ist natürlich, und mich dünkt, man sey immer übler dran, wenn man den Tod wünscht, als wenn man ihn fürchtet. Da traf sie einen Menschen, der nicht Oel, nicht Wein in ihre Wunden goß, sondern sie zum Grafen brachte, und da der Graf auf eine Kleinigkeit zur Erkenntlichkeit es nicht ansahe, wenn die Todescandidaten, wie er sich auszudrücken pflegte, des Sterbens werth waren, so machte dieser Priester und Levite (ein Samariter war er nicht) keine unrichtige Speculation. Nun sind wir an Ort und Stelle. —

Das war in Kurzem der Lebenslauf der Antagonistin meiner Mutter. Ich konnte dem Grafen noch verschiedene Auskünfte zu diesen Erzählungen zureichen, und das war ihm ein Fund, den er zu schätzen wußte. Die Curländerin bat mich, nach Curland zu schreiben, wenn sie gestorben seyn würde.

Gott kann Ihnen helfen, fiel ich ein.

Durch Tod oder Leben! fuhr der Graf fort; denn wenn er gleich Keinem die Sterbestunde anzeigte, so war er doch sehr entfernt, bei seinen Patienten den Worten Tod und Grab auszuweichen. Man muß, wenn man frisch, gesund und stark ist, auf Tod und Leben gefaßt seyn, fuhr er fort, und wenn man krank darnieder liegt, allein auf den Tod. — Wenn die alten hochadlichen Häuser die schon gestorbene, verschiedene Hand der Curländerin jetzt gesehen, die sie ihr zu einer Zeit rund abvotirten, obgleich andere mehr bewanderte hochadliche Herrschaften sie ihr gnädigst ließen — wahrlich, sie hätten ihr Urtheil revocirt. Mit den Urtheilen!

Die arme Unglückliche konnt' ihr Gesicht nicht von mir wenden. Gewiß, sagte der Graf zu mir, ist sie Ihrem Vater, dem Sie sehr ähnlich seyn müssen, güter gewesen, als er ihr. Auf diese Art scheinet wohl die jüngste Tochter des Pastor L— (der nicht Präpositus ward, obgleich er sich auf den Kopf setzte) Theil am Gastmahl zu haben, wozu mein Vater eingeladen ward, nachdem im Pastorat des verunglückten Präpositus L. in Curland erscholl: mein Vater hätte die Gabe der Enthaltsamkeit nicht. Ob das Ave Maria, der Gruß, den mein Vater dieser Ritterin eher als ihren ältesten Schwestern zuwandte, oder wirklich allmählige Neigung die Ursache gewesen, und viele Ob's und viele Oder's mehr, leg' ich bei Seite. Was konnte das arme Trinchen (diesen Namen erseh' ich aus dem Herrmann'schen Pasquill) dafür, daß ihr Vater nach der Weise Melchisedech zum Sprichwort aufbrachte? was? — —

Um die Observationen über diesen Cometen in der gegenwärtigen Geschichte zu schließen, sey mir erlaubt zu bemerken, daß diese Arme, nachdem sie eingeläutet war und nachdem sie geohrbeichtet, sich erholet. Der Graf hatte den größten Theil dieser Ohrbeichte bis auf meine Anwesenheit gespart. Nach der Zeit fiel sie wieder ein und starb als Schwester des Grafen und seines Jonathans, des alten Bedienten (denn wahrlich, sie hatte den Kelch der Todesnoth allmählig ausgetrunken) sanft, willig und selig, ihres Alters fünfundvierzig Jahre.

Meine Mutter, an die ich diesen Vorfall, sobald der gute Prediger in L— mir ihn meldete, weiter brachte, antwortete mir wie nachfolget:

Herr, der du sprichst, es geschieht, der du gebeutst, es stehet da, der du Gehet und Kommet in deiner Gewalt hast, gelobet sey dein Name! In Curland und in Preußen, für die Wege und Stege, die du mit dieser Geendeten und Vollendeten eingeschlagen! Durch gute und böse Gerüchte, durch mancherlei Kummer und Leiden ist sie zu deinen Freuden eingegangen. — In Unfrieden ging sie aus ihrem Vaterlande, in Frieden fuhr sie zu deiner Herrlichkeit, wo sie ihr französisches Bündel nicht mehr nöthig hat, den Bettelsack. Sie hat mich vielleicht nur im Traume beleidigt, und hätte sie es auch im Wachen gethan, hätt' ich den Schlag bekommen, den ihr Ritter bekam, was nun mehr? Wir sind hier nicht zu schlagen, sondern geschlagen zu werden. Verzeih mir, lieber Gott, wenn ich im Wachen den Traum ihr übel nahm. Ihrer Seele sey wohl unter denen, die gekommen sind aus großer Trübsal und haben ihre Kleider gewaschen und sie helle gemacht. Heil ihr, wenn sie im Namen dessen starb, dessen, der unschuldig lebte auf Erden und auch ein Fremdling war und in Gottes Hand im Himmel seine Wohnung bestellte! Nimm auch ihren Geist in deine Hände, du allgemeiner Vater, du, Preußens und Curlands Vater! Ihrem Leibe Ruhe, er bedarf ihrer! — Ein weiches, ungestärktes Sterbetuch für ihr thränendes Auge — ein stilles Grab! Vollbracht — Uns alle lehre bedenken, wohl, daß auch wir des Bleibens nicht haben, müssen Alle davon, gelehrt, jung, reich, alt oder schön! Du aber, mein Sohn, schone dich in Preußen, es schei=

net eine Grube zu seyn, wo Alles fällt, was aus Curland ist. —

Wenn es nicht mehr leben kann, liebe Mutter! Aus dieser Stelle sollte man nicht schließen, daß meine Mutter ihren Casum setzt und fromm ist — in dem Sinn, wo fromm seyn etwas geistliche Aufgeblasenheit, geistliche Stärke durch Kraftmehl ist, die hart und ansehnlich macht. — Vergieb mir, Mutter, wenn ich dir im zweiten Theil zu viel that. Ich that's im Traum, wie Pastors L — Trinchen. Wenn ein einziges empfindliches Herz eine Thräne bei diesem Grabe gemeinschaftlich mit mir weint, so hat die Arme ein schönes Leichenbegängniß. Meine Thräne hat eine schwere Geburt, fast nimmt sie mir das Auge mit. Die deinige, liebe Leserin, falle sanft auf dieses Blatt und diene deiner Tochter zum Zeichen, diese Stelle wieder zu finden, wenn sie ihr nöthig ist.

Alle diese Auftritte, welche uns anderthalb Tage beschäftigten, hatten mich so mitgenommen, daß ich bei einem Haar zum zweitenmal in diesem Buche krank geworden wäre. Doch Krankheit kann ich's nicht nennen, was mich niederriß. Was es war, weiß ich nicht; der Pastor — — in L — meinte, daß dieses Uebel gerades Weges vom inwendigen Menschen, von der Seele, herkäme, welche kein Arzt tödten, allein auch nicht heilen könnte. Er rechnete diese Krankheit zu den Lindenkrankheiten, die oft gefährlicher, oft leichter als die Leibesgebrechen sind. Recepte, Schlagwasserdöschen, meinte er, wären hierbei nicht anzuwenden. — Hier ist Gott allein der Arzt, und sein heiliges Wort Medicin. — Zur Bewegung wäre am Frühlingsmorgen eine sanfte Flur vorzuschlagen; der Waldgeruch sey schon zu stark und greife solch einen Kopf an. Das, sagte der Prediger, ist die Art der Seelenkrankheiten. — Unsere Aerzte curiren oft den Körper, wenn die Seele leidet. — Körperkrankheiten pflegen nicht den Kopf vorbeizugehen, sondern ihm die Ehre zu thun, von ihm auszuziehen in den ganzen Körper weit und breit. — —

Der gute Pastor! Ich seh' ihn noch, wie bekümmert er war. Es überfiel mich mit einer Ohnmacht. Der Graf schien froh zu seyn, daß es mich so überfiel; natürlich, um einen Sterbecandidaten mehr zu haben; er gab dem Prediger nicht undeutlich zu verstehen, daß, wenn er sich nicht länger aufhalten könne oder wolle, er ihm keine Bitte in den Weg legen würde. Jeder, setzte der Graf hinzu, hat sein Päckchen. —

Ich — sagte der Prediger, und konnte nicht mehr.

Beim Ich Punktum? fragte der Graf.

Ich werde diesen Jüngling nicht verlassen. —

Auch ich, sagte der Graf, nicht verlassen noch versäumen.

Gott, wenn er stürbe!

Nun, wenn er stürbe?

Er kann nicht sterben —

Wenn er unsterblich ist.

Gott!

Gevatter, entweder glaubt Ihr Herren nicht, was Ihr lehrt, oder was ist das Sichtbare gegen das Unsichtbare, das Gegenwärtige gegen das Zukünftige, Zeit gegen Ewigkeit? Ist's denn nicht eine schöne Sache um die Hoffnung? Und der Genuß?

Freilich, der Himmel wird anders genossen als Dinge der Erde. Der Erdengenuß gebieret den Tod, den Ekel. —

Der Himmel ist Himmel, ist Genuß ohne Ekel, ohne Tod. Tod und Ekel sind gleichbedeutende Wörter. Gleich und gleich gesellt sich gern. Ein Jüngling wie dieser soll nicht glücklich werden?

Ach, ich habe Kinder, er Eltern, und die zeugten einen Sohn, der ihrem Bilde ähnlich war.

Warum mehr von den frommen Anzüglichkeiten, welche diese beiden Leute, der Graf und der Prediger, aus gleich gutem Herzen auswechselten? Sie schlugen Ball. Der Prediger wollte nicht von meinem Stuhl — und war für mich auf eine so rührende Art bekümmert, daß er seine Abhandlung ganz und gar darüber vergessen zu haben schien. Die Bekümmerniß gefällt am meisten, wenn sie unzeitig, wenn sie nicht an Ort und Stelle ist; daher die Sorgfalt der Weiber, so kindisch sie ausfällt, wie schön! — Auch bei den Männern muß sie weiblich ausfallen, sonst ist sie Furchtsamkeit. — Der gute Vater Gretchens! Er erhielt auf vieles Bitten die Versicherung vom Grafen, daß ich noch nicht eingeläutet werden sollte. Auch (dies hab' ich Alles nach der Zeit vom Prediger) war diese Fürbitte Schuld daran, daß ich nicht in die Todtenliste eingetragen ward, welche der Graf das Himmelsbürgerbuch nannte. So kam ich wieder um's Geläute, wonach ich doch so lüstern war.

Herr, laß ihm noch diese Nacht, diesen Tag, noch drei Tage! sagte der Prediger mit andern Worten zum Grafen, die sich der Graf oft wiederholen ließ, eh' er diese Frist bewilligte. Herr, laß ihn noch! war der Morgengruß des Predigers, denn ich hatte eine elende, lange, lange Nacht gehabt, und der Tag war wie sie. —

Der Graf declamirte für, der Prediger wider den Tod, jener mit erhabener Stimme, dieser mit leiser, schmerztheilnehmender. Nie vergeſſ' ich die gräflichen Worte: Stirbt man denn an der Krankheit, Freund? Vom Leben stirbt man, und wenn unser Liebling (ich lieb' ihn wie Sie), wenn er gesund wird, entfloh er dem Tode? Nein, nur der Krankheit. Allen? Nein, dieser. — Eine große Sache!

Der Graf hielt drei Safts bei seinen Kranken, die Untersafts, die Aderbinder und Pulsbeschleicher ungerechnet. Der Arzt, der mich besuchte, wußte, daß er dem Grafen mit einem heimlichen Kopfschütteln einen Gefallen erwies, und schüttelte also, es mochte Gefahr seyn oder nicht. Bei einem Manne wie der Graf, und bei Krankenlägern, die von lachenden Erben umgeben sind, haben die Herren Safts immer gewonnen Spiel, es stehe oder falle.

Der Prediger aus L—, der die Lindenkrankheiten aus Erfahrungen kannte, hatte völlig recht, daß diesen Ober- und Untersafts meine Krankheit zu hoch wäre. Freilich steckt eine kranke Seele den gesundesten Leib an, alle Seelenkrankheiten sind ansteckend; allein es war Lebensekel, Lebenskummer — Ueberdruß, was mich ergriffen hatte. All' die Gebeinhäuser, in die ich herumgeleitet worden, hatten meine Einbildungskraft so erhitzt, daß ich wirklich nicht todtkrank war, nicht gefährlich krank — aber beides zu seyn herzinniglich wünschte. O Gott, wie sehnte ich mich nach einem seligen Ende! wie nach Minen! Sie war der Mittelpunkt von Allem. Ich suchte meinen Tod überall, auf allen und jeden Gesichtern, und wo ich ein Todeswort fand, wie sehr drückt' ich's an's Herz! Ich war eigentlich nicht krank, allein ich wünscht' es zu werden. Eine der gefährlichsten Gemüthskrankheiten, wenn es nicht im Apostelsinn heißt: Ich habe Lust abzuscheiden. — Gern wollt' ich bei Minen seyn, und sollt' ich nicht wollen? Nach des Grafen Meinung nicht. In dieser Aussicht sterben, heißt: sich den Tod verderben, ihn mit allem Fleiß verunstalten, ihm den gesunden, natürlichen Geschmack nehmen, englisches Gewürz, Galgant, Pfeffer, Kreidnelken daran legen. Man muß sterben, um zu sterben. Der Graf hatte hierüber mit dem Prediger eine sehr gelehrte Unterredung. Ich vernahm die Worte nicht, allein der Geist von Allem wirkte auf mich. Mein Vater pflegte dies Wirken, Wanken zu heißen, wie man von Gespenstern sagt: sie wanken. Ich wankte; es war mir, als hört' ich in der Ferne läuten. Der Hauptinhalt der gelehrten Unterredung war: ob man nicht auch durch künstliche Mittel berechtiget wäre, sich den Tod zu erleichtern? Der Graf behauptete Nein, und nannte diese Kunst Betrug. Wenn Sie wollen, frommen Betrug. Ich will aber nicht fromm betrogen werden.

Es sey nun aber wie ihm wolle, Mine war mein Schutzengel bei meinem Seelenzufall, sie stärkte mich; ich holte Alles nach, was ich bei ihrem Grabe durch Betäubung übersprungen hatte. O wie gern wollt' ich bei ihr seyn! Die vier Nägel, wovon meine Mutter sechse für einen Vierding kaufte, glänzten mir schrecklich in meinem vierzehnten Jahre. Das Blatt aber, wo ich in der Capelle eben am Ende meinen Namen verzeichnete, wie trostreich für mich! Es war eine sichere Verschreibung, bald, bald! bald bei Minen zu seyn. In meinem vierzehnten Jahre ließ ich sie zurück; hier sah ich das vorgesteckte Kleinod. Es war mir ein Licht aufgegangen; ich empfand den ganzen heiligen Busch einer gottgefälligen, gottgeheiligten, himmelklaren, engelreinen Liebe — ich hatte Lust abzuscheiden. Ein Paar Schauer, womit dieser Leib und dies Gebein seine Rechte sich vorbehält, abgerechnet. Ist's Wunder, dacht' ich, eine so hochgeadelte Erde soll wieder zurückkommen, wovon sie genommen ist? Ein solch Gefäß zu Ehren zum Wurmgehecke? — Doch schnell gab ich meinem Seelengefährten den Segen: Gehe hin in Frieden, es soll dir Alles wohl belohnet werden; du sollst auferstehen in Kraft, und Minens Leib und ihr Gebein, und dieser Leib und dies Gebein. — — Halleluja blieb mein Hauptwort, in meinem vierzehnten Jahre war es das Amen fein, Amen, das ich meiner Mutter nachbetete. Freunde, wohl dem, der eine Mine im Himmel hat! Die fühllosen Saducäer müssen keine Minen gehabt haben. Mein Herz hing an Minen, und sollte dieser Sitz des Lebens an etwas wirklich Todtem, auf Ernst Todtem hangen? Gott ist nicht ein Gott der Todten, sondern der Lebendigen, und meine Seele, sein Aushauch, ist hier sein Ebenbild. — Mine lebt, ich werd' auch leben! Junge Leute sterben leichter, sagte der Graf, weil sie keinen Anhang und Zugabe haben, weil — eine lange Reihe Weil's — ich glaube kurz und gut, weil sie gewöhnlich nach der jetzigen Weltmanier unglücklich lieben. Die Liebe hoffet Alles, sie duldet Alles, sie macht ein ruhiges Leben und einen sanften Tod.

Das erstemal, wie ich an's zum Ende gehende Blatt dachte, war's so, als ein aus dem Feuer gerissener Brand in's Herz. — Das war ein Hauptreservat des Leibes, eins in optima forma. Es ist einem so warm auf einem Fleck, und kommt dergleichen Brand dem von der Schamröthe so nahe wie möglich. — Beide verbreiten ihre Flamme zum Angesicht, die Stirn kalt. — Dergleichen Vorbehalte, dergleichen Erdbebungen, hätt' ich bald gesagt, Erschütterungen wollt' ich sagen, das war Alles, was ich von Todesangst bei dieser für den Grafen, wie es anschien, so erwünschten Gelegenheit empfand. Es war indessen Alles so, daß ich's ertragen konnte. Der Tod selbst, sagte der Graf, ist das Allerwenigste; da springt das Band, das man so lange zog und riß und neckte, weg sind wir. Tod als Tod hat weniger Schreckliches als das Leben, er hat nichts Schreckliches. Ich fürchte mich nicht vor Gespenstern, wohl aber vor Dieben und Mördern. Wer wird sich vor Etwas fürchten, was er nicht kennt, und wer kennt den Tod? Das Leben aber kennen wir. Wenn auf Regen die Sonne scheint, auf Mühe Lohn folget, wohl uns, daß wir sterben, wohl, wenn wir todt sind, wenn unser Glaube an die Unsterblichkeit auch nur wie ein Senfkorn ist. Der Tod giebt Trost über Trost, Wonne über Wonne, und sollte der Gang zu diesem Aufschlusse des Menschengeheimnisses (wahrlich, wir sind ein Räthsel, der Tod ist unsere Auflösung) schrecklich seyn? Ende gut, Alles gut. Der Tod ist das Ende vom Klagelied, von allem Elend. Canaan im Kleinen, in Miniatur, im Auge; was schadet ein Fuß in der Wüste? In einer unseligen Stunde sterben, heißt in den Henkerhänden der Krankheit sterben; das kann schrecklich seyn. — Dem besten Kämpfer aber das Kleinod, dem stärksten Ringer der Preis. Wie wohl ruht es sich nach der Arbeit, wie wohl! — Laßt uns nur des Sterbensleidens, ehe das letzte Stündlein kommt, viel haben, wenn es Gottes Wille ist; dann verdienen wir im Tode getrost zu seyn und wie der selige Leineweber gen Himmel geholt zu werden. Wer wollte sich aber das Sterben, aus Furcht des letzten Augenblicks, ohne Noth bitter machen, wer das Leben dadurch verleiden? Es giebt Leute, die sich das Leben auf diese Art versterben; warum das? Ich kann von mir sagen, ich sterbe täglich; allein dies will nicht viel mehr sagen, als: ich sehe täglich Andere sterben, obgleich es auch Stunden giebt, wo es mehr sagen will. Der heilige, geplagte Apostel starb täglich anders als ich. Paulus trank täglich einen Tropfen aus dem Todesbecher; es war nicht Todesfurcht, die er trank — solch ein Mann wußte schon, was im Kelche war — es war wirklicher Tod; er starb allmählig. Wer es höret, der merke darauf. Sich sein ganzes Leben vor dem Tode fürchten, heißt zwar, ein Knecht, ein ägyptischer Sclave des Todes seyn; allein noch lange nicht, sterben lernen, den Tod studiren. Mensch, bei Allem, was du thust, gedenke an's Ende, so wirst du nimmermehr übel thun! das heißt: Mensch, lebe gut, um gut zu sterben! Ich für mein Theil (der Graf fiel in einen andern Ton) habe den Tod herzlich lieb, sehr gern seh' ich sterben. Sterben allein, das ist mein Leben; Jeder muß wissen, was ihm Leben ist. Ich habe nichts wider das Leben, wie der Herr Gevatter meint. Da der Prediger sich blos auf dies Wort bückte, brach der Graf ab und versicherte, der festen Hoffnung zu leben, daß er sanft sterben würde. Du weißt, Bruder, sagte er zum Bedienten, ich hoffe zu sterben, wie der Leineweber. War es nicht, lieber Gott, fragte er zuversichtlich, inbrünstig war es nicht Todesangst, Todesnoth, was ich aus dem Kelche trank, den du, mein Vater, mir gabst? Hab' ich noch diesen ganzen Kelch zu leeren, oder wird meine Zunge, wenn es an's Letzte geht, nur noch die letzten wenigen Tropfen aufziehen? Dein Wille, nicht wie ich will, sondern wie du willst. —

Der Graf hätte so ohne End' und Ziel reden können. Es war Zephyr, den er mir zuwehte — wirklicher Zephyr, sanfte Empfindung, womit er mich anfächelte. Es giebt Stunden, wo wir keinen Sturm ertragen können. Der Bruder des Grafen neigte sich, als schien er sagen zu wollen: Ich werde eher sterben als du, gräflicher Bruder; allein es schien auch gleich darauf, daß er sich bedächte, wie es ihm gebühre zu folgen. Ehre, dem Ehre gebühret. Und Sie (fing der Graf zu mir an), ausblühender Jüngling — schnell hielt er sich auf, als bedächte er sich bei dem Worte: ausblühender — Sie haben auch nach Ihrer Art gelitten — vielleicht sind nur noch wenige Tropfen Todesangst übrig. Ich, fuhr er nach einer Weile fort, habe bei der bittersten Arznei nichts nachgetrunken. Ich auch nicht, erwiederte ich; allein ich muß gestehen, nur blutwenig Arznei gegessen und getrunken zu haben, setzt' ich hinzu. Bravo! schrie der Graf. Er wollte bemerkt haben, daß Leute, die sanft einschliefen, auch Anlage zum sanften Tode hätten, und befragte mich, zum innerlichen Verdruß des Predigers, wie es mit meinem Einschlafen wäre? Bei Leuten, die schnarchen, fuhr er fort, hab' ich bemerkt, daß sie zu ihrer Zeit röcheln, und die unruhig schlafen, sterben gemeinhin auch unruhig, wenn nehmlich der unruhige Schlaf keine Folge des vorigen Abends ist. —

Wie ich verschlage! — Desto besser, so sehen meine Leser am deutlichsten, wie ich zu dieser Frist gestimmt war. —

Der Prediger mußte des Sonntags wegen, der vor der Thüre war und anklopfte, von dannen; Jeder hat sein Päckchen. Das Wort: ausblühender Jüngling, so dem Grafen selbst auffiel, war dem Prediger auf's Herz gefallen, der gute, theilnehmende Mann! Sagt selbst, lieben Leser, verdient nicht seine Abhandlung von der Sünde wider den heiligen Geist bloß darum deutlichen Druck, gutes Papier und so weiter? Meine Seelenkrankheit kehrte das Blatt den Abend noch, und kurz, ehe der Prediger aufbrach; er nahm noch den ersten Besserungsstrahl mit. Mein Gruß an Gretchen, den er so gern in die Hand sich drücken ließ, heiterte mich sichtbarlich auf. Gern hätte der Prediger dem Grafen wiederholt: Laß ihn noch; durft' er aber? Man widerräth den Schwermüthigen die Einsamkeit, und in vielen Fällen mit gutem Grunde; bei dem Allen glaub' ich, daß, wenn ja ein Kraut und Pflaster sie heilen könne, es die Einsamkeit, die Selbstgelassenheit sey, wenn diese Einsiedelei nur gleich beim Anfange gebraucht wird. Die Einsamkeit ist dem Ungewohnten wie ein kaltes Bad, das Anfangs widerlich ist, allein es stärkt die Nerven. — Gesellschaft ängstigt schwermüthige Personen, das heißt, sie macht sie kränker. O ihr gütigen Thränen, was für ein sicheres Recept seyd ihr in dieser Krankheit, und in Gesellschaft weinen, welch ein Mann kann das? Der Graf wünschte mir Glück zu meiner Genesung. Jetzt sah er selbst ein, was für ein Zufall es gewesen. Das Phänomenon bei dieser Sache war, daß ich, so froh ich war zu sterben, es auch zufrieden war wieder zu leben. Nicht wahr, ein wahres Phänomen? Ich, der ich meine Hände nach dem Tode ausstreckte, nach dem Freiwerber, den Mine zu mir gesandt, ich, der ich mit diesem Manne ziehen wollte, der ich nach der Zeit tausend- und abermals tausendmal bei ihr zu seyn mich herzlich sehnte. Der Graf versicherte mich, daß er kein Sterbenszeichen um und an mir entdeckt. Saft hat also unzeitig sein Haupt geschüttelt; dem Grafen zum Munde würde ich in Rücksicht des Gesprächs mit dem Prediger in L— sagen. Wie kam es aber, daß der Graf Glück wünschte? Und wie kam es, daß ich den Glückwunsch als Glückwunsch entgegennahm? Wir Menschen sind wunderbare Geschöpfe! — Es war mir so, als ob ich Minens wegen schon wirklich gestorben gewesen und nun, nachdem ich ihr mein Gelübde bezahlet, wieder auferstehen könnte. — Ach, diese Seelenkrankheit, so hat sie nicht mehr mich übermannt; allein wie oft hieß es von mir: Siehe, um Trost war mir bange! Wie oft blüheten die Linden für mich! — Auch heute, da ich dieses schreibe, war ich in meiner Kammer, hatte die Thüre nach mir zugeschlossen und mich verborgen, um —

Wenn ich wüßte, daß einer von meinen Lesern über das, was Sitte beim Grafen war, seelenkrank werden könnte, wie bei mir dieser Fall eintrat, obgleich sie nicht sehen, sondern nur lesen, ich würde hier schließen, ohne ein einziges Wort weiter zu verlieren — nicht wahr, verlieren? Kommen meine respektiven Leser und Leserinnen aber mit einem einsamen Stündchen, mit einem kalten Badestündchen ab — was hat's zu sagen? Wir haben doch alle ein langes, kaltes Bad im Grabe vor, und wahrlich, das wird eine rechte Nervenstärkung seyn!

Sieht noch obenein unter meinen Lesern ein Alexander seine Mine, und unter meinen Leserinnen eine Mine ihren Alexander in dieser Geschichte im Bilde, trägt er oder sie Leid um seinen, um ihren leiblichen oder geistlichen Todten, o dann ist's kein böses, dann ist's ein gutes Stündlein, das ich Euch bescheeret habe. Wo hatte er denn so viel Zeit? fragte ein kluger Mann, da er hörte, daß ein Held im Felde an einer Krankheit gestorben wäre. Diese Frage würde bei unserm Grafen, der nichts mehr in der Welt zu versäumen hatte, der im Fegefeuer sich befand, ohne daß ihm, wie den drei Männern im Feuerofen, ein Haar gekrümmet ward, die überflüssigste von allen seyn.

Zum Schluß ein Paar Reden, die mir der Graf zu Ehren am Sonntage halten ließ. Das Evangelium, wie es mir vorkam, war nicht so ganz nach seinem Sinn, es war zu viel Leben darin. Der Graf war wegen seiner Sterbenden zum Hausgottesdienst gewöhnt, und hielt sich wegen einiger lebendigen Evangelien einige Reden, von einem Christen und bloßen Gottesverehrer bearbeitet, über seinen Lieblingstext. Das Geläute zu diesen Reden — Hier ist's.

Ein Gespräch zwischen dem Grafen und mir. Meine Leser mögen es als eine captationem benevolentiae ansehen.

Alles, was keine Sprache besitzet, was sogar keinen Laut vermag, ist todt an sich selbst. Alles, was nicht mit vernehmlichen Tönen von der Natur ausgerüstet ist, ringt fast nach Gelegenheit, daß ihm die Zunge gelöset werde. Sprache, Ausdruck ist Leben. Die schwerste Schrift wird biegsam, gefälliger, gelenkiger, geschliffener in unserm Munde. Die Zunge ist ein klein Stücklein

Fleisch, und fast könnte man von ihr sagen, sie wäre das Lustschloß der Seele. — Der Mensch ist der Gott alles Leblosen; wenn er ihm gleich nicht einen lebendigen Odem einhauchen und es beseelen kann, ist's doch fast so, als ob Alles spräche, wenn der Mensch ihm zuspricht, als wenn es antwortete, wenn der Mensch es frägt. Die Figur, daß man leblose Dinge anredet, wenn nur die Kunst nicht zu merklich ist, wäre so unnatürlich eben nicht, als sie jetzt auffält. Es scheint, als mache der Mensch den Versuch, ob es nicht anginge? Gott sprach, und es ward; der Mensch spricht, und es scheint zu werden. Sprich, damit ich dich sehe. In der Sprache liegt die Gewalt, welche der Mensch über Alles hat, was lebt, schwebt und ist, der Binde- und Löseschlüssel. Mein Vater pflegte zu sagen: Noch sind jene Töne nicht cultivirt, wodurch wir vielleicht mit Allem auf der Erde so umspringen würden, als der Hauptmann von Capernaum mit seinen Knechten: Komm, geh', thue das! Vielleicht waren diese Töne schon und gingen verloren, wie viel verloren ging. —

Mein Redner, fing der Graf an. —

Redner? erwiedert' ich. Nicht anders, sagte der Graf. Beleben die? Sich im Leben angreifen, sich überleben, zu viel leben, ist Tod, überall Tod, fuhr ich fort. Es giebt Redner, die nicht blos schlechthin beleben, sondern beseelen, begeistern; allein das sind nicht ausgelernte Papagaien und Raben, die auch zuweilen zu rechter Zeit oleum et operam perdidi krächzen, sondern Leute mit feurigen Zungen, nachdem ihnen ihr Geist gab auszusprechen. Aus dem Herzen auf's Papier, Schwarz auf Weiß, vom Papier in's Gedächtniß, aus dem Gedächtniß in Hand, Mund und Fuß. —

O der ermattenden Umwege! Und wie selten geht's gerade aus dem Herzen aus. —

Der Graf fühlte, was ich sagen wollte, obgleich nur ein Funke auf meiner Zunge blinkerte. Feuer war nicht drauf, die Lindenkrankheit hatte gedämpft, gelöscht. Eine Rede, sie sey auch die beste, ist ein Gipsabguß der Gedanken. — Gemeinhin verschlingen hier die sieben mageren Kühe die sieben fetten, wie in Joseph's Traum; indessen ist nicht zu leugnen, daß eben dieselbe Sonne, wie ein witziger Schriftsteller sagt, die das Wachs schmilzt, die Erde versteinert, und es giebt Leute, die gern reden, und andere, die auch nur durch Reden gewonnen werden. Leidet aber Jeder, daß auf ihn Jagd gemacht, daß auf ihn angelegt wird? Und thut der Redner mehr, als seinen Bogen spannen und auf die Herzen seiner allerseits nach Stand und Würden höchst und hochzuehrenden Zuhörer zielen? Freilich, erwiederte der Graf, wo Feuer ist, da raucht es auch. Meine Prediger, fuhr er fort, hab' ich so ziemlich in's Geleise bei Leichenpredigten gebracht, indessen raucht es doch noch. *Conferatur:* Siehe, ich komme bald, behalte was du hast, daß Niemand deine Krone nehme. Da war noch viel zu sagen, und doch war es aus dem Herzen. Wenn er aber empfängt, wenn er concipirt, o dann beißt der Rauch in die Augen! — Willst du denn was Besseres sagen, als du kannst? Das war eine weise Lehre eines weisen Mannes, die er einem Jünglinge gab, der sich über den Eingang seiner Rede den Kopf zerbrach. Ein Redner, sagte mein Vater, ist ein Mann, der mehr von einer Sache sagen will, als er von ihr weiß; ein Avantürier, der sich über seinen Stand kleidet, ein Petitmaitre, der zum verschimmelten Brod frische Butter giebt. — Er machte einen Unterschied zwischen Redner und Prediger. Mit Feierlichkeit von einer Sache sprechen, nannt' er predigen, und in diesem Sinn war er Prediger überall. Aber die Redner, sie machen einen großen Schuh auf einen kleinen Fuß. Schuster, nicht über'n Leisten, sagte der Maler zum Recensenten, der sich, wie gewöhnlich, mehr herausnahm und herausließ, als er verstand. Dem Redner könnte man zurufen: Redner, nicht über'n Fuß! — — Durch Reden sind mehr Länder erobert, Festungen eingenommen, als durch Waffen; allein wie gewonnen, so zerronnen, würde meine Mutter sagen.

Der Graf theilte mir sein System über die Leichenandachten, wie er sie nannte, mit. Die Worte: Leichenpredigt und Leichenrede, gefielen ihm nicht. Bei den Aegyptern konnte man nicht alle Todten ohne Unterschied loben, es mußte per judicata feststehen; der Todtenfiscus trat auf und ward gehört. Man erkannte auf Beweis salva reprobatione, und ehrliches Begräbniß und Leichenpredigt hing von diesem Urtheil ab. Der König hatte vor dem geringsten seiner Kammerlakeien keinen Vorzug; im Leben sah man ihn durch die Finger an, um den Staat zu schonen, nach seinem Tode, fiat citatio. Er so gut Staub, Erd' und Asche als ein Anderer, und warum jetzt eine andere Procedur? Wie oft würd' es jetzt von bepredigten und beredeten Leichen heißen: Laßt die Todten die Todten begraben. —

Ich höre gern Leichenpredigten, setzte der Graf hinzu; allein in meinem Sinne sind es nicht Leichenpredigten, wenn es nehmlich nicht Lügenpredigten seyn sollen. (O wenn meine Mutter doch diesen letzten Gedanken von Lügen- und Leichenpredigten gehört hätte!) Kupfernes Geld, kupferne Seelmessen, fuhr der Graf fort. Weh' über diese Aergernisse! Da heißt es denn: Er hatte nichts Menschliches an sich, als daß er starb, oder wie von jener Madam: Sie betrübte ihren Herrn nur ein einzigmal, nehmlich da sie starb! Wer ist da mehr todt, fragte der Graf, die Leiche oder der Redner? Rauch über Rauch! Etwas Rauch schadet nicht. Opferrauch, fiel ich ein, Blumenrauch, der gen Himmel steigt, wenn es hübsch warm ist. Und das ist eine inwendige Wärme, die alles Lebendige hat; Kälte ist Tod, Wärme Leben, innerliche Hitze ist Krankheit, oder Anfang dazu. Wer anstecken will, muß selbst feurig seyn. Ein Redner will sein Auditorium anstecken, mithin muß er im Feuer seyn. Ein Brand raucht zu sehr; allein eine durch und durch glühende Kohle, das ist das Bild eines Redners! — Da war es ausgeläutet. Wir waren feuerempfänglich, das heißt: warm. Noch einen Klöppelanschlag. Vom gottgläubigen zum wahren Christen ist es kaum ein Sabbatherweg weit, hab' ich sehr viele Leute (versteht sich, christliche) sagen gehört.

Plato würde zuverlässig Superintendent geworden seyn, wenn er das Glück gehabt, in christlichen Zeiten geboren zu werden, und Sokrates irgendwo Rektor an einer Domschule.

Der Graf sagte zu mir: Freund, von unten auf. Ein feiner Knabe; Oelzweige um sein Haupt — freie Stellung. Nichts, auch kein Paar Handschuh in den Händen; allein um ihn ein weißes, weites Gewand, bald hätt' ich's Chorhemde genannt, wenn ich hier ein christliches Wort fliegen lassen könnte.

Das Jahr hat Monate, der Monat Wochen, die Woche Tage, der Tag Tageszeiten; Morgen und Abend ist überall. Was Anfang hat, muß sich auch enden; der Mensch wird geboren und stirbt, beides, wenn sein Stündlein vorhanden ist; er wächst hin und zurück, er sinkt, wird hinfällig mit dem ersten Tage, da er zu wachsen aufhörte. Seht die Tage, wie sie ab- und zunehmen, so habt Ihr Euer Leben. Ein Jubeljahr, ein Hundertjähriger, ist außerhalb des gemeinen, und am Ende, was ist der ganze Jubel? — Weiber, schwächliche Mannspersonen bringen es im Leben am längsten, sie lebten am langsamsten in die Höhe und in die Breite, und sterben also auch so langsam wieder ab. — Mäßigkeit in Absicht des Leibes, Mäßigung in Absicht der Begierden können uns zwar zum ruhigen Leben, zum ungestörten Genuß desselben bringen, ob sie aber das Leben verlängern, ist noch die Frage. Der Mensch hat seine bestimmte Zeit. Wenn es Ausnahmen giebt, so ist die Lebensökonomie — wenigstens nicht immer — Schuld daran. Wär' es durchaus nöthig gewesen, daß wir nicht mehr, nicht weniger essen und trinken sollten, hätte die Natur eine Thüre angebracht, die von selbst zugefallen wäre: erreichten denn nur gute Lebensökonomen, oder erreichten nicht gemeinhin auch Verschwender dieses ausgerückte Ziel? Sie scheinen zu Ausschweifern bestimmt zu seyn, im Tod und Leben; sie leben, wenn man so sagen soll, auf Tod und Leben, sie empfangen ihr Gutes in diesem Leben. Laßt sie doch, laßt sie doch leben! Ich wette drauf, es sind Wenige, die solch ein Leben nehmen für halbes Geld. Die meisten Menschen haben nur Jahre, nicht Leben zurückgelegt; sie reden vom Leben, als von einer Sache, die man von Hörensagen kennt. Wie viel gehört zum Leben! Man nehme den Zufällen des Lebens ihre Wichtigkeit; wer kann das? Man bedenke, daß nur das Wohlverhalten den Werth des Menschen und seines Seyns ausmache. Wer verstehet diese Kunst? Und bestehet die Glückseligkeit in etwas Anderem, als in der Befriedigung der Sinne, aller Neigungen? Beim Lustigen tritt der Nervensaft über seine Ufer, und diese Ueberschwemmung, diese Sündfluth richtet Unheil an. Das Leben ist eine Last, und warum sollten wir uns den Rückgrad brechen und darüber froh seyn? An der Länge liegt's nicht, an der Würde liegt's. Unsere Brüder aus zweiter Ehe haben von den Juden gelernt, daß langes Leben als Lohn für den kindlichen Gehorsam anzusehen; allein auch sie behaupten, daß Gott mit den Seinen eile. Und so wahr es ist, daß Jünglinge, die das Alter ehren, sich alt zu werden vor Menschen berechtigen, so ist doch dies Menschenrecht nicht auch Gottes Recht. — Dein Wille, Gott, dein Wille geschehe! Das männliche Alter schürzt den Knoten, der Tod löset ihn. Wer Gott gelebt hat und nicht sich selbst, wird auch Gott im Tode preisen und den verherrlichen, der das Waizenkorn, wenn es gleich dahingestorben und in Fäulniß übergegangen, zum Aufleben bringen kann; den, der Seelen wegzuhauchen Macht hat, Alles, wie er will. Was er will, das geschieht, was er gebeut, das stehet da. Sein Blick ist Sonne, sein Wort Erdenball. — Sein Wille, und es ist nicht mehr, was es war. Wer sich auf alle Fälle bereitet, ist weise; wer sich einen einzigen Weg erzielet, wird oft durch eine Kleinigkeit so zurückgesetzt, daß er nicht aus, noch ein weiß. Richtet sich der Lauf der Welt nach uns, und ist es darum schönes Wetter, weil wir nach Athen fahren wollen, oder weil es im Kalender steht: Klarer Himmel, oder weil wir ein Weib nehmen, oder einem Freunde das Geleite geben und eine Ausfahrt machen wollen, um dicht am Flusse ein Gericht Fische zu essen? —

Das Denken allein hat wenig Trost in sich; wer es aber versteht, was für Kraft in der Rede liegt, wird auch wissen, sich Alles aus dem Sinne zu reden, was ihn niederschlagen kann, und sich selbst Muth zuzureden, wie es unsere in Gott ruhenden Vorväter gethan, die den nehmlichen ungewissen Weg ohne Wegweiser, ohne Grenzenmahl gingen, der vor uns liegt. Der Herr, der Herrscher des Lebens, der ihnen an Ort und Stelle geholfen, wird uns auch an seinen Ort stellen. Der Thor klaget über das, so nicht zu ändern ist, der Weise sucht Bewegungsgründe es zu tragen. Das Ende liegt immer im Anfang, so wie der Anfang im Ende. Wir werden, das heißt: wir hören auf zu seyn; wir sind, das heißt: wir sterben. Wenn wir gegessen haben, stehen wir auf, und wenn wir gewacht haben, gehen wir, wie Alles, was lebet und webt, zur Ruhe. Die Sonne gehet auf und unter, und der Mensch ihr nach. Sich grämen, daß wir sterben müssen, heißt: sich grämen, daß wir sind. Durch Philosophie, der man durch Ton und Geberde nachzuhelfen verbunden ist, kann man den Tod besiegen. So kann man des Todes Bitterkeit vertreiben, und, wenn Noth an Mann ist, selbst für Ehre und Vaterland sein Haupt hingeben, wie Johannes sein Haupt zum Schaueßen. Eine gräßliche Melone auf der Tafel eines Tyrannen! Nicht, wer überwindet, sondern wer so viel thut, als er weiß und kann, ist Held. Wohlan denn, laßt uns alle Kräfte zusammenraffen und uns anspannen, um dem Tode, dem Fürsten der Finsterniß, stattlichen Widerstand zu thun und das Feld zu behalten. Unser Leben ist ein Quodlibet von Abwechselungen, ein Apriltag, und wenn Thoren es gleich für Mangel der Lebensart halten, an den Tod zu denken, so haben doch von jeher kluge Leute Todesbetrachtungen als richtige Proben eines gutgerechneten Lebens angesehen. Mensch, weißt du, ob du diese Nacht schlafen, ob du je schlafen, ob du Lust zum Essen haben, fröhlich und guter Dinge seyn, Söhne oder Töchter zeugen wirst? Daß du aber sterben wirst, daß dein Leben ein Ziel hat und du davon mußt, weißt du gewiß, oder kannst es so wissen, als daß zweimal zwei vier ist. Aber selbst der Schnee auf dem Haupte erinnert den Greis nicht an den Winter seines Lebens; es ist Hagel und Schlossen, denkt er, so was fällt auch mitten im Sommer; der Himmel lasse nur das Getraide ohne Schaden! Die Menschen denken vielleicht darum nicht an den Tod, weil er das einzige Gewisse ist und weil er sich von selbst versteht, das Andere alles aber mit auf ihrer Sorgfalt beruhet. Nicht also, Freund! ein hitziges Fieber, ein plötzlicher Tod kann zwar deine Vorbereitung stören, dein mit Fleiß besäetes Feld in Unordnung bringen; allein auch beim Mißwachs bleibt dir Grund und Boden. Du kannst heute sterben, also lern' es heute. Ein Seefahrer, der dem Weltmeer entging, findet seinen Tod im Brunnen, aus dem er sich einen Labetrunk schöpfen will. Den Riesen Goliath schleudert der Hirtenknabe David zu Gottes Erdboden; jenen römischen Sieger trifft auf dem Wege zum Capitol ein Dachziegel, und er stirbt; Heliogabalus wollte so sterben, als er gegessen hatte; es ward ihm ein gewaltsamer Tod prophezeiht, und er ließ sich köstliche Stricke bereiten, goldene Becher zum Gift und einen prächtigen Thurm zum Herabsturz; allein siehe, seine Anstalten zum kaiserlichen Ende waren vergebens! sein eigenes Blut war sein Leichentuch und die Tiber sein Grab.

Der Tod hat eine Sanduhr in der Hand, die er verdeckt hält; wir sehen nur die Sense, die er in der andern führet. Wenn wir gefaßt sind, warum einen Blick auf Sand in unserer Lebensuhr? Es fallen uns Tausend zur Rechten und Zehntausend zur Linken, laßt uns also bereit seyn und eine Nachtlampe anzünden, wenn wir schlafen. Wir stehen auf Rechnung, laßt uns also in unserm Wirthschaftsbuche Alles unsträflich addiren, subtrahiren, multipliciren und dividiren, damit, wenn der Herr kommt, wir Credit und Debet fein haushälterisch vorlegen und auf das Testimonium von ihm Anspruch machen können: Ei, du frommer und getreuer Knecht! Wer mit Beständigkeit und Geduld in guten Werken trachtet nach dem ewigen Leben, hat vom Herrn selbst sterben gelernt und bedenket, daß es ein Ende mit ihm habe und er davon müsse, daß das Leben einem Faden gleich sey, der in der Hand des Webers so leicht abgerissen wird. Seht Euch um, Lilien knicken, Eichen stürzen. Ein kleiner Wurm sticht die schönste Blume, und manche wird, wie Cäsar, mit dreiundzwanzig Wunden erstochen durch und durch. Ein Nebel fällt uns auf die Brust, und unsere Stätte ist nicht mehr. Wir müssen wirken, ehe die Nacht kommt; wir müssen, wie alle Weisen es thaten, sterben, ehe wir sterben; wir müssen uns absondern und aus der Welt gehen, um unsere Seele zu retten; wir müssen uns selbst auflösen, ehe wir aufgelöset werden, und so wenig den Körper, Fleisch und Blut aufkommen lassen, daß wir je mehr und mehr geistig werden. Laßt uns, Freunde, beim Tode uns nicht verwahrlosen. Wer bemühet sich nicht, sein Kind gesund und unverwahrloset aus Mutterleibe zu ziehen? Wißt, unsere Seele wird geboren, wenn wir sterben. Der Tod ist eine Niederkunft, eine Geburt zum andern Leben, und es ist gut, auch auf diese Geburtsstunde und diese großen sechs Wochen zum voraus zu denken. Werden wir darum eher sterben, weil wir den Tod in Erwägung nehmen, eher begraben werden, weil wir diese Gewichte, die uns zur Erde ziehen, abschneiden? Willst du den Redlichen, der nach Gott frägt und nach sich selbst, von der Welt entfernen, gieb ihm den Rath, sich mit ihr zu verwickeln. Giebt's eine größere Aufforderung zum Momento mori-Orden, als eben diese? Habt nicht lieb die Welt, noch was in der Welt ist. Wer sich selbst ein Vergnügen entziehet, gewinnt; nur wenn Andere es uns entziehen, verlieren wir. Der ist der Glücklichste, der am wenigsten zu verlieren hat. Besitzen wir das, was wir über ein Kleines zurücklassen müssen? Gott giebt Alles und behält nichts; seyd wie Gott. — Jedweder gehet den rechten Weg, der recht thut. Der Christ glaubt an Christum, der göttlich auf Erden gewandelt hat; dergleichen Erscheinungen glaubten auch unsere Väter. Sind nicht noch der Erde die göttlichen Spuren anzusehen von diesem heiligen, göttlichen Menschen? Ueberall Gottes Fußstapfen. Wenn Gott auf Erden kommt, was kann er anders als Mensch seyn? Er begiebt sich in's Fleisch, in den Menschen. Der Mensch ist das beste Stück

Zeug, wovon der Allerhöchste sich ein Kleid machen lassen kann. Diogenes sah einen Knaben mit der Hand Wasser schöpfen und warf den Rest seines Mobiliarvermögens, seiner fahrenden Habe und Güter, seine Wasserschale, dahin. Wer die Knie aufeinanderlegt, kann ohne Tisch schreiben. Der Christ glaubt an Christum, wir an Gott, der da ist und der da war und der da seyn wird in Zeit und in Ewigkeit. Sollte Gott nicht verzeihen, wofür mein Fleisch und Blut, das ich von meinem Vater seligen und meiner Mutter seliger geerbt habe, allein kann und nicht ich? Wenn ich nur rechtschaffenes Wollen habe, das Vollbringen, steht es wohl in meinen Kräften? Meine Seele kommt mit einer Bittschrift ein; der Körper, der sich nun einmal, weil er in die Höhe geschossen und großmächtig ist, auf den Thron geschwungen, schlägt das Gesuch ab. Wenn ich das Supplikat nur recht von Herzensgrund eingerichtet und weder am Formale, noch am Materiale was versehen, der Herr König Leib aber dem unerachtet den Kopf schüttelt, was kann das arme Seelchen dafür, was kann es wider Tyrannei? Wenn ich wie ein Engel von der Toleranz spräche und hätte der Liebe nicht, meinen christlichen Bruder gehen und stehen zu lassen, wo und wie er Lust hat, und ihm sein Trostkämmerlein nicht ungestört zu vergönnen, wär' ich nicht ein Mörder von Anfang, und würd' ich wohl bestanden seyn in der Wahrheit? Ich bin Demokrit, der Christ Heraklit. Könige und Ketzermacher haben beide lange Hände, selten ist mit dem Kopf bei Beiden zu prahlen. Ueber's Grab weg, jenseits des Grabes in's Schwarze (dunkel ist zu wenig) reicht Keiner mit einem Finger, auch nicht mit dem Mittelfinger, obgleich er der längste ist. —

Unsere Sache ist leben und sterben, was drüber ist, ist vom Uebel, so wie Alles, was über Ja, Ja, Nein, Nein ist. Die christliche Religion und unsere Religion hat durch die heilige Schrift ein Herz und eine Seele. Wer leugnet, daß ohne Bibel wir, die wir alle an einen Gott, Schöpfer Himmels und der Erden, glauben, lange nicht so weit wären, als wir jetzt sind, wenn nicht Christi Lehre so Mancherlei in der Vernunftsmoral aufgeräumt hätte; allein wer? — Doch warum dieser Maulaffe von verfänglicher Frage? Göttlich ist, was von Gott kommt und ewig bleibt; menschlich ist, was so fingerlang als das menschliche Leben ist, eine Blume auf dem Felde; wenn der Wind vorüberfährt, ist der Mensch nicht da, und seine Stätte kennet man kaum mehr. Worte haben dem Menschengeschlechte einen unersetzlichen Schaden gethan; am Ende sind Kriege, wo Blut fließt, als wär' es schlecht Wasser, so gut Wortgezänke, als die Dispüte der Gelehrten, die sich kein Komma vergeben, wie die Monarchen keine Provinz, und wenn's auch nur der Name davon in ihrem Vongottesgnaden = Titel wäre. — O sagt mir, Menschen, sagt mir, damit ich einlenke, warum Ihr so zittert und zaget, wenn's an's Sterben geht, wenn man nur das Wort Tod ausspricht? Warum Ihr im eigentlichen Sinn am Worte: Tod, sterbet? Ist es das Leben werth, daß Ihr darum siebzig, und, wenn's hoch kommt, achtzig Jahre Leid traget? Wahrlich, die meisten Menschen leben nicht, sondern betrauern das Leben. Wenn wir todt sind, leben wir nicht, warum sollten wir also nicht bemüht seyn, wenn wir leben, den Tod zu entfernen? Wie braucht Ihr das Leben, das Euch so köstlich dünkt? Lebt Ihr denn wirklich auch, wenn Ihr das Trauerkleid abgelegt habt? Die meisten Menschen wachen, damit Andere schlafen mögen; Ihr lebt für Andere, und so kurz und kostbar Euer Leben auch ist, so verkauft Ihr es doch gern für wenige Gran Gold und Silber, die Erstgeburt für ein schnödes Linsengericht. Warum also die Klage: Kurz ist die Zeit, kurz sind die Jahre? Hättet Ihr Oekonomie studirt, Ihr Lebensdurchbringer, Ihr verlornen Söhne, wahrlich, Ihr würdet das Leben nicht zu kurz finden! Thiere werden älter als wir, Bäume, die wir pflanzen, überleben uns, und wir sind im Stande, uns ein Grabmahl aufzurichten, das stumm, wie es da ist, zu seiner Zeit mehr von uns anzeigen kann, als wir selbst. Wie lange währt es nicht, bis der Eichenbaum so dicht wird, daß kein Nahrungssaft mehr durch kann, daß die Feuchtigkeit keine Circulation mehr hat, die Adern zu Knochen werden und die Lebenssäfte austrocknen? Beim Menschen geht's geschwinder, geschwinder werden seine Häute Knorpel, seine Knorpel Knochen, seine Knochen Steine, wahrlich, Leichensteine. — Ich leugne nicht, daß aller Menschen Leben nur ein Tag sey. Dieser lebt einen Winter-, jener einen Sommertag, dieser ein Aequinoctium, jener den längsten Tag. Am Ende hat der, so in den Zeitungen steht, als habe er des Moses Lebensschlagbaum aufgemacht und noch zehn Jahre drüber gelebt, und das kleinste Kind einen Tag gelebt. Methusalem, da er starb, kam nicht in die Zeitungen, darum steht er auch in der Bibel. Was wimmerst du, Unvernünftiger? Lebt auch was, das nicht Vernunft hat? Du abbrevirest dein Leben wie Geschwindschreiber, und machst es so unleserlich, so ungestaltet, daß du über ein Kleines selbst nicht klug daraus werden kannst. Die

Natur ist nicht karg gewesen, allein du bist ein Prasser. Wer kann dir das Maul stopfen, wer dich bereichern? Ein so großer Lebensdurchbringer, daß dich Gott mit seiner milden Rechten selbst nicht reich machen kann! Du dienst dem Publikum und vernachlässigst dich selbst; du sinnst Tag und Nacht, um das Geld, das dein Nachbar hat, dir zuzuwenden, es sey durch Handel und Wandel, oder Diebstahl, das heißt: durch grobes und subtiles Stehlen. Und wenn du Meere durchgekreuzet und gute und falsche Wechsel unter die Leute gebracht, und endlich Alles in deine Scheuern gehäuft hast, was ist deine Sammlung? Leben ist's nicht, das ist nicht feil in der Welt; du allein hast es zu verkaufen. Bleibe im Lande. Fasse in deinen eigenen Busen. Nähre dich redlich. Sieh, deinem leiblichen Bruder wird die Zeit lang. Der Thor, sagst du, ohne zu bedenken, daß Jener es in der Schlafmütze und du in Reisekleidern bist. — Die meisten Menschen sehen ein, daß sie sich um's Leben betrügen, drum setzt sich Jeder sein Ziel. Wenn ich dahin komme, will ich Halt machen! Allein, du Kornjude, heute wird man deine Seele von dir fordern, und wer wird das Korn mahlen, das du aufgemessen hast? Er ist in der Lehre geblieben, sagt man von einem Menschen, der als Hauptmann stirbt und Feldherr werden sollte. Sind wir nicht alle nur Hauptleute, wenn gleich nicht von Capernaum? Wie kannst du mit deinem Leben so schalten? wie einen geliehenen Ring verschenken? Dem Staate, das heißt, dem fürstlichen Schatz und deinem grünen Netze von Beutel, die Erstlinge geben und Spreu für dich behalten? Kann man denn, wenn man alt ist, wieder in Mutterleib gehen und geboren werden? Jeder Tag beim Menschen könnte ein Ganzes seyn, ein Leben in compendio. Wer nie solche ganz ausgeschlagene Tage, solche Lebenstage gehabt, ist ein elender Mensch; wer wird ihn erlösen von dem Leibe dieses Todes? Wir legen uns unter drei und vier Schlösser. Die Perlen für die Säue, die Diamanten in ein Kästchen. Du lebst kurz, Mensch; allein ist ein kleiner Mensch nicht ein ganzer Mensch? Wer an die Weisheit kommt, hat seinen Lauf vollendet; wer tugendhaft ist, ist alt, ohne graue Haare. Unser Leben währet siebzig Jahre, wenn's hoch kommt, sind's achtzig Jahre; der Tugendhafte lebt drüber. Ein Tag ist bei Gott tausend Jahr und beim klugen Menschen wenigstens ein Monat; je klüger, desto zeitsparsamer. Zwischen Pflanzen-, Thier- und Menschenleben, welch ein Unterschied! Dieser hat sein ganzes Leben verspielt, Jener hat zwölf pro Cent in gutem, gangbarem, kassenmäßigem und auf keinem Abschlage stehendem Gelde gezogen; der hat den Homer gelesen, dieser da weiß die Cometen auf Secunden zu berechnen, die Gottlob! mit der Erde jetzt gute Freunde sind und so freundlich zu uns kommen, als kämen sie zum Gevatterstande. Nur Wenige haben zu dieser ihrer Zeit bedacht, was zu ihrem Frieden dienet, und sich die Fragen woher? und wohin? aufgeworfen. Das Leben ist eine Geschichte, wobei man nicht nach der Länge, sondern nur frägt: wie sie ausgefallen? Wie lange wir leben, steht nicht in unsern Kräften, wohl aber, ob wir gut leben. Mensch, klage nicht über Lebenskürze, schicke dich in die Zeit, mache Pläne über deine Tage, und wenn du dein Leben zu Ende gelebt hast, wahrlich, so kannst du ruhig sterben. Und warum wünschest du denn länger zu leben? Sey weise, das heißt: halte deine Zeit fest; ist sie indeß mehr als eine ungetreue Schöne? Sie drückt dir die Hand und lächelt dem Nachbar zu. Der Tod nimmt von jeder Minute die Hälfte, von jedwedem Athemzug ziehet er seinen Theil; wir werden jeden Augenblick schwächer. Jede Minute geht ein Theil von dir; diesen Augenblick, sieh, wie das Leben in einem tiefen Seufzer davon geht! Greifst du nach, was ist's? Schatten, weiter nichts. Der größte Lebensschoner kommt hier nicht ungeschlagen davon. Der Genuß, wie schmeckt er? hast du ihn schon gekostet? Zum wahren, innerlichen Zeugen, daß es mit diesem Leben nicht aus seyn könne, ist noch Etwas da, das auf die Zunge beißt, das sie kitzelt und das wirklich Geschmack hat: die Hoffnung; und die sollte zu Schanden werden lassen? Glücksgüter sind Zeitverlust, je weniger wir besitzen, desto mehr Zeit haben wir. Jener Weise lachte, und jener Weise weinte; das Beste ist, weder lachen, noch weinen, den Richtsteig halten und mit ernster Heiterkeit wandeln. Gern leben und gern sterben, heißt: Gott gefallen, denn unser Leben und Tod ist in seiner Hand. Wer nichts mehr zu hoffen hat, stirbt gern, und es käm' auf die Probe an, daß uns der Arzt allen Hoffnungsfaden abschnitte, vielleicht würden wir leichter sterben, als jetzt, wo sich Alles unserer Lebensart oder Lebensgrille bequemet und uns mit Hoffnungen schmeichelt. Wer hat Lust, die Probe auszuhalten? Die Aerzte machen feig; wenn sie nichts thäten, als Todesurtheil publiciren: Du stirbst, du, auch du, auch du; wir würden Helden haben, in jedem Flecken mehr, als Tage im Jahre. Ein Blindgeborner denkt noch sehend zu werden, und welch ein Unglücklicher hofft nicht auf Glück? Wir bringen eine richtige Summe heraus, der

Fehler steckt nur in der Rubrik dieses und jenes Lebens; so was Allgemeines ist von Gottes Finger in uns hineingeschrieben, wir verstehen nur diese göttliche Schrift nicht recht zu lesen. Ist es ein so groß Wunder über Wunder, daß sich die andächtigen Zuhörer das Leben nahmen, da Hegesias die Mühseligkeiten dieses Lebens beschrieb? Die Freude des Lebens, ist sie mehr, als leidlicher Schmerz, als weinerliche Lust? Wir begrüßten die Welt mit Thränen, und wahrlich: Lachen, du bist toll! Hegesias, du hattest halbe Arbeit, deine Zuhörer waren schon vor deiner Rede überzeugt; weit mehr ist's bedenklich, daß sich eine lebendige Seele über ein Buch, das ein Christ von der andern Welt geschrieben hatte, das Lebenslicht ausblies. War es Neugier? Die Neugier ist, wenn ich nicht irre, von dieser Welt. Die Vernunft zeigt den Tod als was Wünschenswürdiges, die Sinnlichkeit als einen König der Schrecken. Nicht die viel denken, sondern die viel thun, verpflichten sich mit dem Leben. Der Mensch lebt die meiste Zeit wie das liebe Vieh, und noch öfter stirbt er so. Warum? Die Vernunft ist dem Menschen gegeben, um Tod und Leben zu würzen und jedem von beiden seinen Jahreszeitgeschmack beizulegen; sie besitzt die einfachen Hausmittel, die uns im Leben und Sterben, wo nicht froh, so doch getrost zu seyn lehren. Die Röthe, so sehr sie einnimmt, was ist sie? Tod oder Leben? Wer, wenn er sein Urtheil über das Leben abgeben soll, nicht hier und da eine schöne Stelle auswählt, sondern über das Ganze urtheilt, ist weise. — Was ist aber alsdann das Leben? Wenn es köstlich gewesen, ist's ein Lebensanfang. Der hat am schönsten gelebt, der am meisten gedacht, wie er leben wollte. Jener Weise, welcher behauptete, daß Tod und Leben eins und eben dasselbe wären, war nicht in der Lage, da man ihm den Einwond machte: Warum stirbst du denn nicht auf der Stelle? Darum eben, erwiederte er, weil Leben und Sterben einerlei ist. — Es stirbt sich, wenn man's nur dazu anlegt, leichter, als es sich lebt. Laßt uns ehrlich seyn; ist die Zahl unserer Freuden nicht auf augenblickliche Intervalle eingeschränkt? Der rechten Freuden, sag' ich. Daß wir so herzlich gern hoffen, beweiset, daß an der größten Lust nicht viel seyn könne. Die Menschen wünschen sich ohne End' und Ziel, weil der Wunsch ein Keim der Hoffnung ist. Schon der Mechanismus tröpfelt Thränen in den Wein unserer Freuden. Was ist der Mensch? Nackt kommen wir auf die Welt; seht, andere Thiere kommen eingekleidet und bedürfen des Schneiders nicht; wir Könige von Gottes Gnaden aber müssen die Thiere bestehlen, unsere Unterthanen mit Abgaben bedrücken, um Nothdürftigkeiten zu bestreiten, die schwer auf uns liegen. Vernunft, wozu braucht sie der Mensch? Dem Thiere das Fell über die Ohren zu ziehen und sich zu bedecken, sich selbst und Andern das Leben abzugewinnen. Das Ziel der Vernunft ist, wenn sie einsieht, daß sie uns nicht glücklich mache, daß wir überall damit anstoßen, wie ein junger Mensch, der in die große Welt eintritt. Je vernünftiger der Mensch ist, desto mehr zweifelt er. Die Kinderjahre sind die schönsten, weil wir mit der Vernunft in ihren Schranken bleiben. Gott, was ist der Mensch! —

Diese Welt ist ein Gefängniß, in das wir vielleicht wegen voriger Verbrechen verbannt sind, ein Exilium, ein wahres Sibirien. Der Tod hebt diese lebenswierige

Festungsstrafe auf und läßt uns wieder auf freien Fuß. Freuden, wenn sie nah sind, erschöpfen sie nicht mehr, als der Schmerz? Bei der Hektik kann man alt werden; ein dicker, vollblütiger Körper, wie schnell dahin! Krankheit und Schmerzen kommen unverdient, selbst wenn wir ihnen recht mühsam auszuweichen gesucht. Wer sein Leben lieb hat, verliert es; wer das Leben genossen hat, stirbt gern, das heißt: wer dies Leben kennt, kauft es nicht. Ist der Tod ein Uebel, ist er ein nothwendiges Uebel? Ist es nicht eben so thöricht, sich zu grämen, daß man nur zwei Augen und zehn Finger hat, als daß man sterben muß? Was nicht in unserer Gewalt ist, sollte dies uns wohl beunruhigen? Man kann es uns nicht leichter machen, als wenn uns gleich zu Anfang, ehe wir noch Hand an's Werk legen, gesagt wird: Das ist über Euch.

Der Tod ist bitter? Vielleicht den Umstehenden, dem Sterbenden nicht. — Bist du denn schon gestorben, daß du die Bitterkeit des Todes auspunktirt hast? Ich hab' es an Sterbenden gesehen, sagst du, ich hab' es von Scheidenden gehört. Von fremden Leuten deinen Tod? Und war es der Tod, von dem sie dich unterrichten konnten? War es nicht das Leben, über das sie wehklagten? Man thut dem Tode Unrecht, daß man ihn bitter beschreibt; wer hat die Ehre ihn zu kennen? Ein Cholerischer will schnell fort, ein Phlegmatischer will absterben und nicht sterben; allein in allen Fällen hat nicht der Tod, sondern das Leben die Hektik, Schlagfluß, Krämpfe, Gichte, Beklemmungen. Der Tod hebt diese Uebel und schlägt diese Lebensfeinde in die Flucht. Der Held! Wenn dir keine böse Handlung in der Brust sticht, sey unbekümmert; warum willst du fürchten, was so und anders seyn kann? Die Braminen sehen auf die Nase und weissagen. Wenn man lange auf einen Punkt sieht, ist's einem so, als sähe man nichts. Seht auf das Unrecht, das man Euch in der Welt thut, auf den Acker, den Euch der reiche Nachbar abgrenzte, auf eine Bathseba, um die Euch ein Wollüstling betrog, auf die Zwanzig, die Euch ein Verschwender von Euerm Hundert in seinem Concurs darreichte. — Braucht Ihr mehr, um gern zu sterben? —

Suche, Freund, ein gut Gewissen zu behalten, beides gegen Gott und den Menschen, und wahrlich, ich sage dir, du wirst selig sterben, auch ruhig, wenn dir das Leben es zuläßt; es wird wohl so gut seyn. — Ein gut Gewissen ist ein probates, schlafbeförderndes Mittel. Das Gegenwärtige hat seinen unleugbaren Reiz, denn es ist etwas Gewisses. Da aber das unsichere Gegenwärtige kaum der Rede werth ist, was thut denn die Gewißheit dazu? Die Alten brauchten den Tod zur Aufmunterung. Es sollte noch auf allen Grabmählern stehen: Sey getrost, Wanderer, genieße das Leben, denn es ist kurz! Wer den Tod zuerst als ein häßliches Gerippe vorstellte, war gewiß ein junger Maler, der seine Geliebte verloren hatte. Die Griechen malten ihn als einen Engel, und wahrlich, er ist ein Engel, ein Bote Gottes zur Ablösung. Der Tod ist die größte Gabe des Höchsten; den Seinen schenkt er den Tod. Jene fromme Mutter, die ihre beiden Söhne, vor einen Wagen gespannt, in den Tempel zogen, bat die Götter, diese fromme Handlung mit der besten Gabe zu lohnen; den Morgen fand man Beide im Bette in den Tod eingeschlafen. Tod und Schlaf sind Kinder von zwei Vätern und einer guten Mutter. Ist es nicht gut, daß die Fesseln sich abnutzen und wir endlich aufhören, Ruderſclaven zu seyn? Der Tod ist der letzte Auftritt in der Reihe von Stufen; wir sind schon bis auf den letzten Tritt todt, eh' wir sterben.

Die Liebe duldet Alles, allein sie hofft auch Alles. Wie wohl wird uns seyn, wenn wir unter dem Lindenschatten des Tages Last und Hitze vergessen und uns von der Arbeit erholen werden; wie wohl, wenn wir von den Ungerechtigkeiten der Welt noch an's Thal Josaphat die Appellation einlegen und sie geltend machen! Was der Tod dir räth, ist wohlgerathen. Der Leichenstein ist der wahre Stein des Weisen. Auch die Sehnsucht nach dem ewigen Leben wird befriediget werden. Unser Heißhunger nach Existenz ist Gottes Hauch — seyd getrost. Ja, wenn die Ursachen keine Wirkungen und die Wirkungen keine Folgen hätten, ja, wenn! Ja, wenn das Leben dir nicht so viel Vordersätze darreichte, aus denen du den unleugbaren Schluß zu ziehen im Stande wärest von einem unsterblichen Leben, das dort dein seyn wird, ja, wenn!

Wir werden leben, wir werden wiederkommen und zum Tode sagen: Tod, wo ist dein Stachel? Das Principium des Lebens, ist es nicht die Seele? Der Körper, die Materie, ist todt, und sollte dies Lebensprincipium nicht ohne die Materie besser, gemächlicher, als mit ihr seyn und leben können? Was ist Gott, was seine Welt; was sind wir, was das Gewissen in uns, wenn die Zeit Summa Summarum unseres Seyns ist? Wer will nicht mehr, als er kann? Wer wünscht nicht, wer hofft nicht? Die Essenz des Lebens ist Wunsch und Hoffnung. Wir ehren jeden Mann, der so wenig Bedürfnisse hat, und halten den Genuß, die ganze Sinnlichkeit für Etwas, das unschicklich ist. Unsere Talente selbst, was läßt sich nicht von ihnen erwarten? Was ist nicht schon erfunden, und das Reich der Möglichkeit, wer kennt seine Grenzen? Ich erstaune, wenn ich die Geschichte mir über tausend Jahre denke. Sollte uns Gott geschaffen haben, um unserer zu spotten? Monarchen, und auch Salomons unter ihnen, brauchen lustige Räthe. Wie? das höchste Wesen sollte Menschen zu solch einer Absicht — oder im Zorn sollte Gott den Menschen gemacht haben, wie einige Gottschänder gewähnt? Und was ist selbst leichter zu denken, daß wir bleiben oder daß wir aufhören werden? Wer ist, der sich nicht nach Unsterblichkeit sehnet? Und diese Sehnsucht sollte wie Spreu zerstreut werden? Die meisten unserer Brüder sterben gemeinhin in Fragezeichen, einige in Verwunderungszeichen, viele in Komma; wer stirbt im Punktum? Und sollte der Mensch seinem Oberherrn trotzen können, sollte er, wenn es ihn gut dünkt, in der Welt Brand stiften, alle Kinder, die jährig und drunter sind, in Bethlehem morden lassen und sodann flüchtigen Fuß setzen können, ohne daß ihm Steckbriefe nachgesandt werden können, ohne daß er einzuholen und zu bestrafen ist? Ist Tugend und Laster ein und dasselbe Ding, und soll die That im Stillen, die Gott nachahmt, unerkannt und unbelohnt bleiben? Wo denn die Bewegungsgründe zu diesen göttlichen Thaten? Und wann würd' ich aufhören zu fragen, wenn der Tod ewiger Tod, ewige Verdammniß zur Vernichtung wäre? Zwar, wenn wir erwägen, wie der Mensch auf die Welt kommt, sieht es doch fast so aus, als ob man Menschen säen könne. Wie der Hausvater sich Federvieh schafft, so der Monarch Unterthanen; jener legt

Eier unter die Henne, dieser schließt seine Wolken auf, läßt Freiheit und Ueberfluß in seinen Staaten regnen, und siehe da, es wird! Ist aber dieser Gang der Natur, so unbedeutend er anscheinet, nicht eben darum göttlich? Der Mensch kann Alles und kann Nichts. Die Natur fängt im Kleinen an, allein wie weit in's Große geht sie! sie springt nicht, sie geht mit bedächtigem Schritte. Was sind wir, wenn wir auf die Welt kommen, und was, wenn wir hinausgehen, und zu was sind wir dann nicht aufgelegt? Wir sind geprüft, geläutert und bewährt. Es giebt Tugenden, die nicht nders als in einem niedrigen, schattigen Thal auf dürrem Boden wachsen können; darum die Welt, und darum auch die andere. Es kann Alles aus uns werden, was Gott will; zwar wissen wir's nicht, wir glauben es nur. Die Vorsicht hat weise, große Absichten in diesen Schleier der Ungewißheit gehüllet; allein brauchen wir mehr als Wahrscheinlichkeit? Wir sollen nicht in der Welt die Hände in den Schooß legen. Welch eine andere Wendung würde die Welt gewinnen, wenn wir auf einmal wüßten, was wir hoffen? Würden wir noch einen freien Willen behalten, und würden wir nicht nur bloß so fromm und gut seyn, als wir jetzt uns gerade halten? Die Christen wissen es gewiß, wie sie sagen, daß sie bleiben werden; allein leben sie wohl so, als wüßten sie mehr davon als wir? So Etwas muß das Leben ausweisen. Wenn die Lehrer des Volks selbst Erscheinungsgeschichten, die sich nicht aus den Wochenstuben herschreiben, hören, wie fahren sie in einander, wie erschrecken sie! Ich will den ehrlichen Kerlen unter ihnen keinen Vorwurf machen; wenn sie es aber so gewiß wüßten, als selbst ihre hiesige Existenz, würden sie nicht anders leben, weben und seyn? Würde man aus diesem Leben wohl so viel auf den Kanzeln machen? Wer untersteht sich an heiliger Stätte einem Fürsten, einem Kirchenpatron etwas Anderes, als aus dem alten Testament und der vierten Bitte, zu wünschen? Arme Leute werden in der Nutzanwendung mit dem Himmel getröstet; überhaupt ist die andere Welt, auch bei unsern herzlich geliebten christlichen Brüdern, bloß Trost, dieses Leben aber — o was ist es nicht Alles? Zuweilen kann man sich nicht entbrechen, an die himmlische Freudenkrone zu denken; allein man setzt wohlbedächtig hinzu: nach späten, urspäten Jahren. —

Hören wir auf, was haben wir zu fürchten? Zwar auch nichts zu hoffen; allein wenigstens doch kein Klagelied. Wo warst du, ehe dir zum Menschen die Vocation in's Haus geschickt ward? Ein nicht Geborner und Gestorbener, sind die weit auseinander? Wie viel Gründe aber zur Wiederkunft! Das Laster allein fürchtet, die Tugend sitzt der Hoffnung im Schooße.

Das Grab, Freunde, ist eine heilige Werkstätte der Natur, ein Formzimmer; Tod und Leben wohnen hier beisammen, wie Mann und Weib; ein Leib sind sie, Eins sind sie, Gott hat sie zusammengefügt, und was Gott zusammenfügt, soll der Mensch nicht scheiden. Eine Hand voll Erde ist eine Hand voll Welt. Schaudere nicht vor der Verwesung. Das Waizenkorn fault und wird ein hundertfältiger Halm; Alles muß sterben, was zum Licht und Leben herausbrechen soll. Dies Erdenall, dieser Erdenball hat Alles, was schön und gut ist, erzeugt und ernährt; er ist das Herz, unter dem Jedes gelegen, die Brust, die Jedes gesogen. —

Die Erde ist des Herrn; fast sollte man glauben, daß es des lieben Gottes Lustschloß, sein Sanssouci sey, so gut ist's auf ihr, oder so gut könnt' es auf ihr seyn. — Nimm doch diesen Staub in die Hand, vor dem du bebst; es ist Bein von deinem Bein. Aus Erde sind unsere Windeln und unser Leichentuch. Wir werden, was wir waren. Die Goldkörner, die letzten Körpertheilchen, das eigentliche Saatgetraide, ist aufgespeichert und wird zu seiner Zeit schon vom lieben Gott wieder ausgestreuet werden auf einen schönen Acker. Die Natur ist das perpetuum mobile, sie steht nicht still, sie wirkt Leben im Tode, Tod im Leben schön durch einander, daß es eine Lust ist anzusehen, dem, der ein Auge dazu hat. — Der Geist ist in Gott, in dem er lebt, webt und ist. — Das Schlechtere vom Körper, das sich die Würmer so gierig zueignen — Mensch, traucre nicht — es wird nur abgezogen, vom Felde in den Garten verpflanzt, wo es so lange verpflanzt und gepflanzt wird, bis —

Es ist noch nicht erschienen, was wir seyn werden. Du, mein Geist, der du dein bewußt bist, du, der du dich selbst anredest, du Funke Gottes in dieser stockfinstern Erde, du Funke, an dem sich Jeder das Licht anzündete, das in seinem Hause brennt, was warst du, eh' dir dieses Kleid zugeschnitten, eh' es dir umgehangen ward, und was wirst du seyn, wenn du dieses Regenkleid, diesen Schlafrock, wenn's köstlich gewesen, ausziehest, oder wenn er, aus Alter unbrauchbar, wie ein zerrissenes Gewand abgeschüttelt wird? Von wannen kommst du? Wohin fährst du? Woher? Wohin? finster vor und hinter dir. — O Ihr entkleideten, Ihr nackten Geister, die Ihr vielleicht dies Selbst-, dies

Seelengespräch angehöret, redet drein; sagt, wo seyd Ihr? Wißt Ihr, daß Ihr seyd, daß Ihr waret, daß Ihr seyn werdet, und seyn so oder anders in Ewigkeit? Seyd Ihr es, die in uns wirken, wenn uns ein heiliger Schauer durchblitzt? Nicht von Hautschauder, sondern von Seelenschauder red' ich. Wollet Ihr etwa den Geist warnen, wenn Ihr der Seele, des Geistes Busenfreunde, winket, da Ihr an seinem Körper anpochet? — Nur herein, Ihr guten Geister, herein! Näher — weg seyd Ihr! Diese Ebbe und Fluth des Bluts, was will sie? Solch ein Seelenschauder, Todesvorschmack, wozu? Es ist wahr, er gehet durchaus und durchall; allein ich, hoff' ich, werd's vollenden. Was ist der Tod? Selige Geister unserer Vorfahren, die Ihr vor uns waret und mit eben der Neugierde, wie wir, Euch nach Nachrichten aus der andern Welt sehnte, sagt uns, gebt uns ein Zeichen: was ist der Tod? Hebt Euer Incognito, bittet Gott um diese Erlaubniß. Wir haben nicht Mosen und die Propheten, die wir hören können; wir wünschten, daß einer von den Todten aufstände. O du, mein eben entschlafener Freund, wache auf, der du schläfst, stehe auf von den Todten, entdecke mir, wie dir war, wie dir ist, womit du dich beschäftigest? Der Christ ist musikalisch in der andern Welt, der Muselmann wollüstig lüstern, wir sind drüben so einfältig, als man nur einfältig seyn kann. Wie? frag' ich, nicht: ob? ist meine Frage; doch auch diese Frage und alle meine heiligen Fragstücke sind wilde Reben der Wißbegierde, sind vorschnelle Sprößlinge meiner Einbildungskraft, welche die Vernunft, wo nicht gänzlich wegzuschneiden, so doch zu verkürzen verbunden ist. Freunde, laßt uns in die Hände Gottes fallen! Warum sorget Ihr für Euer künftiges Schicksal? Gott, Euer himmlischer Vater, weiß, was Ihr bedürfet. Ob Leben oder Tod, ob Tag oder Nacht, sorget nicht. Ist es nicht genug, daß jeder Tag seine eigene Plage habe? Es wird Alles gut werden. Leben ist Euere Sache, Sterben gleichfalls, was drüber ist, bleibt über Euch, Freunde. Was Euch nicht angeht, davon laßt Euern Vorwitz. Trachtet am ersten nach dem Reiche Gottes und nach seiner Gerechtigkeit, das ist das Grundgesetz in Gottes Staat, und das Andere wird Euch von selbst zufallen. Laßt Alles gehen, wie Gott will, laßt die vier Winde über Euern Staub sich in Anspruch nehmen, laßt die vier Gegenden darum streiten, laßt den eichenen Sarg Euer Fleisch an Dauer übertreffen, was kümmern Euch solche Kleinigkeiten? Wir, die wir nicht in die Sonne sehen können, wollen Gott sehen; wir, die wir den Mond nicht bespannen können, wollen Gottes Gerechtigkeit und Barmherzigkeit behügeln und begrenzen; wir, die wir die Fixsterne nicht zu zählen verstehen (Mensch, kannst du sie zählen?), wollen die Ewigkeit messen und eine Schlaguhr für sie meistern! —

Wer kennt den morgenden Tag? Und doch will man einen Kalender über Ewigkeiten schreiben? Der Anfang und das Ende dieser Welt sind uns Geheimnisse, und wir glauben einen Maaßstab für die Himmel der Himmel zu besitzen. Hat der Christ einen nähern Weg als wir? Gut für ihn! Unsere Bahn ist die Landstraße, diese Bahn ist plan und natürlich. Im Glauben kommen wir mit dem Christen überein, als wenn wir unter einem Mutterherzen gelegen hätten, nur sein Glaube hat ein ander Feld, als der werthe unsrige,

Wir wollen so leben, als könnten wir eine andere Welt sinnlich machen, so fingersinnlich, als daß zweimal zwei vier ist, als wären wir, wie die Christen, bis in den Himmel entzückt gewesen. Denn fragt Euch selbst, Freunde, wenn Euer Mund auch an der andern Welt zweifelt, um Euere Kunst in Zweifeln zu zeigen; als ob's Kunst zu zweifeln wäre? Was sagt Euch Euer Herz? — Will ich denn, daß Ihr einen Riß von der Stadt Gottes, vom himmlischen Jerusalem, entwerfen sollt? Es ist mir genug, wenn Ihr nur alle menschmögliche Wahrscheinlichkeit für die andere Welt findet.

So gut leben, daß, wenn eine andere Welt, schön wie die Sonne, aufgeht, unser Bürgerrecht in derselben gewisser, wie Brief und Siegel ist, das heißt mit andern Worten: der andern Welt würdig seyn. — Je besser der Acker, desto mehr Unkraut. — Vorwitz ist unächtes Kind des menschlichen Verstandes, eine Anlage zur Vorschnelligkeit, eine Krankheit des Scharfsinns, ein helles Glöckchen in der Thorheitskappe. Wir wollen uns entschließen, wie einer unserer Vorfahren, zu bekennen, daß wir nichts wissen, daß wir hier und da Wahrscheinlichkeiten haben; allein im Thun komm' uns Niemand zuvor. Weder Wagehälse noch Wageköpfe taugen viel.

Der Ausdruck: seine Seele in Händen tragen, heißt, wenn ihn die Philosophen brauchen, so viel, als gute Gestus machen. Wir wollen uns weniger um das Für und Wider, diese oder jene Meinung bekümmern, als bereit seyn, es komme, was nur wolle, daß Oel in unserer Lampe sey. Gott wird uns richten, nicht nach unserm Wissen, sondern nach unserm Thun, je nachdem wir die Winke befolgt, die uns zum Guten aufforderten, je nachdem wir die Keime gepflegt, die er in uns gepflanzet hat, je nachdem wir nicht, wider unser Gewissen, die Leute mit allerlei Schwindelei der Lehre hinter das Licht geführt. — Weg mit Sophisterei, weg aber auch mit dem Dichterlaub, das höchstens vor dem brennenden Sonnenstrahl und einem Regenschauer sichert. Ein starkzweigiger Stamm soll aus uns werden, der dem auswurzelnden Orkan stattlichen Widerstand leistet, dessen zur Erde sich neigende Aeste Wurzel fassen und der ein Abraham, ein Stammvater eines ganzen heiligen Hains wird. — Wissen macht schwach, Thun stärket, festiget und gründet. Thätige Menschenliebe ist eine Silhouette von Gott, dem Herrn. Der Anblick des Glücklichen macht froh, das Bewußtseyn, Einen glücklich gemacht zu haben, macht selig. That ist das Maaß der Zeit; Tod und Sünde ist eins. Die personificirte Bosheitssünde ist der Tod, das, was wir gemeinhin Tod nennen, ist nicht der Tod. Ich bin der festen Hoffnung, es sey Geburtsschmerz, was wir Tod nennen, und gebähren nicht die schwächlichsten Werkzeuge unter den Menschen?

Gutes thun, heißt leben. Auch der Niedrigste hat seinen Geburtsbrief (seinen Taufschein, würd' ein Christ sagen) von Gott. Laßt uns die Mutterhand der Natur küssen, welche uns einige unserer Brüder und Schwestern, so voll Zutrauens, zur Aufsicht und Pflege überläßt, die uns die ihr zustehende natürliche Vormundschaft abtritt; laßt uns dieser so gütigen Mutter nachahmen, Gutes zu thun nicht müde werden und durch so unzählige mittlere Zwecke hindurch zu einem einzigen, letzten, großen Endzweck arbeiten, das heißt: die höchste nur mögliche Wohlfahrt des ganzen menschlichen Geschlechts befördern. Vorwärts ist Bahn! — Gesetzt, wir erreichten nicht das Ziel; ihm nahe kommen, heißt: es erreichen. Das Aergste, was wir zu fürchten haben, ist, daß wir im Thun bleiben; das ist besser, als in der Lehre. Man sollte allen Subtilitätenkrämern das Handwerk legen, es sind die ärgsten Zeitverderber in der Welt; sie gewinnen uns die Zeit ab, wie die falschen Spieler das Geld.

Strebt der Sonne entgegen, Freunde, damit das Heil des menschlichen Geschlechts bald reif werde! Was wollen die hindernden Blätter, was die Aeste? — Schlagt Euch durch zur Sonne, und ermüdet Ihr, auch gut, desto besser läßt sich schlafen. —

Eine wohlgesetzte Rede ist nie zum Behalten eingerichtet, man will sie ganz, und hat nichts; es ist ein regelmäßiger Garten, wo es recht hübsch und fein aussieht, allein was kannst du heimführen? Blumen? Blumen in der Hand, von der Wurzel gerissen, was sollen die? Nimm den ganzen Garten mit, was hast du? Ein ganz richtig gerechnetes Exempel zusammt der Probe. Wildniß, Berg und Thal, aus dem Vollen gehauene Gänge, Parke, die machen Eindruck und lassen ihn auch. So vortrefflich unordentlich war diese Rede. Es war kein Kunst-, sondern ein Naturstück, und was ist, pflegte mein Vater zu sagen, was ist es denn, das die künstlich gezogene Wortschleuse und die daher rauschenden Fluthen des Redners, die alle an seinen Text schlagen, erzeugen? Schaum, und wenn auch eine Venus daraus würde; nicht Jedem ist mit dieser Schaumgöttin gedient. — Was ich meinen Lesern von der Wildnißrede gegeben, sollte eine Nachfolge des Originals seyn; ich wollte nicht den Hauch der Natur von der Pflaume wegwischen, sondern so, wie sie da ist, mit diesem Naturathem, der mir wie ein Heiligenschein vorkommt, wollt' ich sie — da ist die rothbackige Birne ungeschält, die Baumwolle auf der Pfirsich, der Sammet auf der Aprikose, Blatt und Stengel obenein. — Was meint Ihr, Freunde, hätt' ich besser gethan, Alles in Ordnung zu stellen und zu nehmen und zu geben, mit Allerseits anzuheben, mit Dixi zu schließen? — Ich mag nicht, sagte mein Vater, freie Gedanken in die Festung bringen, obgleich er ein Königscher, ein Monarchenfreund war. — Doch ich bin außer dieser Rede noch eine reine Lehre schuldig. Und freilich hätt' ich diesen Pfirsichen=, Apricosen= und rothbackigen Birnen=Nachtisch weit füglicher bis an's Ende versparen und da erst zum Besten geben können und sollen; wer kann sich aber helfen? Dafür werd' ich auch nichts nach diesem christlichen Exercitio exploratorio abkanzeln, noch eine Kinderlehre für die Kunstrichter anstellen. —

Es trat ein Mädchen auf. Allerliebst! Nicht mit fliegendem Haar, als ständen sie ihr zu Berge, nicht mit einem Gewande, als wär' es vor dem Winde nicht sicher, nicht mit einer hin= und herfahrenden, vorspiegelnden Hand, mit Augen, als wollte sie einfädeln, um uns nur Etwas aufzuheften — sondern mit einem fest an den Leib gegossenen weißen Kleide, einem schwarzen Kranze vor der Brust — ihr Haupt mit einem Schleier bedeckt, zwar auch fest, doch ließ er zuweilen nach. Das Auge schweifte nicht aus, allein es blickte inbrünstig gen Himmel und zufrieden auf Gottes Erde. Die

Hände, die meiste Zeit gefalten, oft an's Herz gelegt, das aus Empfindung in die Höhe kam und sich zu Gott wölbte.

Das Ende krönet das Werk und zeigt den Unterschied dessen, der Christum angezogen hat, und dessen, der im Bloßen geblieben und höchstens einen Regenschirm für allerlei Wind und Wetter in seine Rechte genommen, welcher aber zur Zeit der Trübsale gemeinhin die Flügel sinken läßt und abfällt. Nur Christus hat Leben und unsterbliches Wesen an's Licht gebracht, die Dunkelheiten der Weisen zerstreut und selbst die finstere Nacht des Grabes in's helle Licht des Evangeliums gesetzt. In ihm war das Leben und das Licht der Menschen. Der Tod ist für den christlichen David der Riese Goliath; er geht ihm nicht mit Schwert, Spieß und Stange, mit weltweisem Panzer und blank geputzter glänzender Rüstung, mit spitzigen Sentenzen und kriegslistigen Fragen, sondern mit kleinen Steinen entgegen, und, wenn er ihn glücklich erschleudert hat, nimmt er sein Haupt gefangen, und es heißt von ihm: wenn Sokrates tausend geschlagen, der Christ habe zehntausend überwunden und das Feld behalten. Halleluja! Tod, wo dein Stachel? Hölle, wo dein Sieg? Gott aber sey Dank, der uns den Sieg gegeben hat durch unsern Herrn Jesum Christum! Wer vor Gott wandelt, wer seine Seele und seinen Leib unbefleckt bewahret, nach dem vorgesteckten Ziele läuft, wer heilig lebt, weil Gott heilig ist, der stirbt selig; wer dem Herrn lebt, stirbt ihm auch.

Die ersten Christen versammelten sich, aus Furcht vor den Verfolgern, auf Gräbern zum Gottesdienste; und wie schön klingen Todesglocken dem, der zu sterben versteht. Kein Deist hört gern läuten. Zwar hat der liebe, grundgütige Gott für alle Menschen gesorgt, für Christen sowohl, als für Nichtchristen. Die Unchristen und Antichristen sollten, wenn sie Gelegenheit haben, sich dem Christenthume einzuverleiben und einzuverseelen, die Einladungen nicht verwerfen, sondern sich den Kopf waschen lassen, wodurch das Herz mit rein wird. Was hilft die reine Vernunft, wenn das Herz nicht rein ist? Nur die, so reines Herzens sind, werden Gott schauen. Mensch und Christ sterben; allein der Christ ist eigentlich der Lehnsträger, der Gutserbe, der eigentliche Sterbliche; man kann nur von ihm sagen, daß er geboren werde und daß er sterbe. Der Unchrist ist ein Mensch, als wollt' er Mensch seyn; der Christ ist Alles wirklich, was er ist.

Sanct Paulus spricht zu den Ephesern, im vierten Capitel, im siebzehnten und achtzehnten Verse: So sage ich nun und zeuge in dem Herrn, daß Ihr nicht mehr wandelt, wie die andern Heiden wandeln, in der Eitelkeit ihres Sinnes, welcher Verstand verfinstert ist, und sind entfremdet von dem Leben, das aus Gott ist, durch die Unwissenheit, die in ihnen ist, und durch die Blindheit ihres Herzens. Der Körper war da, noch ehe Christus kam, das heißt: es fehlte nicht an prächtigen Worten, allein der Geist fehlte; da blies uns Christus an und sprach: Nehmet hin den heiligen Geist! Der Christ ist das Geschöpf, das Gott, wenn ich so sagen soll, am sechsten Tage schuf, um die Lehren der Heiden und Juden und alle Schriften, geschrieben von auserwählten Menschen, zu benutzen und den todten Buchstaben zu beleben, und aus einem Gebeinhause eine Himmelswohnstube zu machen. Der Christ hat den Schlüssel zu den fünf ersten Tagen und ist ein Herr des unvernünftigen Viehes, das auf dem Bauche, oder auf Vieren geht, oder fliegt, oder — Der Heiden Tugenden sind, nach dem Ausspruch des heiligen Augustinus, glänzende Sünden, und ihr Tod ist ein Armesünderende, wo immer viel geredet wird. Christus hielt keine Reden, wie Sokrates, da er starb; ihm schrieb kein Plato die Predigt nach — der Herr der Natur starb natürlich. Alles zusammen, mit sammt dem Testamente, bestand in sieben Worten. Eine schöne Zahl! Laßt uns die Sache beim rechten Ende fassen. Der Mensch mag es machen wie er will, es finden sich Lebensstellen, wo er offenbar zu kurz kommt; er kommt nicht aus und macht einen Concurs, wo Gott, er und sein Mitmensch classificiret werden, wo es überall heißt: Soll haben, hat nicht; soll bezahlen, kann nicht. Wir können uns zwar vor den Blicken der

Welt verbergen; allein der Furcht, verrathen und verkauft zu werden, wer kann der auf Flügeln der Morgenröthe entfliehen? Und wenn wir der Welt entkommen, sind wir uns selbst entflohen? Der Hauszeuge ist in den Gerichtshöfen verdächtig; allein das Gewissen ist unbestechbar und so erhaben, daß man ihm auch nichts einmal anzubieten wagt. Verschließe dich wie du willst, das Gewissen begleitet dich; es schläft und schlummert nicht, es geht nicht über Feld, und was das Aergste ist — es hat ein göttliches Gedächtniß. Das Gewissen ist Gottes Unterrichter, es eröffnet dir in jeder dir selbst gelassenen Stunde, du seyst ein ungerechter Haushalter; du hättest mehr thun sollen, weil du mehr thun können; du hättest gesündigt im Himmel und vor ihm und wärest nicht werth der göttlichen Natur, nicht werth ein Mensch zu seyn. Schäme dich, sagt es dann, und sammelt feurige Kohlen auf dein Haupt. Wohl dem, der diese Kohlen zum Fegefeuer anfacht! Wohl dem, der zu dieser seiner Zeit bedenket, was zu seinem Frieden dient, und daß er in eine Gegend gehe, wo er nicht mehr mit seinem Bruder auf dem Wege ist und wo es angeschrieben steht: Du kannst hinfort nicht mehr Haushalter seyn. Was nun? —

Die meisten Handlungen, Freunde, sind darum gut, weil man sie sich viel böser denken kann. So wird das Spiel als eine erlaubte Sache gepriesen, weil es besser als Schmähsucht und Zungentodtschlag ist. Priester und Leviten der Vernunftreligion stehen mit Lebensbalsam, mit Gewissenskühlungen, mit Herzstärkungen aus; allein wenn's zum Sterben geht, hilft kein Seelenkraut und Pflaster, das Wort Gottes allein heilet. —

Jeder unrichtige Gedanke, jedes unnütze Wort ist verantwortlich. Wie schrecklich wahr ist dies Gesetz der sich selbst gelassenen Vernunft! Wo fliehet sie hin in diesen Seelennöthen?

Wohl mir, daß ich ein Christ bin! Wenn ich Alles gethan habe, was ich zu thun schuldig war und was ich nur thun konnte, bin ich zwar noch immer ein unnützer Knecht, dem noch viel fehlt; allein welch ein Trost für mich im Leben und Sterben, daß Christus lebte und starb! Er hat Gott, dem Schöpfer der Menschen, im Leben und im Sterben den ganzen Werth der Menschheit in hoher Person gezeigt; er hat ihn uns dargestellt, und wenn, nach dem äußersten Bestreben, zu werden, wie Jesus Christus auch war, Unvollkommenheiten vorfallen, bitten wir Gott, daß er nicht uns, sondern die Essenz der Menschheit, das Ideal menschlicher Tugenden, anschaue, und in ihm, in diesem großen Muster, uns sündige Geschöpfe; und daß er uns gnädig sey und barmherzig und von großer Güte und Treue.

Der Mensch ist göttlichen Herkommens, göttlichen Geschlechts. Aller dieser Verwandtschaft, wie unwürdig sind wir ihr im Fleisch durch Sünde! Heil uns, daß unsere Natur einen Repräsentanten hat, in welchem Gott uns und wir Gott sehen. Christus ist der Erste in der Menschenfamilie, der Chef des menschlichen Geschlechts, der zweite Adam, der uns den Weg wies, eine verlorne Festung einzunehmen und wieder in's Paradies zu kommen, wo keine Schildwache mehr steht. Er ist der Erstgeborne, denn Adam aus dem Paradiese war nicht geboren, sondern aufgehaucht. Außer diesem Verdienstlichen, welch ein Muster im Tod ist sein Tod?

Sein Leben sey mein Leben, sein Tod der meinige. Wer starb so, als dieser Fürst des Lebens? Das Muß des Weisen ist so wenig trosthaltig, daß er sich vielmehr wieder frägt: Warum muß ich? Wenn ich den Schmerz verbeiße, leid' ich nicht, ich stoße zurück, was heraus will. — Und da der Nichtchrist ungewiß ist, ob sein Lebensziel nicht auch sogleich sein ganzes Ziel sey, wie sehr ist er ein Knecht seines ganzen Lebens, ein Knecht von der Stunde des Todes! Alle Pulsschläge schlägt sich der Gedanke auf: nicht etwa diese Nacht, sondern diese Stunde, diesen Augenblick kann man, nicht etwa bloß deine Seele, sondern dich ganz von dir fordern; und was wird seyn, das du gesammelt hast? Elender Nachruhm! Du Unsterblichkeitsanalogon des Nichtchristen, du wirst die zitternden Nerven nicht halten und dem Herzen nicht Luft zuwehen. — —

Zwar auch Christus war von Gott verlassen; allein mit Ehren und Schmuck ward er gekrönet, selbst da er noch am Kreuze hing. Sein göttlicher Tod lösete dem Hauptmanne die Zunge zu der Stunde: „Wahrlich, es ist ein frommer Mensch und Gottes Sohn gewesen!“ Der Christ, wenn er im bösen Stündlein auf den Gedanken fällt, sein Geistfaden wird mitreißen, wenn der Lebensfaden reißt; Gott sey von seinem Geist gewichen und dieser sein Geist werde verrauchen, so wie sein Fleischtheil aufgelöset wird, dann erscheinet ein Engel und stärket ihn. Wenn das, was gedichtet wird, keine Möglichkeit in sich enthält, ist's Hirngespinnst; je mehr Wahrscheinlichkeit aber, desto vollkommener das Gedicht. Wenn der Nichtchrist uns vorwirft, wir stürben poetisch — so laß er uns diese heilige Poesie, diesen Schwung. — Trifft dieser Schwung nicht näher, als ein geschliffenes Kunstsystem von Hoffnung? Ist die ganze Hoffnung mehr oder weniger, als Dichtkunst? —

Der Christ, entzückt in den Himmel, hört unaussprechliche Worte. Wann haben wir nicht unaussprechliche Selbstlaute gehört, wenn uns eine schöne Frühlingsmorgenröthe in's Freie einlud und wir einsam der Sonne entgegengingen? Und das Gefühl der Kräfte der zukünftigen Welt, welche Begeisterung im Sterben!

Die Offenbarung ist eine erhöhte Vernunft, die Vernunft in heiliger Poesie, ein Vernunftkörper; sie stellt dar, sie macht anschaulich; es ist ein Höchstes der Vernunft, ein vernünftiges Ideal, und doch eine solche lautere Milch, daß sie ein Kind fassen kann. Wo die Vernunft Zahlen hat, besitzet der Christ lebendiges Wesen. Der Weise denkt, der Christ sieht. Wie sehr weg setzt ihn diese Fassung über Alles, was in der Welt ist! Er ißt Aehren am Sonntage, wenn ihn hungert, und wenn selbst der Hohepriester, auf dessen Brust Licht und Recht strahlen sollte, diesen göttlichen Orden verkennet, und den Pöbel zum kreuzige ihn auffordert und sein Müthchen an ihm kühlet; wenn der Saducäismus und der Pharisäismus es mit ihm anbinden will; wenn die Welt ihn auspfeift, überwindet er weit. — Christus hat am meisten von Gelehrten gelitten. — Seht die Sünde, wie sie wollte und nicht konnte! Wo ist ihr Sieg? Und wenn der Zweifelkopf der Vernunft, und wenn das eigene Herz schüttelt und spricht lauter Nein! Er weiß. — Zwar ehrt er den Namen Gottes unter dem Patent, das die Vernunft vorzeiget, er läßt ihr ein freies Votum; allein er verlangt auch eins. Was weiß die Vernunft von der Zusammennehmung dieses und jenes Lebens, dem ersten und zweiten Theil des Menschen, von unsern Schicksalen, vom ersten Menschen? Von der Sprache, dem göttlichen Unterricht, bis auf die Kleider zu? —

Nicht so, nicht so ist die Vernunft im Leben und im Tode. Der Christ weiß, sein Tod sey nur Verwandlung, Verklärung, melior compositio ohne grammatikalische Fehler, ohne Flecken, ohne Runzeln oder deß Etwas. Alles schön gegeben, vortrefflich ausgedrückt. Die zweite Auflage, und auch die, so mit ihm aus einem Gesangbuche sangen, in einer Bibel lasen, auch die wie er. Was trauerst du, arme Wittwe, um den einzigen Sohn? Mein Meister spricht: weine nicht! Zwar erweckt er nicht mehr einzeln die Todten, denn auch die Erweckten sind wieder gestorben, oder was sind sie? Wahrlich, doppelter Tod wär' eine Ungerechtigkeit. Wittwe, warum die tiefen Thränen? Zwar wird er nicht zu dir kommen, aber du zu ihm. Weine nicht! ruft dir der Herr zu, dessen Herz auf den Grund bewegt war, und auch vor Schmerz, vor Mitleid überging. So können nur trauern, die keine Hoffnungen haben. Ist's nicht gut, daß ein Weltknoten nach dem andern gelöset wird, und daß Ihr Bekannte in der Stadt Gottes habt, welches Euch gut, und wahrlich besser, als ein Freund am Hofe ist? Die Zeit tröstet den Weisen. Beweise, christliches Weib, daß du auf die Zeit nicht warten darfst und auf die Stunde, wenn es ihr gelegen ist. Die Ewigkeit sey dein Trost, die auf der Stelle lindert, verbindet, heilet! Es giebt ein allgemeines Ziel, spricht Sirach, hundert Jahre; allein dies ist ein apocryphisches Ziel. Moses verkündiget fein canonisch: Unser Leben währet siebzig Jahre, wenn's hoch kommt, sind's achtzig, wenn es köstlich gewesen, ist's

Mühe und Arbeit gewesen; denn es fähret schnell dahin, als flögen wir davon. Der Christ sucht dieses Ziel nicht zu verrücken, er wälzt den Grabes-Grenzstein nicht weiter, übt sich, indem er den Lüsten und Begierden abstirbt, im Sterben, und was kann ihn scheiden von der Liebe Gottes?

Was braucht aber der Christ von den göttlichen Absichten zu erklügeln? Er weiß, daß der Herr Alles wohl mache, und das ist genug.

Wenn Andere leben, um nach dem Tode einen Leichenstein zu verdienen, auf dem Leben und Thaten eingeätzet sind, welchen ein gedungener Haufen Leichenbegleiter für Geld und gute Worte mit feilen Thränen taufte, hat der Christ nicht lieb die Welt, noch was in der Welt ist. — Sein Name und Wappen, wenn er sie aushauen läßt, sollen nur bloß, auch nach seinem Tode, ein gutes Beispiel stiften.

(Bei dieser Stelle sagte mir der Graf in's Ohr: Wenn ich meine Krone im Wappen sehe, denk' ich an die himmlische und an die Perlen, deren auch in der hohen Offenbarung gedacht wird.) Der Mensch ist ein Hieroglyph der ganzen Natur; wer es zu erklären und aufzulösen versteht, hat den Schlüssel zur Natur. Der Leib gehört hierzu eben so, wie die Seele. Glaubt mir, Freunde, er muß was zu verbeißen haben, wenn die Seele im Flug' ist, und wenn es uns recht gut bekommen soll, muß unsere Mahlzeit geistig gewürzet seyn. Den Menschen ganz zu erklären, dazu gehört mehr, als wir diesseits des Grabes vermögen. Der Christ kommt bei dieser Auslegung noch am nächsten. — Er versteht das Menschen-Hieroglyph, so wie die Kinder ein Buch aus den Bildern. Das Grab hat nur auf die Schlacken

Anspruch. Das Feine des Körpers wird auferstehen; das ist eine Wahrheit zum Wärmen, wenn Alles an uns kalt wird. Gottes Weisheit handelt überall im Verborgenen; in Gräbern nur wird sie gerechtfertiget. In dies Auge, das im Tode verlöscht, wird wieder Licht geschlagen werden. Heilig, selig ist der elektrische Funke, der in diese Finsterniß gesprühet werden wird! Dies Leben ohne den Herrn ist ein Fischzug Petri, der die ganze Nacht arbeitete und nichts fing, und nur, wie er auf seines Meisters Befehl das Netz auswarf, mehr zog, als das Netz halten konnte. Wenn auch beim Christen zuweilen das Netz reißt, was ist's gegen den Segen, der von Fischen gezogen wird? Heil dem Christen! Sein Leib ist im Dienste der Seele, die Seele im Dienste des Geistes, der Geist im Dienste Gottes.

Heil dem Christen, denn er hat über sich einen gnädigen Gott, in sich ein stilles Gewissen, unter sich einen ihn befriedigenden Erdboden — wenn gleich die Aepfelbäume nicht so gut wie im Paradiese fortgehen — hinter sich eine glücklich zurückgelegte Bahn, den Trostspruch: Sohn, Tochter, dir sind deine Sünden vergeben, stehe auf und wandle!

Vor sich einen seligen Tod und eine fröhliche Auferstehung, einen Richter, der wohl weiß, wie es einem Menschen zu Muthe ist; der auch lebte und starb!

Das verlohnte also wohl, daß Engel der Erde gratulirten: Ehre sey Gott in der Höhe, Friede auf Erden und den Menschen ein Wohlgefallen!

Wollt Ihr mehr? O Ihr Kleingläubigen? Wohlan, ich will Euch die Furcht des Herrn lehren, den eigentlichen Anfang der Weisheit. Laßt uns von den letzten

Dingen anheben. Letzt und Erst ist nur, nach dem man es nimmt.

Was du säest, Freund, wird nicht lebendig, es sterbe denn. Ist dein Leib nicht ein bloßes Saatkorn, das ausgesäet ist? Ist der Mensch hier mehr, als Fayance, und soll er dort nicht seyn ein Gefäß zu Ehren? — Gott weckt alle Frühjahre Todte auf, und jeder Augenblick ist eine Auferstehung. In jedem Felde sind Schaaren Evangelisten, die uns die Lehre der Wiedergeburt, des Wiederlebens alles Fleisches, das wie Heu ist, verkündigen. Wir ziehen aus diesem Leibe, um in eine andere himmlische Wohnung einzuziehen, wie aus der Pacht in's Eigenthum. So verwandeln sich vor unsern Augen unzählige Dinge. — Der Geist ist der eigentliche Mensch; dieser Jünger Christi stirbet nicht. Der Pfeil des Todes trifft nur den Leib. Sobald es zum Sterben geht, beruhet Alles auf der Einbildung derer, so nicht sterben und sterben sehen. Seht Ihr denn den Geist, Ihr Händeringer? Er ist in Gottes Hand, und keine Qual rühret ihn an, und warum sollte der Geist um diesen Leib und dies Gebein zittern und zagen? Warum sollt' er beim Leichenbegängniß im ersten Paar, wie ein leidtragender Wittwer, gehen? Wie vielmal soll ich den Trost des Christen wiederholen? Auch sein Leib wird nicht untergehen. Pflanze und Thier fordern das zurück, was ihnen zugehört, und was ist denn, was wir ihnen zurückgeben? Ist es nicht Etwas, das uns oft so lästig war? — In der Natur ist ein immerwährender Wechsel; allein eine Allwissenheit regiert ihn! Und kommt denn Etwas aus unserm eigenthümlichen Hause? — Ist die Erde nicht unser Haus? Ob dieses oder jenes Stück von unserm beweglichen Hab' und Gut in diesem oder jenem Zimmer steht? Ob unter'm Spiegel, oder am Kamin? Ob im Saal, oder im Nebenzimmer? Und warum sollt' ich nicht etwas Abgetragenes gegen etwas Neues hingeben? Eine andere Klarheit hat die Sonne, eine andere Klarheit hat der Mond. Es wird gesäet verweslich und wird auferstehen unverweslich; es wird gesäet in Unehre und wird auferstehen in Herrlichkeit; es wird gesäet in Schwachheit und wird auferstehen in Kraft; es wird gesäet ein natürlicher Leib und wird auferstehen ein geistiger Leib.

Ist es nun begreiflicher, daß auch der Leib nicht untergehe? Alles, was stirbt, steht auf. Nennen wir nicht vielleicht öfters todt, was wir in seiner Entwickelung nicht übersehen? Jene tausendmal tausend Vollendete sehen vielleicht unserer Geburt, unserm Durchdrange durch Tod zum Leben zu und freuen sich, die Taufzeugen bei dem neuen Namen zu seyn, der dem Ueberwinder, dem Geprüften, des Heiligsten würdig Befundenen, beigeleget wird.

Geschöpfe, die Gott erkennen, in denen Christus wohnet, können unmöglich auf der ersten Stufe bleiben, auf der Stufe der Kindheit. Dieses Leben ist ein Kinderstand; diese Leiber sind Windeln. Aus Kindern werden Leute. Unsere Seele ist in dieser Welt ein Licht unter'm Scheffel. Wir steigen die Stufen, die Jakob im Traume sah, wo die Engel hoch und niedrig standen, und wenn ich gleich nach meinem Abschiede aus dieser Welt ein Engel werde, kann es denn nicht auch hier Klassen der Seligkeit geben? Der Thürhüterposten ist hier aber schon eine über alle Maaßen wichtige Herrlichkeit, weil weder Neid noch Eigendünkel mehr ist. In Gottes Hause sind viele Wohnungen. Unser Haus ist die Erde; Gottes Haus ist die Welt. Das feste prophetische Wort zeiget uns die andere Welt in Kupferstichen, hier und da illuminirt. Wie kann ein vernünftiger Lehrer anders mit Kindern verfahren? Gastmahl, Paradies, himmlisches Jerusalem, eine schöne Erbschaft, eine Ehrenkrone, ein Siegerkranz, ein Ruhesitz Gottes, eine Festfeier; so wird uns die andere Welt vorgestellt, und wenn wir annehmen, daß wir Gott in seinen Werken näher schauen, daß wir tugendhafter, und also auch glücklicher seyn werden, was wollen wir denn mehr? Der christliche Himmel bestehet in reiner Wahrheit und vollkommener Tugend. Sehen wir gleich hier nur durch einen Spiegel in einen dunkeln Ort, so ist es doch genug zu wissen, daß, wenn gleich unser äußerlicher Mensch verweset, der innerliche jedoch von Tage zu Tage erneuert und stärker wird. Ist denn das nicht Gewährleistung für die andere Welt? Ein ächter Christ ist hier schon im Himmel! Er sieht sich ab- und zunehmen; das Sichtbare, das Zeitliche fällt, das Unsichtbare, das Ewige hebt sich. — Er hat das andere Leben in der Hand — es ist ihm so nahe, als der Leib der Seele. — Warum sollten wir uns bemühen, zu bestimmen, ob aus Steinen Pflanzen, aus Pflanzen Thiere, aus Thieren Menschen, aus Menschen Engel werden? Ob wir in eine Sonne, oder in einen Planeten, ob wir in ein Winter- oder Sommerzimmer unsers lieben Gottes dereinst einziehen? Ob wir in unser Sonnensystem, oder wo anders hinkommen? Beides, Leben und Tod, ist dem, der Alles recht bedenkt, wünschenswerth. Gott hat uns in dieser Welt den Weg gebahnt, zu werden, was wir geworden, und in jener wird er, der Herr und Vater über Alles, was Kinder heißt im Himmel und auf Erden, uns nicht verlassen! —

Dies ist die Zuversicht, die ich durch den habe, der dem Tode die Macht genommen und das Leben und ein unvergängliches Wesen an's Licht gebracht durch's Evangelium. Wir besitzen des Himmelreichs Schlüssel, zu binden und zu lösen, wo der Philosoph Lücken findet und nicht aus, nicht ein weiß. Ueberhaupt weiß er nichts. Einer ist unter ihnen wider den Andern. Der ist ein Plato, der ein Aristoteles, der ein Redner, der ein Sophist. Sophisten sind Taschenspieler, und Redner sind Schmeichler. Wahre Weisheit wohnt nicht in geschmückten Gärten von Kunstworten, sondern in dem friedlichen Thale der kindlichen Aufrichtigkeit. — Darum schilt ein Weiser den andern. Sie haben unter sich Katholiken, Protestanten, Muselmänner und Gott weiß, was mehr. Jenachdem Jedem der Kopf steht, jenachdem will er es auch vom Auditorio. Dieser spricht von der Mutter Gottes, der Jungfrau Maria, der grundgütigen Natur und von guten Werken, predigt viel Gesetz; allein kein Evangelium. Jener ist der Meinung, der Mensch könne sich nicht besser machen, als er ist. Seine Neigungen sind nicht Vorschriften, die er sich selbst gegeben, sondern steinerne Gesetztafeln, die man zwar zerbrechen kann; wer aber, fragen diese guten Herren, wer kann ein Gebot der Neigung ausradiren? Es ist ja ein Stein. Dieser ist sinnlich, Jener geistig; Dieser ein Kopfhänger, Jener fröhlich und guter Dinge; Der zweifelt über Alles, auch selbst, daß er zweifelt, Dieser thut so grundgelehrt auf seine Worte, daß man wirklich glauben sollte, er wüßte Etwas. Ein Einfall, sagt er, ist ein einziger Fall, den auch ein bloßer Witzling haben kann. Mir stehen Principien, das heißt, eine Sammlung aller Fälle zu. — Gut, aber wo sind denn deine Principien, in so weit sie wirklich weise und selig machen? Die Philosophen sind Räthselaufgeber, sie lehren Räthsel und lehren sie räthselhaft. Eine Volksphilosophie müßte so kurz ausfallen, wie Luthers kleiner Catechismus. Ist denn die Wahrheit nicht nackt, und wenn einige der Alten für Dunkelheiten waren, mußten sie es nicht wegen der Unvernunft des Volks seyn? Jetzt aber, Ihr Weisen, da Ihr selbst nicht leugnen könnet, Weisheit aus dem Volk und aus dem Volksbuch, aus der Bibel, geschöpft zu haben, warum gebt Ihr nicht verständlich wieder, was Ihr verständlich empfinget, und was ist's denn, was Euch selbst zustehet? Der Christ weiß, an wen er glaubet. Von diesem Glauben des Christen hat der Nichtchrist keine Vorstellung. Es ist ein lebendiger, ein wissender Glaube. Gott sandte uns nicht ein Buch herab, voll Worte und Meinungen, fein sauber geschrieben. Unsere Vorfahren waren Geisterseher; allein wir? wir sahen Christum, den Anfänger und Vollender unsers Glaubens. Hier ist Sache, That, Begebenheit, Wahrheit. Er war zwar Mensch, allein Gottmensch; man sah ihn, und wir sehen ihn noch in Begebenheiten mancherlei Art; sein Geist blieb bei uns. — Christus ließ sich nicht malen; denn da hätte man nur eine Stellung von ihm gehabt, sondern er ward geboren, lebte, lehrte, starb. — Er lehrte durch Thaten, er lebte durch Lehren. — Was von seinem Leben geschrieben worden, ist auch Leben. Einfalt ist die Art, womit Alles behandelt wird; allein Einfalt ist die echte Tochter alles Guten, alles Wahren, alles

Vollkommenen. — Wo ich göttlichen Finger sehe, warum will ich denn da noch meine Hand auch in die Nägelmale legen um sagen zu können: mein Herr und mein Gott! Empfindest du nicht in jedem deiner Schicksale (o Mensch, gieb auf dich Acht!) Gottes Wege? Fühlest du nicht, daß, so wie Gott Einer ist, er dich auch so leite und führe, als ob du der Einzige wärest, den er zu leiten und zu führen hätte; und warum willst du denn ein Zeichen am Himmel, um zum Dank, zum Lob, Lob sey Gott! ohn' Ende aufgefordert zu werden? Laßt uns Hand an's Werk legen, und wir werden finden, ob die christliche Lehre von Gott sey, oder ob die Bibel so von ihr selbst rede? Von dem Weltweisen heißt es, wie vom reichen Manne: Er starb und ward begraben. Die Herren Recensenten hielten ihm Reden und Predigten, die Dichter sangen, und doch ward er begraben. Vom Christen kann man wie vom Lazarus sagen: Er starb und ward getragen von den Engeln in Abrahams Schooß! —

Was habt Ihr denn für einen Beweis? rufen uns die Weisen zu. Verzeiht, Ihr Herren: Gott allein ist weise! Was aber unsern Beweis betrifft, so führen wir ihn menschlich. Unser Beweis ist vernünftige, lautere Milch und Erfahrung. —

Wie ist der Mensch auf Gott, Geist und Ewigkeit gekommen, wenn sie nicht wären? Der Mensch ist groß und klein; er zähmt Löwen, verkauft Wallfische und wird von einer Schlange getödtet. —

Zweifler! ich soll beweisen, daß ein Gott sey? Beweise mir erst, daß er nicht ist. Wie kann man Thatsachen beweisen? Wie kann ein Sohn beweisen, daß Dieser oder Jener sein Vater ist?

Es geht in der Welt über und über, und wie könnte das, wenn Gott, der Herr derselben, König wäre? Ei, Lieber, wenn Gott sein Bild dem Menschen anhing, wenn er ihm Verstand und Willen gab, wer hat Schuld an dieser Unordnung? —

Jeder Mensch hat so Etwas bei sich, was Ja oder Nein bei allen Dingen saget, sie mögen Wissen oder Thun, Rath oder That betreffen. Es giebt so gut ein Verstandes- als ein Willensgewissen. Ist Euch das zu hoch? Euch zu hoch, die Ihr den Gang Gottes in der Natur, das Kommen einer jeden Pflanze in ihrem sanften Tritt beschleicht? Ihr solltet Euer eigenes Erdreich nicht kennen?

Es giebt baare Kenntnisse und Kenntnisse auf Verfalltage. Das Christenthum hat von beiden sein Theil. Die wichtigsten Artikel können durch's Leben bewiesen werden. — Ich lebe, sagt Christus, und Ihr sollt auch leben.

Ich weiß Euere Einwendungen, Ihr Weisen der Welt.

Das Christenthum, sagt Ihr, habe den Muth gehemmt, froh zu leben und froh zu sterben; es lehre, daß nur wenig Auserwählte seyn werden. Allein was ist besser, seine Seligkeit schaffen mit Furcht und Zittern, oder wider besser Wissen und Gewissen handeln? Es ist Ein Aufwaschen, bringt Ihr Leichtsinnige bei; allein seyd Ihr schon von Euerm Gewissen je in Anspruch genommen? Seyd Ihr schon in der Tinte gewesen? Glaubt Ihr denn, daß das Auge, welches seinem Nächsten nach Leib und Leben stand, mit einer Thräne der Reue abgewaschen werden könne?

Wenn die reine Vernunft lehret, sich so zu führen,

daß, wenn ein Gott und eine Ewigkeit wäre, wir seine Kinder und die Erben des Himmels zu seyn das Recht hätten, so lehret sie uns etwas Uebermenschliches. — Sobald wir zweifeln, Freunde, so bricht die Sinnlichkeit Thür und Thor, schlägt alle Schlösser auf und findet im Zweifel so viel Unterstützung, daß Alles über und über geht. Ja, wenn der Mensch funfzig Jahre alt, und des Tages Last und Hitze der Sinnlichkeit getragen hat, dann, Freunde, könnte diese Lehre weniger gefährlich seyn. —

Und doch ist sie gerade zuwider der lautern Milch Christi, des Herrn, der ein herzliches Zutrauen von seinen Nachfolgern will. Zweifel, Freunde, ist das Schrecklichste, was man sich denken kann! Wo Zweifel ist, wie kann da Zutrauen seyn? Man will sich in den Schatten legen, eh' noch die Bäume ausgeschlagen sind. Man brennt sein Haus aus eitler Baulust ab; man ist nicht kalt, nicht warm; man hinket auf beiden Seiten. Gelehrte Zweifler, gute Freunde, Ihr dringt auf's Thun, und wenn ich Euch sage: Ihr könnet, ohne zu wissen, ohne den Glauben, ohne die Lehre Christi nichts thun. Eine Gott ehrende Menschenliebe ist unsere Tugend. Wir leihen dem Herrn, wenn wir den Armen geben. Wir geben nicht mit dem Munde, sondern mit dem Herzen, im Geist und in der Wahrheit; wir entäußern uns unser selbst, wenn wir Gutes thun.

Euer ganzes System beruht auf Furcht, die aber nicht die Furcht des Herrn ist. Lebt so, als wenn wirklich ein Gott, wenn wirklich eine Unsterblichkeit wäre. Schön gesagt, aber auch gethan? — Liebe,

Liebe, Liebe ist die Quelle alles Guten, der Brunnen des Lebens! Die Liebe treibt die Furcht aus.

Niemand hat Gott je gesehen, Niemand besitzt eine Demonstration von seiner Existenz; allein braucht's einer Demonstration, daß Ihr seyd?

Du glaubst, Freund, daß sich die Welt selbst erhalte, daß, wer erhalten könne, auch zu schaffen vermögend sey, daß, wer B zu sagen verstünde, auch A zu sagen im Stande sey? Ich weiß, daß ein Haus sich nicht selbst bauen könne, weil es ein Kunststück ist, daß aber die Natur täglich, stündlich, augenblicklich, baue und niederreiße, bessere und fördere; allein, Lieber, was ist die Natur? Laß mich mit deinen Wörterchikanen; die Wahrheit hat, wie die Sonne, ihr eigen Licht.

Vorwitz ist freilich Untugend, allein kindliches Zutrauen und Zudringlichkeit, wie sehr unterschieden!

Ich weiß, was ich glaube, heißt das viel weniger, als: ich weiß?

Guten, lieben Freunde, wenn Euere Lehre unter den Haufen käme, was würde da aus der Welt werden? Gott schlägt Euch mit Wortsblindheit, sonst müßten wir unsere Kirchen brechen und Gefängnisse daraus machen. — Und doch, lieben Leute, glaubt Ihr die Wohlfahrt des ganzen menschlichen Geschlechts durch Euere Lehre zu befördern, Ihr, durch solche Lehren, die nichts denn Menschengebot sind? Freunde, das laßt dem Christenthum über, oder der ganze Plan ist platonisch. Uns sollt' es gleich seyn, wie das Reich Gottes käme, wenn es nur käme! Nur Euere Fahne scheint es nicht dazu anzulegen, das Verirrte zu sammeln — damit eine Heerde und ein Hirte werde. — Doch, warum sollten wir mit Euch rechten? Richtet nicht, sagt unser Herr und Meister, und es wird die Zeit kommen, da wir Alle werden gerichtet werden. Wohl uns, wenn wir bestehen in der Wahrheit! Als gute Streiter im Reiche der Vorurtheile, nicht, die suchten das Ihre, sondern das, was der Wahrheit und Tugend ist; nicht, die über die Menschen herrschen, sondern die sie glücklich machen wollten. Wie oft kann es hier heißen: Große Schulden erhalten bei Credit, kleine schwächen ihn. Der Christ will Keinen verführen; er giebt Jedem die Bibel in die Hand, und da liest sich Jeder heraus, was seinem Verstande gemäß ist. Es finden sich Sprüche für Gelehrte und Ungelehrte, Reiche und Arme. Hier ist harte Kost, hier ist Milch, starker Wein und Labetränke. Die Bibel ist Allen allerlei; sie ist für Leben und Tod; sie lehrt uns, Cisternen auszusetzen, um himmlisches Wasser aufzufangen. Der Geist der heiligen Schrift ist so kurz, als das Vater unser. Glaubt, lieben Nichtchristen, im Sterben sieht man Gott, sich, und die Welt aus einem andern Gesichtspunkte, als im Leben.

Laßt mich an Ort und Stelle, laßt mich zurück, wo ich ausging!

Was Johannes sagt, ist jeden Augenblick wahr: Kinder, es ist die letzte Stunde! — Wohl uns Allen, wenn wir bereit sind zu stehen vor des Menschen Sohn! wenn wir ihm unter Augen treten und sagen können: Wie du gewandelt hast, haben auch wir gewandelt; so ehrlich, wie du gelehrt hast, haben auch wir gelehrt. Gestern haben wir überwunden, heute laß uns mit dir im Paradiese seyn!

Komm, Tod, heute, morgen! Mein Freund ist mein, ich bin sein. Ich habe Lust abzuscheiden und bei ihm zu seyn, welches auch besser wäre. Amen, ich komme bald, Amen! Ja komm, Amen! Vater, in deine Hände befehl' ich meinen Geist! —

† † † †
†.†

Lieber Graf, bis zum Wiedersehen, hier oder dort!

Von einem Manne, wie der Graf, wer kann Abschied nehmen? oder besser, den Abschied mittheilen? Ich nicht.

Der Prediger aus L— kam und war so inniglich froh, mich wieder besser zu finden, daß er bei einem Haar mit dem Grafen wieder freundschaftlich zerfallen wäre. Der gute Prediger! Er hatte für mich, unter dem Namen eines Leidenden aus einer andern Gemeinde, auf der Kanzel gebetet, und eignete den größten Theil meiner Besserung dieser ernstlichen Fürbitte zu. Die ganze Gemeinde, fügte er hinzu, wußte beim ersten Wort, daß Sie der Leidende aus einer andern Gemeinde waren. Der junge Ehemann, sagten sie unter einander, dessen Frau wir jüngst begruben. — —

Ich bin sonst sehr für's Abschiednehmen, wovon ich in diesem Buche manches Pröbchen gegeben; allein hier, kann ich? —

Das ganze Leben des Grafen war eigentlich ein feierliches Abschiednehmen, nicht bestehend in: Leben Sie wohl, Dank für alle erzeigte Güte! — Wünsche so glücklich zu seyn, vom Wohlbefinden die besten Nachrichten einzuziehen! Solch elend jämmerlich Zeug hat das Abschiednehmen, so wie das Gesundheitstrinken, bürgerlich gemacht — und doch liegt in einem Leben, im andern Sterben. Ich trinke Gesundheit und nehme Abschied. — —

Wahrlich, ich kann es nicht beschreiben, mit welcher Bewegung ich diesen hochgebornen Todtengräber verließ. Auf meinen wohlehrwürdigen Reisegefährten konnten diese Dinge natürlicherweise keinen so starken Eindruck machen. Der Prediger kannte das Erdreich auf diesem Gottesacker und hatte hier zuweilen selbst die Hand an den Pflug legen müssen. Anfang, Mitte und Ende meines Aufenthalts auf dem gräflichen Gute lag auf meiner Seele; allein sanft war mir dieses Joch, leicht diese Last. Hier oder dort! Ich dachte nicht das Hier. Hier galt bei mir wenig, das Dort verschlang es bei mir. Nicht hier, dort! bald! dort! dort! wo Mine ist, wo sie ewig seyn wird, dort! dort! dort! Ich komme bald, Amen! hieß es beim Schluß der christlichen Rede. Ja komm! Amen!

Der gute Prediger stieß mich mit der Frage an, wie mir die Reden gefallen, von denen er gehört, daß sie gehalten worden? — Herzbrechend, sagt' ich. Dort, lieber Herr Prediger, dort sehen wir uns wieder! Der gute Prediger faßte mich bei der Hand und drückte sie, und sagte mir so sanft: Gretchen läßt Sie grüßen! daß mir ward, ich weiß nicht wie? — Jungen Leuten ist Leben und Sterben wie Wachen und Schlafen; Alles an einem Rosenkränzchen. — Auch hier ist gut seyn, sagte der Prediger. Nur nicht zum Hüttenbauen, versetzt' ich, wenn man eine Mine verloren hat. Auch die Erde ist des Herrn, fuhr der Prediger fort, so wie es der Himmel ist.

Der Prediger fand viel Eigenes in Absicht des Styls in den Reden. Es ist, sagte er, so was Beängstigendes, so was von Todesnoth darin. Eben das, sagt' ich, hat mich entzückt bis zur Halle des Himmels.

Dies in der Rede zu treffen, zu copiren, war unmöglich. — Ich liebe, fuhr der Prediger fort, eine genaue Bindung der Perioden, eine gewisse Baukunst im Vortrage, und so viel Fenster wie möglich in jedem Stock. Zwar halte ich es für keine Sünde wider den heiligen Geist —

Da waren wir wieder, wo mich der gute Prediger hin haben wollte. Er wiederholte mir Plan und Ausführung, Geist und Ausdruck, versicherte, alles Eckige in den Perioden, was nicht schon gerundet und abgeschliffen wäre, noch runden und abschleifen zu wollen. Was meinen Sie, fragt' er mich, ob ich das Register lasse? und zur Nutzanwendung noch ein ob? noch die kritische Frage: ob sein Bruder, der königliche Rath, sich nicht über die Zuschrift kreuzen und segnen würde? Ohne Vorrede, sagte der Pastor, lass' ich's nicht. Es ist nicht gut, daß das Buch allein sey. — Die Vorrede, sagte mein Vater, ist der erste Eingang, wo Bitte, Gebet, Fürbitte und Danksagung vorkommt, damit der Autor ein geruhiges und stilles Leben führen möge, in aller Gottseligkeit und Ehrbarkeit. —

Zur Erkenntlichkeit versah mich der Prediger mit einigen Zügen vom Grafen — aus seiner Vorrathskammer, womit ich meine Leser versehen will. Die letzte Hand —

Der Graf rechnete mit seinen Pächtern und Verwaltern jedesmal die Woche vom neunten bis zehnten Sonntag nach Trinitatis. Am neunten Sonntage nach Trinitatis wird von dem ungerechten Haushalter gepredigt, am zehnten von Jerusalem's Zerstörung. Der Graf ist nie von seinen Haushaltern betrogen.

Wenn er in die Kirche kommt, wird er mit Geläute eingeholet. So wird's klingen, sagt der Graf, wenn sie mich werden heimführen aus diesem Elend. Kyrie eleyson.

Zu seinen Kirchenabgaben, wozu auch das Predigtamt gehört, hält er seine besondere Sonn- und Festtage. Er berichtigte sie doppelt, nur nicht, wenn Quatember roth im Kalender steht, sondern z. E. am sechszehnten Sonntage nach Trinitatis, wo man der Wittwe Sohn aus Nain trägt; am ersten Sonntage nach Trinitatis, wo vom reichen Mann und armen Lazarus geprediget wird. Solche Evangelien muß man eindrücklich machen, sagte der Graf.

Am sieben und zwanzigsten Sonntage nach Trinitatis, wo, wie er sagt, die christliche Illumination vorkommt, (das Evangelium handelt von den fünf klugen und fünf thörichten Jungfrauen) schenkt der Graf zehn Kirchenlichter, die bei der Communion (nach der Gewohnheit in Preußen) brennen. —

An seinem Geburtstage legt' er sich zwei Stunden in seinen Sarg, — welcher, wie meinen geneigten Lesern bekannt ist, in der Hauskapelle steht — und zwar im Sterbehemde. —

Geduld, Standhaftigkeit, sagt' er einstmals zum Prediger, der von der Standhaftigkeit und Geduld geprediget hatte, das sind die einträglichsten Tugenden; und worin bestehen sie? In der Fertigkeit, sich auf einen Punkt einzuschränken, den man mit unverwandter Seele ansieht; in der Geschicklichkeit, immer in diesen schwarzen Fleck zu treffen. Mein Vater schlug Observationen vor; allein der Graf schien sich auf einen einzigen Punkt anzustrengen. Wer hat Recht?

Der Graf war sehr glücklich im Rathen. Er setzte

sich nicht auf den Dreifuß, wenn er zum Voraus Dinge bestimmte. Er schüttelte dies aus dem Ermel. Er hielt sehr auf Träume, und glaubte mit meiner Mutter, daß andere Geister alsdann die Thüre offen fänden, um sich mit ihres Gleichen zu unterhalten.

Die Welt, sagte der Graf, ist ein Garten in Norden, wo nur wenig reif wird. Er aß gern Brunnenkresse und Raute. —

Nichts konnt' ihn mehr ärgern, als wenn sich der Mensch den Schlaf aus Lebensgeiz entzog. Es ist gleich viel, auf dem Ball, oder in der Studierstube, überm Leben den Tod vergessen.

Der Graf sah entweder gen Himmel, oder auf die Erde. Leute, die den Kopf von einer Seite zur andern werfen, sind nicht so, nicht so, sind Zweifler, sind aufgeschossenes Rohr, das der Wind hin und her treibt. Herauf oder herab.

Pathengeschenke gab er nicht eher, als bis der Pathe zum erstenmal zur Communion ging. Ein schwarzes Kleid war das geweihte Geschenk.

Seine Bücher waren schwarz eingebunden. Silberne Griffe, sagt' er, das heißt: der Titel war mit versilberten Buchstaben eingestochen.

Wenn man fällt, besieht man die Stelle, wo man gefallen ist. Der Geist wird sich gewiß von seinem Lebensreisegefährten nicht sogleich trennen. Er wird sehen, wo er gefallen ist. Wer mit den Seinigen noch länger zusammen zu bleiben Lust und Liebe hat, gehe auf die Kirchhöfe, wo sie hingelegt sind. Ich habe den Einfluß der Meinigen lang in meiner Seele empfunden, und noch empfind' ich ihn. —

Wenn man erzählt: die und der ist todt, frägt der

Hörer: Ist sie? ist er todt? Warum frägt der Hörer also?

Wenn der Graf communicirte, hatt' er einen rothen Mantel über das schwarze Kleid. In seinen Tischtüchern, Servietten war Name und Wappen schwarz eingenäht.

Ich kann, sagte der Graf, im dreißigsten und vierzigsten Jahre mit vieler Zuverläßigkeit wissen, ob man siebenzig oder achtzig Jahre alt werden soll. Ein Glücks- oder Unglücksfall ist Schuld daran, wenn man es nicht wird.

Melancholische Leute (diese Anmerkung machten wir beide, der Prediger und ich,) sind sehr zur Dichtkunst aufgelegt. Vielleicht besteht die Melancholie im Dichten.

Am neuen Jahrstage würd' es schwer seyn angemessen zu predigen, wenn nicht die Worte drinn vorkämen: da acht Tage um waren. Also von der Zeit. — O du liebe Zeit! exklamiren einige Leute im Sprüchwort. In der Entfernung ist sonst Alles klein, nur die Zeit nicht. —

Der Graf setzte einem seiner Pathen, der nur sieben Wochen gelebt hatte, selbst eigenhändig die Grabschrift: Aus einem Mutterschooß in den andern. —

Der Schlaf war ehe in der Welt, als der Tod. Das Vorbild eher, als die Erfüllung.

Auch du wirst sterben, das war des Grafen Condolenz, wenn man wirklich trauerte um einen Todten.

Gehst du aus der Welt, wenn du stirbst? Deine Seele entschwebt nur den Dünsten dieser Erde! Ewiger Geist der Liebe webt im Athem der Natur, wo der webt, ist Leben! —

Was mir der Prediger vom Leichenanzuge im Namen des Grafen sagte, gefiel mir nicht. Ich stimme mit ihm nicht ein. Warum bekleiden wir denn einen nackten Körper selbst im Grabe? Wollen wir etwa den Würmern etwas zu verbeißen geben, ehe sie an uns kommen? Dem Menschen gefällt nichts, was ein Bedürfniß verräth. Wir sind in Gesellschaft gewohnt, unsere Bedürfnisse zu verhehlen. Wir verehren Leute, die sich mit Wenigem behelfen, wenn nicht Geldgeiz die Waage hält. — Man glaubt, sie sind schon gestorben und auferstanden. Sie sind schon Vollendete.

Wer in einer großen Stube schläft, sagte der Graf, bedenkt nicht, wie klein der Sarg ist. —

Von unserm Körper heißt's im Tode: Lazarus, unser Freund, schläft, und es wird besser mit ihm!

Wer viel Leib hat, von dem könnte man eben so gut „entleiben" sagen, als nur von dem, der viel Seele hat, „entseelen" gesagt werden sollte.

Es ging Alles schwarz beim Grafen. Herr v. W — würde mit seinen Freudenfesten eben so wenig, als mit seiner drei Viertel=, halb und Viertel=Trauer, bei ihm Glück gemacht haben. Der Graf kam nicht aus der Verwunderung heraus, daß ich nur einen schwarzen Flor um den Arm trug.

Seine Bettdecken waren alle schwarz.

Es ist ein falsches Mitleid, was die Menschen von den Todtenbetten zurückhält, sagte der Graf. Böhmische Steine, anstatt Diamanten — Glanzgold. —

Der Graf liebte viel Lichter. Er schlief gerade auf dem Rücken, nie lag er auf einer Seite. Im Sarge, sagt' er, liegt Alles auf dem Rücken.

Die Jugend ist witzig wegen der Plane, die sie sich macht, um die Frage zu beantworten: Was werden wir essen? was werden wir trinken? womit werden wir uns kleiden? Dem Alter schmeckt das Leben am besten. Je weniger Wein im Keller, desto besser schmeckt er. —

Der Tod hat große Leute bei Büchern getroffen. Man wollte vielleicht des Todes Bitterkeit mit papierner Unsterblichkeit verjagen. — Vielleicht liegt eine Fassung darin, sich nicht in seinen Zirkeln stören zu lassen. — Ich, sagte der Graf, halt' es für Furchtsamkeit. —

Oft dachte der Graf an einen seiner besten Unterthanen, der beim Ungewitter unter einen Baum geflohen, und hier erschlagen worden. Auch der Baum war zu Boden geschlagen! Da ist ja Michel schon eingesarget, sagte der Graf, als er diesen Fall hörte, und ordnete an, daß dieser Baum zum Sarge gebraucht werden sollte.

Bis zum letzten Seufzer, sagt man. Warum nicht bis zum letzten Lächeln? Weil das Leben ein Jammerthal ist; und doch kommt der letzte Augenblick, die letzte Stunde, sehr oft, wie der Geist des Herrn, im sanften Winde. — Da sieht vielleicht die Seele den Engel, der sie aus Sodom führen will. Stehe auf, hebe dein Bett auf, und gehe heim!

Ein böser schneller Tod ist ein guter Mann, und ein böses Weib. —

Der Tod ist nicht Gottes peinliche Halsgerichtsordnung. Gemeinhin sprechen wir uns selbst das Todesurtel. Die Art des Todes gründet sich auf die Art unseres Lebens, wenn diese Todesart nicht schon eine Erbsünde ist. Der stirbt an Zangenrissen, an Stichen; der wird verbrannt, und stirbt am hitzigen Fieber; der wird gehangen, und stirbt am Schlagfluß. Wir sitzen Alle auf den Tod. —

Wo die Praxis nicht der Theorie vorgeht, da verdient sie kaum den Namen.

Jeder Schwindsüchtige, der unter meiner Aufsicht gestorben, hat den Wunsch geäußert, einen hohen Sarg zu haben! So sind die Menschen!

Der Graf hielt Ahnungen für Warnungen guter uns verwandter Geister, für Orangenblüthen, die wir noch aus dem Paradiese gebracht. —

Sein Trost war der Tod! Ich, sagt' er, bin nicht für leidige Tröster. Gemeinhin ist der Trost ein beglaubtes Zeugniß, daß wir mit leiden. Wir wollen uns überreden, der Tröster nehme einen Theil Leiden auf sich. Wir wollen gewiß seyn, daß Niemand froh und glücklich in der Welt seyn könne. —

Kunstrichter, die ihr diesen Hochgebornen Mann angreifen wollt, laßt ihn, wenn ich bitten darf — und ist es möglich, erlaubt mir die Frage: ob euch vindicta Lycurgi bekannt sey? Ein Studiosus, wie ihr, hatte dem Lycurgus ein Fenster eingeschlagen, oder, weil euch vielleicht die Lycurgische Geschichte nicht beiwohnen dürfte, es war das Auge selbst, das er ihm ausschlug. Das Criminalgericht beschloß in diesem besondern Casualvorfalle, den Jüngling dem Lycurgus zur Strafe zu übergeben. Was eröffnete Lycurgus für eine Sentenz? Schickt' er ihn in die Festung, oder in's Irrenhaus? Nein, die Hand, sagt' er zum Augenräuber! Studiosus gab sie, wie natürlich, Sr. Magnificenz mit Zittern und mit Beben, und Lycurgus? gab ihm die seinige, und so gingen sie Hand in Hand — in Lycurgus Haus, wo er ihn unterrichtete, nicht, wie arme Sünder, ehe sie hingerichtet werden, den schlachtcalecutschen Hähnen gleich, mit Katechismuslehren gefüttert und gemästet werden, sondern in Lebensregeln, und da der junge Mensch Candidat worden war, stellte er ihn vor das Criminalgericht und fragte dienstlichst an: ob sie mit diesem in Rechtskraft übergegangenen Urtel zufrieden wären? Kunstrichter, der Graf bietet dir auch die Hand dar, um dich sterben zu lehren. Bedenke das Ende, so wirst du dem Grafen kein Aug' ausschlagen. —

Gretchen empfing mich so froh, so gutthätig, daß wir uns beide Hände reichten. Zwar weiß ich es nicht mit vollständiger Gewißheit; indessen kommt es mir so vor, daß wir uns auch herzlich geküßt haben! — Ein unschuldiger Kuß! Wär' er wiederholt worden, hätt' ich ihn vielleicht nicht vergessen; alsdann wär er aber auch schon vom verbotenen Baume gewesen. —

Auf Gretchens Gesicht lag noch viel Schmerz; indessen waren es bloß Narben, welche nur bei Veränderung des Wetters die vorige Wunde in's Gedächtniß bringen. —

Ich fing an mein Haus in L— zu bestellen: ich hatte viel zu bestellen! So gern ich gleich noch bei Minchen's Grabe geblieben wäre, so wollt' und konnt' ich doch nicht füglich länger weilen. — Ein ganzes Tagewerk war, die Abhandlung von der Sünde wider den heiligen Geist von Anfang bis an's selige Ende zu hören; das Register bloß ausgeschlossen. Der Prediger hielt Comma, Colon, Semicolon, Ausrufungszeichen, (deren viel vorkamen,) Fragzeichen, und wie sie weiter lauten, diese himmlischen Zeichen, wie meine Mutter sie benamte. Ich werde mir vorstellen, fuhr der Prediger fort, als ob Sie mein Bruder wären, und nun brach er mit der Zueignungsschrift los, und that wörtlich so, als ob ich der königliche Rath wäre. Ich wollt' Ihnen, sagt' er beim Anfang der Vorlesung, keinen unbeseelten Odem mitgeben, keinen todten Körper, sondern ihm vielmehr einen lebendigen Odem einblasen und sie Ihnen emphatisch vorlesen. Er hielt Wort. Ausdruck, nicht Eindruck, machte diese Abhandlung. Man konnte drüber sprechen. Zum Weiternachdenken war sie nicht eingerichtet. Ein Unterschied, der gewiß weit her ist. Das Schlußwort-Register war das Amen dieser Taufhandlung. Der Vater übergab mir dieses sein wohlbestalltes Kindlein so feierlichst, wie man einem Pathen nur die Frucht seines Leibes übergeben kann.

Mit der Abhandlung sind wir also fertig. — Noch mehr aber lag mir in L— ob.

Meine Schuld drückte mich zu Boden. Der Prediger in L— war nicht in der besten Vermögensverfassung. Er hatte (dies und jenes erfuhr ich von ungefähr) verschiedene Auslagen bei Minen's Begräbnisse gehabt: Glocken, Erde, Träger und desgleichen. Dem Organisten mußt' ich auch eine gesegnete Mahlzeit wünschen: denn, wenn gleich eine Krähe der andern nicht die Augen aushackt, so hat doch unser Glaubensvater, Dr. Luther, in der vierten Bitte das Holz ausgelassen, welches nicht geschehen wäre, falls Dr. Luther Organist in L— gewesen, und wenn gleich der gute Organist schon den Abend beim Prediger sich's wohl schmecken ließ, so kostet es doch viel und mancherlei, einen Sohn auf der Universität zu haben, der künftige Pfingsten predigen und zeigen soll, ob er wüßte, wo er zu Hause gehöre? Oft hatt' ich schon dies Alles überdacht; allein meine Verlegenheit war bis jetzt noch nicht herrschend worden. Das Ende trug die Last. Wie ich stand und ging, trat ich meine Reise nach L— an, und wenn ich auch mehr

Zeit gehabt, oder mir mehr Zeit genommen, was hätt' ich mitnehmen können? Eben erwartet' ich mein Ausgeding von Hause. Wo Brod in der Wüste? Ohn' einer Bedenklichkeit Rede oder nur Gedanken zu stehen, ging ich hin, brach und las.

„Weißt du was *ἀνέχου καὶ ἀπέχου* sagen will? Dein Griechisch hast du nicht vergessen, das weiß ich. — Sollte der Geist dieser Worte von dir gewichen seyn? Das wolle Gott nicht! und die deutsche Note nebenher: In der größten Noth! — Ist sie dir entfallen? Prüfe dich, ehe du weiter brichst. Es giebt nicht bloß Geldnoth, sondern auch viele von anderer Art, z. E. Melchisedechs-Noth! — *ἀνέχου καὶ ἀπέχου* in der größten Noth! —"

Ich fand in dem Zimmer meines Amulets, das ich erbrochen hatte, Schaustücke. Ich zählte sie nicht, sondern nahm ihrer drei;, zwei für den Prediger, eins für den Organisten. Dem Letzten schickt' ich eins hin. Herr Prediger, sagt' ich dem Ersten, wegen der gehabten Auslagen. Ich zog den beiden Goldstücken kein weißes Hemd an; denn eben dadurch würd' es ein Geschenk, eine Verehrung, geworden seyn, und schenken, welch ein gräßliches Wort ist es unter Leuten, die empfinden können! Der Prediger kam mir mit einem gleich kalten: Wofür? entgegen, und nach einem kleinen Wortwechsel blieb's dabei, daß ich ihm die baaren Auslagen ersetzen sollte. Als Unterpfand, fuhr ich zwar eben so kalt und ehrlich, allein lange nicht so treffend und anständig, fort; ich habe kein ander Geld. — Ich brauche kein Unterpfand, erwiederte der Prediger, und um der Sache ein Ende zu machen, geben Sie die Auslagen, die sich auf 2 Rthlr. betragen, meinem Bruder. Dem, das wußte der Prediger, durft' ich mit einem Schaustück gewiß nicht ankommen. —

Daß man doch nicht umsonst sterben kann, sagte der Prediger. Wir sollen nicht sorgen für den andern Morgen; unser Arme muß weiter hinaus, und für sein Begräbniß sorgen — — wie der Mann mit dem einen Handschuh.

Der Organist erließ ein großes Danksagungsschreiben an mich, und bat höchlich sich's dagegen aus, die Stellen in seiner Abdankung zu streichen, worin er mir zu nahe gekommen, oder gar zu viel gethan. Ich würde kein Geld um Alles in der Welt willen nehmen, setzte er mündlich hinzu: allein ein ander Ding Geld, ein ander Ding solch Schauessen. Aß doch David von den Schaubrodten, rief er einmal über das andere aus. — Noch drang er mir eine ausgearbeitetere Abdankung auf, die ich aber nicht als Beilage C. ausstatten werde, eben weil sie ausgearbeitet war. Leute, die bloß Mutter Natur, und nicht Vater Kunst, haben, müssen werfen, nicht legen, Glück greifen, nicht sortiren. — —

Freilich hätt' ich bedächtiger mit meinem Amulet zu Werke gehen, und, wie meine Mutter, Ja und Nein in zwei Zettelchen schreiben, und eins von beiden ziehen können — indessen —

Was meint ihr Herren Kunstrichter, wenn ich die übrigen Goldstücke (es waren ihrer zwanzig) unter euch vertheilen sollte, wie es wohl Sitte in Deutschland war, und noch ist, wenn der Verfasser sich einen Titel, oder Amt, oder deß Etwas, an den Hals schreiben will? —

Noch war ich mit meinen letzten Dingen nicht fertig. Ich ließ mir die Taxe von den Sachen meiner Mine methodisch extradiren, gab Gretchen eine Abschrift des letzten Willens meines seligen Weibes, weil Gretchen mich darum bat. Grethe erhielt dies Andenken auf Minen's Grabe. Wir weinten Beide bei dieser Gelegenheit. Freunde, wenn alle Contrakte, alle Verabredungen auf Gräbern, an diesem Altar der Natur, geschlossen würden, was meint ihr? Ich liebte Gretchen nicht; allein ich liebte ihren Schmerz um Minen, und fand, daß es tief in unserer Natur läge, wenn man was Liebes verloren, sich sogleich mit was Liebem zu verehelichen. Einer Wittwe, einem Wittwer, ist vielleicht die zweite Ehe in den ersten sechs Wochen noch am ersten zu vergeben. Gretchen's Mutter wollte, das sah man, daß Gretchen meine Mine würde. Gretchen selbst verlangte feierlichst von mir, daß ich wenigstens (auf dies w e n i g s t e n s der Ton) noch einmal (auf n o c h e i n m a l wieder) nach L— kommen möchte, ehe ich von hinnen zöge. Des Grabes wegen, setzte sie mit einem Seufzer hinzu, der mir durch die Seele ging. Der Prediger dachte an weiter nichts, als an seine Abhandlung von der Sünde wider den heiligen Geist.

Lieben Leser! Kann ich dafür, daß ich so oft dran denken muß? Die Autorschaft könnte wirklich solch ein Punkt, solch ein schwarzer Fleck seyn, auf den man im Leben und im Sterben starr hinsieht, um alles Andere weit zu überwinden. — Oft ist sie's wirklich! Gretchen sagte mir gerade heraus, daß sie einen gefährlichen Eindruck befürchtete, den meine Abreise auf ihre unglückliche Mutter machen würde. Sie ist Ihnen gut, setzte sie hinzu (und ward roth, nachdem die Worte weg waren), als wären Sie Ihr Sohn.

Wenn sie nur nicht glaubt, sagte Gretchen: es sey eine Linde ausgegangen, wenn Sie abreisen. —

Diese Befürchtungen machten eine allmählige Entfernung von ihr vor meiner Abreise nothwendig. Vergessen Sie uns Alle und Gretchen nicht — sagte die Lindenkranke, da ich Abschied von ihr nahm. Gretchen küßt' ich nicht; allein beide Hände reichten wir uns. Ein paar Stunden vor meiner Abreise ließ sich der Justizrath Nathanael anmelden. Wenn ich nicht mehr da wäre, ließ er sagen, um meinen Schmerz nicht aufzubringen, nicht zu erneuern. Ich bat Gretchen, ihn zu grüßen. Mich? fragte sie. Sagen Sie ihm, ich wendete mich zum Prediger, daß Mine ihm von Herzen vergeben habe. — Gretchen hat das Testament. —

Und so kam ich mit dem künstlich gewindelten mir auf die Seele gebundenen Werklein von der Sünde wider den heiligen Geist nach Königsberg. Mein Gefährte sprang mir um den Hals, da er mich sahe, und herzte und küßte mich. Zu Hause? fing ich an. Seit ehegestern, erwiederte er, hause ich; ich hab es der Blonden in einem schwachen Stündlein versprochen, weil eben heut ein Lautenconcert, dem Vater zu Ehren, aufgeführet wird. Gestern war die Probe. Es ward bei der Probe Alles durch's Fenster gespielt. Heute bin ich in bester Form gebeten — aber du kommst mit, wenn nicht, so soll auch heute die wirkliche Aufführung durch's Fenster geschehen. Aber? fing ich an, ohn' auf's Mitkommen ein Wort zu geben, und sahe einen Stoß Bücher und Schriften. Beim Scherz muß Ernst seyn, beim Zeitvertreib Arbeit; dic, cur hic? Schön, dacht' ich, und v. G. (er hieß Gotthard mit dem Vornamen) fuhr fort, da hab' ich mir einige Bücher über Jagdgerechtigkeit und Jagdungerechtigkeit, über fas und nefas in dieser freien Kunst, nicht minder die kunterbunten preußischen

Jagdverordnungen geben lassen. Bruder, ein Studium, um den Tod zu haben! Freilich mehr als Jagdterminologie, wodurch man für Fund Zeitlebens sicher ist, und noch dazu Fund Andern zuwenden kann. Indessen sag mir, du bist doch ein kluger Kerl, wie kommen die regierenden Herren dazu, die Jagden zu Herrlichkeiten und Gestrengigkeiten zu rechnen, und sich darüber solche Rechte anzumaßen, als ob ihnen das liebe Wild näher wäre, als Schaafe, Ochsen allzumal? Da hab' ich schon gedacht, daß sie ihre allerunterthänigst treugehorsamste Sclaven nicht zu genau mit dem Wilde bekannt machen wollen, um sie nicht auf wildgroße Gedanken zu bringen, aus dem Schaafstall in's Freie. —

v. G — brachte mich durch einige Betrachtungen, die nicht aus dem Stalle waren, zum Ausruf. Bruder, exclamirt' ich, du entzückst mich; du bist, ohne die Concertprobe-Zeit abzurechnen, die du am Fenster verhört hast, noch nicht vier und zwanzig Stunden zu Hause, und sprichst so wahr! Und wenn ich immer zu Hause bliebe, fiel er mir jagdeifrig ein, gelt! dann wär' ich Sclave über Sclave. Nicht also, sagt' ich, wenn je die Freiheit noch einst in ihrer edlen einfältigen Gestalt auf Erden erscheinen soll, wenn je — so kann sie jetzt nur aus der Studierstube ausziehen. Der Heerführer Moses war unterrichtet in aller ägyptischen Weisheit. —

Da kam eben ein Bote, der mich mit zum Concert einlud. Man hatte mich kommen sehen und hoffte gewiß —

Ich war so wenig gestimmt, eine solche Dissonanz anzuhören, daß ich geradezu abschlug. Junker Gotthard, dem ein Menschenstimmhammer ohnedem nicht eigen war, und der keine meiner Herzenssaiten in Harmonie ziehen konnte, nahm indessen das Wort, sagte dem Boten: Ich werde ihn mitbringen. Dieser ging, und ich mochte wollen, oder nicht, ich mußte. Freilich, sagte Junker Gotthard, wirst du heute nur die Hochzeit sehen; die Verlobung ist vorbei, wie du zu sagen pflegest! Wer kommt indeß in der Welt immer zur Probe?

Herr v. G — hatte nicht die mindeste Neugierde, Geheimnisse zu hetzen, oder zu schießen. Ich reisete, ich kam, ohne daß er was, und wie, und wo wußte. Mein Herz brach mir über den guten wilden Jungen. Ich wußte wohl, daß Theilnehmung ein Wunder in seinen Augen sey, und doch sagte ich ihm Alles. Ohngesagt verstand er nicht, das wußt' ich, einen Herzensbruch, die schreckliche Ohnmacht eines beklemmten Herzens, den Worts-Tod auf der Zunge, das Beben auf der Lippe, wo man sonst mit sichtlichen Augen den Geist sieht, der den allerfeinsten Körper von Wort (wär' es auch ein bloßes Ach!) zu schwerfällig für sich findet. Ich sagt' ihm Alles, und mußte mich wahrlich zwingen, zu reden; denn wer kann in solchen Herzensnöthen, wer kann mehr, als abgebrochen seyn? Ich war diesmal so glücklich, solche Worte zu ertappen, daß ich den Junker Gotthard in Bewegung setzte. Bruder, sagte er, du jammerst mich! Das war viel!

Nach einer Weile: Wenn ich das gewußt hätte, ich hätte dich zu Hause gelassen, und wäre selbst zu Hause geblieben. Hiebei stand er auf; denn er saß bei seinen Jagdschriften. Hätte v. G — diese Periode nicht mit W e n n angefangen, was hätte ich mehr erwarten können? Was, meine Leser? Was fehlte denn zum thätigsten Beweis einer lebendigen, leibhaften Theilnehmung? O wär' es dabei geblieben! Si tacuisses! —

Schon war ich entschlossen, nach einem so guten Anfange meinem lieben v. G— Empfindung beizubringen, die Jagdwerke ohnvermerkt zuzumachen, um ihn zur Absage des Lautenconcerts zu bequemen, da er wieder, um seinen Ausdruck zu adoptiren, in's Zeug gesetzt war. Urplötzlich war er wieder da, mit Flinte und Tasche und dem Satanas.

Hättest du denn, fing er von freien Stücken an und setzte sich wieder, hättest du denn nur eine schmucke Mine? Bruder, erwiederte ich, und wollte was Anders sagen, Bruder, wir gehen auf's Concert.

Junker Gotthard wollte zwar seine Frage durch eine andere wieder gut machen, und schwor mir hoch und theuer, daß ich wie eine Wassersuppe aussähe, so verzweifelt wie ein gejagter Hirsch; allein unsere Empfindungsstunde war vorbei. Ich schloß die Sünde wider den heiligen Geist in den nehmlichen Kasten, wo mein

ἀνέχου καὶ ἀπέχου,

dessen Vorhang bis zum Allerheiligsten, wie mich dünkt, gezogen war, an einen Ort, doch so, daß sie nicht zusammen kamen. Zweimal schloß ich den Kasten auf, und legte sie jedesmal noch mehr auseinander, recht, als ob ich besorgte, sie könnten sich doch wohl zu nahe kommen und Schaden thun, und nun ging es an eine städtische Läuterung, die ich nicht nöthig gehabt hätte, wenn Grete die Heldin, prima donna, dieses Concerts gewesen.

Was ein ander Kleid, ein gewisses städtisches Wesen, eine gewisse Körpertracht, aus der der Tanzmeister alles schlichte, natürlich gute Wesen heraus gegeigt und herausgebrochen, machen kann, wird Jeder wissen, der in Rom und auf dem Tuskulan gewesen.

Ich ging mit meinem guten v. G — zum Concert, wo ich Lichter und Kleider von Gold und Silberstück über alle Maaß und Gewicht fand.

Was mir seit einiger Zeit dergleichen Pracht und Herrlichkeit widerlich ist! Ein wahres Theater! Da ging ich leise hin und her, ohne daß ich hörte. Ein paar Töne kamen mir so vor, als hätten sie was Aehnliches von den Glocken aus L —, und dann ein paar Adagiosstellen, als wären sie aus dem Liede: Nun laßt uns den Leib begraben, und das rührte mich so, daß mir Alles nicht etwa verkümmert war, nein, sondern so, als wär' es gar nicht. Der Herr des Festes sollte durch diese Solennität überrascht werden, mithin hätte er thun müssen, als wüßt' er nicht, was Trumpf wäre. Er wollte es auch, wie mich dünkt; indessen zeigte seine lichterloh brennende goldene Weste das Gegentheil. Alle sein Dichten und Trachten fiel zusehends dahin aus, daß ihm diese Feierlichkeit, die im Finstern geschlichen, nicht unbekannt geblieben. Er sahe leibhaftig wie das Ziel aus, nach dem geschossen ward.

Ich merkte bei aller meiner Zerstreuung, daß Amalia der schmucken Trine des guten Junker Gotthard's Abbruch gethan, und obgleich er gewiß mehr als eine in dieser Gegend (wieder sein Ausdruck) auf dem Korn hatte; so schien doch Amalia das Schnupftuch empfangen zu haben. Jene mit schwarzem Haar, wie Ebenholz, wobei eigentlich Junker Gotthard titulo institutionis honorabili zum Erben eingesetzet war, hatte es wegen der zehntausend Liebesgötter auf dem Busen, die bis auf zehn reducirt wurden, verdorben. Amalia hatte sehr wohlbedächtig diesen Abend Alles, was ihr nachtheilig seyn konnte, entfernet; sie allein wollte mit ihrer blonden Stirne siegen und mit ihrem wallenden, herauf bebenden Busen, und mit ihrem dahinfließenden Ordensbande, und mit Allem, was der Testator so pünktlich von ihr angegeben hatte.

Ich hörte es Amalien in der Kopie an (das Original, die Probe, war, wie bekannt, vorbei,) daß sie von ganzem Herzen dem Junker Gotthard zuspielte, daß ihr Herz alle seine Gedanken und Begierden der Laute anvertraut hatte, die Alles wieder raunte, was sie wußte! Nur Schade, daß es eine Laute war! Wenn's ein Waldhorn gewesen wäre, würde v. G— es eher verstanden haben. Den Lautenzug verstand er nicht. Amalien's Auge, das wahrlich nicht in's Ohr sprach, sondern vernehmlich sich ausließ, dies redende Auge verstand v. G.—, wie's schien, stellenweise. — Er war eine lebendige Seele worden. —

Vater und Mutter, obgleich beide auch bei dieser Gelegenheit so thaten, als der Hausvater beim heutigen Namenstage, konnten doch eine gewisse Freude von lichterloh brennender goldener Weste nicht bergen, welche sie über diese Augenvertraulichkeit (es war mehr als Augenumgang) verspürten.

Wenn ich den Junker Gotthard nicht als einen so jagdgerechten Jäger und einen, der mehr als eine schmucke Trine und schmucke Amalia zu lieben verstünde, gekannt, würde ich ihn stehendes Fußes gewarnt haben; allein jetzt, dachte ich, wird sich Alles geben. —

Da fand ich ein Glas voll Rosen, zwar außerhalb der Jahreszeit, wie Alles am Hof' und in der Stadt ist, doch anziehend. Vier Rosen waren aufgeblüht, und eine Knospe. Gott verzeih mir meine schwere Sünden, daß mir in einem Musikzimmer, bei so viel Glanz und

Lichtern, nur Mine einfiel. — Der gräfliche Todtengräber liebt auch viele Lichter, und man sage, was man will, Lichter (die Menge thut nichts dagegen) haben etwas Melancholisches, etwas von Mondschein bei sich. — Eine heilige! — meine heilige! — mein Schutzgeist — wie in diesem Saal der Eitelkeit? — Wie stimmet Himmel und Erde, Seligkeit und Weltfreude? Doch, war es nicht bei einer Rosenknospe, ihrem Ebenbild? —

Da war dies Knöspchen unter ihren aufgeblühtern Schwestern. Es schien gerungen zu haben, sich heraus zu helfen; allein vergebens. Bleich, abgezehrt, begab es sich in die liebe Geduld; es spürte wohl, daß es nie zum Aufbruch kommen würde. Gott, dachte ich, und sah gen Himmel! Eine Platzthräne fiel aus meinem zum Himmel andringenden Auge, das ich über diesen Rosenbusch hielt. — Diese Thräne entblätterte die Knospe. — Ob so, oder anders. Die Blätter fielen aus einander, und ich — — Wer so stirbt, der stirbt wohl. —

* * *

Ich ging, oder lief, wie es kam, wieder in die Stunden. Meine Abwesenheit war mir nicht nachtheilig — ich half mir selbst nach, und da ich mit den besten meiner Beigänger, oder Beiläufer, collationirte, fand ich hier und da eine andere Ader! Auch gut, dachte ich! Man muß Gott mehr gehorchen, als den Menschen. Man muß das Pfund, das uns der Herr anvertraut hat, nicht in's Schweißtuch vergraben, sondern es anlegen, damit es Früchte bringe zu seiner Zeit.

Mein Vater pflegte zu sagen: Alle Philosophie will den Menschen still machen. Erinnerst du dich nicht an schöne Abende, wo sich kein Blättchen am Baume bewegt, wo die ganze Natur, wenn ich so sagen soll, beim lieben Gott in der Kirche ist und Ihn, nur Ihn, anhört, und die Sphärenorgel; wo auch ein Lied: Freu dich sehr, o meine Seele, und vergiß all' Angst und Qual gespielt wird; allein wahrlich von anderm Inhalt, und wahrlich auch in andrer Melodie, als es deine Mutter singt. Wahrlich, die Philosophie will uns in Stille bringen! Es soll sich kein Blättchen an uns bewegen, kein Vergnügen, kein Schmerz soll bis zu unserer Seele eindringen, es sey denn der Schmerz, der Seligkeit wirket, der Schmerz wegen verletzter Pflicht. Nicht jeder Schmerz ist Traurigkeit; nur alsdann wird er's, wenn er bis zum Gemüthe kommt. Nicht jede Ruh' ist Fröhlichkeit; sie wird es nur, wenn wir das Vermögen besitzen, alle Vorfälle unseres Lebens aus dem Gesichtspunkte zu betrachten, der uns auf irgend eine Art an dem unangenehmen Vorfall ein Vergnügen verschafft, eine sonnbeschienene Stelle zeigt. — Wir sind leidend bei Affekten; schickt sich das für uns? Schickt sich, passiv zu seyn, für Männer? Man verachtet jeden Menschen, wenn er im Affekt ist; Weiber weniger, denn sie sind zum Leiden gemacht. Woher die Verachtung? Weil die Menschheit herabgesetzt ist, und die Thierheit auf dem Throne sitzt und tyrannisirt? Wohl, recht tyrannisirt. Beim Affekt tritt die dumme Figur ein: Pars pro toto. Der Theil ist so groß als das Ganze. Ein Theil der Bedürfnisse überwiegt Summa Summarum aller Bedürfnisse. Eine Neigung überwiegt die Sammlung aller Neigungen. Es ist ein Monstrum, ein Mannskopf und Kindsfuß, oder umgekehrt. Neigung ist schon Schwachheit; indessen behält sie noch immer eine Klarheit; allein im Affekt, wo bist du Sonne geblieben? Der Tag ist schier dahin. —

Alle Thiere sind des Vergnügens und Schmerzes, nicht aber der Freude und Traurigkeit fähig; denn diese entstehen nur alsdann, wenn wir von dem Hügel unsers jetzigen Zustandes unsern ganzen Zustand überschauen. So weit reicht das Auge des Thieres nicht, wär's auch ein Elephant. Der Mensch ist Thier; wenn er ergötzt wird, wenn er Schmerz empfindet, kann es ihm wohl verdacht werden? Nur außerordentlich freudig, außerordentlich traurig zu seyn, ist ihm unanständig.

Der Eifer für des Herrn Haus, der edle Zorn für die Rechte der Weisheit, die Entzückung über das Glück der Menschheit, kleiden einen Menschen, weil sie den Menschen dahin leiten, wo kein Affekt mehr seyn wird. Dies Reich Gottes (mein Vater nannte Reich Gottes was zwar hinein gehört, allein es eben nicht ist, Pars pro toto) wird schon in dieser Welt kommen, kann kommen; allein dort ist's gewiß, darum ewige Ruhe! Die Sünde ist der Menschen Verderben, und das Verderben ist die Quelle aller das Gleichgewicht habenden Leidenschaften, sie mögen übrigens seyn, welche sie wollen, angenehm oder unangenehm. — Am Ende sind sie alle unangenehm; glaubt mir!

Diese Predigt, welche meinen Lesern keinen Dreier in den Seckel gekostet hat, diese Wiederholung einer parenätischen Stunde, wie wandt' ich sie an? So wie man gemeinhin alle Predigten ohne und mit dem Seckel anzuwenden pflegt. Fast könnt' ich sagen, daß ich dies Alles angesehen, wie die Henne ihre Ausbrut junger Enten, womit sie die Hausmutter betrogen hat, wenn sie schwimmen. Es ist noch lange nicht Alles gesagt in der Welt, was gesagt werden kann, weit weniger ist Alles gethan. Was that ich aber? Was konnt' ich thun? Da Mine lebte, sah' ich sie überall. Ich studirte an ihrer Hand. Jetzt, da sie im Himmel ist, ruhete ihr Geist auf dem meinigen. Ich konnte nicht so glücklich seyn, in L—, wo ihre Gebeine ruheten, körperlich mit ihr zusammen zu seyn, und eben dadurch, nach der Meinung des Grafen, länger sie zu haben, länger sie zu besitzen. Es war mithin Alles im Geist. Wahrlich, unsere Liebe war Geist zu Geist, war himmlisch, war auserwählt. — Ich wallfahrtete, so oft ich konnte, auf alle Kirchhöfe, christliche und unchristliche, und las mir einen aus, wo ich Minens Andenken stiften wollte. Diesen fand ich an einer Kirche, die man die roßgärtsche nennt.

Der Tod, Freunde, ist natürlich fürchterlich! Der Denker, der sein eigen Licht hat, und der gemeine Geist, der sein Licht von der Sonne borgt, müssen gleicherweise ihre Zuflucht zur Kunst nehmen, um den Tod sich leidlich vorzustellen, und da kommt es mit auf die Oerter an, wo man uns hinbringt.

Gewölbe, sind das nicht Oerter, wo einem angst und bange wird? Der Moder, der Todtengeruch, womit wir unsere Kirchen verpesten, wie schrecklich zieht er dahin und daher, wenn er eingemauert wird? Bringt den Todten in die freie Luft, er ist lebendig. — Schließt den Gesundesten ein, er verweset. —

Meine Kirchhofsidee fand ich auf dem roßgärtschen Kirchhofe am gründlichsten in ganz Königsberg ausgeführt.

Ein vortrefflicher grüner Platz, mit Bäumen unordentlich besetzt, zuweilen viere nicht weit von einander, und unter ihnen ein Grab, das sie bedecken, zuweilen ganze Stellen als ein Wald, und dann ein Monument, wie verloren, nicht nach Regeln der Kunst, sondern schlechtweg gearbeitet. — Ein lebendiger Zaun unterscheidet einen kleinern Kirchhofstheil vom größern. — So vortreffliches Grasgrün auf diesem eingeschlossenen Platze, daß man sich das Auge daran stärken kann. Vielleicht wird hier das Taufwasser ausgegossen. Die andere Seite dieser Kirchhofs-Parenthese gehet nach dem Wasser. Dieser Einschluß, dieser Kirchhof im Kirchhof, dieser Status in Statu, nimmt die Gebeine der verstorbenen Herrnhuter an Kindesstatt an, die, nach dem sehr präcisen herrnhutschen Kunstworte, das auch dem Grafen v— eigen war, nicht sterben, sondern heimgehen. Da ich nach meines Vaters Weise bei allen dergleichen Dingen durch die große Pforte zu gehen gewohnt war, so blieb ich auch mit meiner Mine auf dem unverzäunten Hauptkirchhofe. O hier ist gut seyn! Man kann sich auf diesem Kirchhofe kaum des Gedankens erwehren, daß die Abgeschiedenen hier im Mondenschein sich regen und bewegen, wie meine Mutter sich ausdrücken würde.

Der Todtengräber dieses Sprengels wohnet ohnweit dem Kirchhofe; sein Hauptfenster gehet hinein. Da er mich unfehlbar mit einem Gesichte, worauf Tod und Begräbniß deutlich zu lesen war, herumwanken und Stelle und Ort suchen sahe, kam er mit einer eisernen Stange zum Vorschein, und fragte mich, was mein Begehren sey? Die eiserne Stange diente ihm beim Grabmachen', um zu versuchen, ob auch tief genug, ohne einem frischen Sarge zu nahe zu kommen, gegraben werden konnte. „Ich kann den Kirchhof empfehlen, wenn es was zu begraben giebt, fing er zu mir an. Wie sehr überraschte mich der Todtengräber mit seiner Stange und seiner Frage! Ich erwiederte ihm mit schwerem Herzen, daß ich ein Liebhaber von Kirchhöfen wäre, und eben einen getroffen hätte, der mir sehr gefiel. Sie sind nicht der Erste, der diesen Kirchhof schön findet. Der Graf v— besucht' ihn, so oft er nach Königsberg kam. Ich bin bei ihm einige Jahre im Dienst gewesen, setzte er hinzu. — So, dacht' ich, bist du ein wirklich ausgelernter zünftiger Todtengräber, bei solch einem Meister! —

Nach diesen Umständen fand ich es nicht länger schwierig, diesen ausgelernten Todtengräber in mein Herz tiefer hinein sehen zu lassen. Ich habe, sagt' ich, eine Schwester verloren, die ich sehr liebte, und an die ich gern hier auf diesem Kirchhofe denken will. Ich gehe darauf aus, mir einzubilden, daß sie hier begraben sey, um mich mit dem Andenken an sie desto fester zu binden, das dauren soll, bis daß auch ich begraben werde. Sterbe ich in Königsberg, versteht sich, ist hier mein Grab. Der Todtengräber, dem mit dergleichen idealischen Gräbern, bei denen er seine Stange nicht brauchen konnte, nicht im mindesten gedient war, widerrieth mir, obgleich er einige Jahre beim Grafen v— gedient, diese Imaginationen, die keinem Menschen was einbrächten, wohl aber dem, der sich mit ihnen in Vertraulichkeit einläßt, an Leib und Seele schaden könnten. Ich glaubte zu merken, worauf es bei diesem Ehrenmann ankäme, und nachdem ich mich seiner Gebühren halber erkundiget, und ihm noch einmal so viel in die Hand gesteckt hatte, als ein wirkliches Grab galt, weil ich ein idealisches Grab bei ihm bestellte, so fand er weniger Bedenklichkeit bei meiner Sache, und ließ es mir selbst über, ein Plätzchen für meine Phantasie auszusuchen. Er fragte mich zum Beschluß, wie alt ich wäre, und schüttelte, da ich ihm antwortete, den Kopf. Ich fragte ihn zur Wiedervergeltung, wie lange er beim Grafen v— gedient hätte, und schüttelte, da er mir antwortete: sieben Jahr! auch den Kopf.

Wir hatten, glaub' ich, Beide gleich Ursache zum Schütteln.

Ich suchte hin und her eine Stelle für mich zum Monument, und sah endlich einen Baum, den ein anderer nicht bloß angefaßt hatte; er hatte sich hinan gewunden. Der Todtengräber, der seine Amtspflicht vollbracht hatte, und mit seiner Stange nach Hause zu gehen im Begriff war, sahe sich zum Glück noch einmal um. Ich winkt' ihm nicht; allein er sahe die Frage im Auge und kam.

Ich. Diese Bäume —
Er. Von selbst zusammen.
Ich. Selbst?
Er. Ohne Menschenhände.
Ich. Und begraben?
Er. Ein junges Paar.
Ich. Paar?
Er. Wie ich sage. Schade, daß Ihr Verlust eine Schwester ist, sonst eine Stelle für Sie, wie gewonnen.
Ich. Wer zuerst?
Er. Sie.
Ich. Gott!
Er. Es war ein Mädchen, das Liebe hatte bei Jung und Alt. Die Eltern, wie's doch immer so geht,

wollten sie zwingen, und sie wollte sich nicht zwingen lassen. Sie liebte einen jungen Menschen, dessen Vater das ist, was ihr Vater ist. Kein Fingerbreit mehr, oder weniger. Die Eltern wollten höher mit ihr hinaus; endlich sahen sie, es ginge nicht, denn das Mädchen grämte sich zusehends. In der Gemeinde kenne ich meine Kundleute auf's Haar. Da sollten wohl zehn eingeschnürte verheimlichte Schwangerschaften der Hebamme des Kreises eher entgehen, als mir Eines, das an Grabes Bord ist, obgleich ich auch mich auf die gesegneten Umstände und Leibeserlösung, wiewohl nur nach Augenmaaß, verstehe. Ein Auge ist bei unser Einem die andere Hand. — Diesmal glaubt' ich schon, mich zu irren. Ich irrte mich wirklich; die Eltern sagten endlich Ja zur Heirath, und Alles sagte Ja. Das Mädchen erholte sich zusehends. Verlobungen kommen unser Einem selten zu Ohren. Die Leute halten mich für ein Stück vom Tode, für einen Verwandten des Todes, und wollen mit dem Tode bei dergleichen Gelegenheit nichts zu thun haben, obgleich der Tod immer hinterm Stuhle steht, es sey bei einer Verlobung, oder sonst. Es ist, dünkt mich, zu sehen, daß ich so gut lebendig bin, wie Einer, und wenn der Tod bedenkt, daß unser Einer ihm gewiß ist, und daß er ihn aus der ersten Hand hat, so geht er lieber auf die Jagd, als daß er nach dem Haushahn greift. —

Ich. Das Mädchen, Freund, das Mädchen erholte sich —

Er. Ja wohl erholte es sich. Ist die Verlobung nicht vorgefallen, so hätte sie doch vorfallen sollen. Es war Alles: Ja und Amen, und da starb es, wie eine Knospe Rosenroth, und nun ging's an's Heulen und Zähnklappen.

Ich. Und er? er?

Er. Er? weiß Gott wie's war, er ist am Tode gestorben. Es hat ihm so wenig gefehlt, wie Ihnen und mir. Sie starben einander so nach, wie Blitz und Donner. So was hat man bei Menschen Gedenken nicht erfahren! Die Nachbaren und desgleichen sagten nun freilich wohl, daß der liebe Gott an ihnen ein Exempel statuiret, weil sie doch vom verbotenen Baum essen, und den lieben Eltern der Braut ungehorsam werden wollten. Sie meinten es gut mit ihr, und dachten höher mit ihr hinaus. —

Ich. Ach Freund! Sie ist höher hinaus, wie wir Alle!

Er. Ja, wenn Sie's so nehmen, habe ich nichts dawider. Sonst pflegt's zu heißen: wer den Eltern nicht folgt, der folgt dem Kalbfell. Hier ging sie einen andern Weg, und er folgte.

(Das Sprichwort: wer den Eltern nicht folgt, folgt der Trommel, fiel mir so auf, daß ich aus der Weise kam; indessen erholte ich mich nach einer kleinen Weile, und lenkte das Gespräch zurück auf ihn und sie.)

Ich. Aber diese Bäume?

Er. Ein lebendiger Leichenstein, zum Zeichen der fröhlichen Auferstehung gesetzt. Ihr setzten seine Eltern diesen lebendigen Leichenstein, ihm die Mutter der Seligen, mit Zuziehung der Kirchhofs-Obrigkeit.

Ich. Mit bebender Hand. —

Er. Kann nicht sagen; was man setzt, muß mit Herz und Hand gesetzt werden, sonst geht's auch so fort. — — Ohne mich kann kein Grab gegraben und kein Baum gepflanzet werden. Auf diesem Acker bin ich, ohne Ruhm zu melden, Gottes Gärtnierer, so wie der Herr Pfarrer sein Diener ist in der Kirche. — Die Mutter der Seligen hatte den Glauben, daß dies Pärchen dort Hochzeit machen würde, obgleich ich's ihr ohne Ende und Ziel sagte, sie werden dort weder freien noch freien lassen. Noch kann sie Niemand von dem Gedanken abwendig machen; ich wenigstens gebe meine Kunst auf: denn sehen Sie, die Bäume wurden mit Herz und Hand so hingesetzt, mir nichts, dir nichts. Wahrlich ein stark Stück! Dieser Baum da, auf Ehre und Redlichkeit, schlang sich um den andern so herum, daß es nun freilich so aussieht, als wären sie um einander gewunden.

Wie mich diese Zugabe des Todtengräbers gerührt, mag jeder meiner Leser selbst empfinden, der sich dies in einander geschlungene Paar Bäume so lebhaft vorstellen kann, als ich! Da lag ich, und Mine im Geist in meinem Arm! Die Bäume — waren Linden.

Bis hieher hat der Herr geholfen, sagte Samuel, da er einen Stein zum Altar hinlegte, und auch ich; ihr wißt es, ihr heiligen Gräber und ihr Bäume, die ihr mit ihnen so nahe verwandt seyd, ihr wißt es, wie ich bei diesem Altar bewegt war, den ich nächst Gott Minen setzte. Der Todtengräber war weg. Ich allein. — Ein heiliger Schauder nach dem andern nahm mich, als wenn diese oder jene abgeschiedene Seele auf und in mich wirkte, und nun, da ich mir selbst zu schwer war, fiel ich auf Gottes Gartenacker, von wo ich beide Hände offen gen Himmel hob, als wenn mir Gott einen sanften, seligen Tod hineinlegen sollte. O wahrlich! ich bettelte darum. Siehe, da fiel ein welkes Blatt auf meine Rechte; dies nahm ich und ging gesegnet in mein Haus.

Noch liegt dies Blatt in der Bibel, die mir mein Vater auf den Weg gab. Wie mir diesen Einweihungsabend war, vermag ich nicht auszudrücken. Oft hab' ich ihn wiederholt, den vortrefflichen Abend, ohne daß mich der Todtengräber weiter mit seinem Spieß störete. — So oft wir uns überfielen, berichtigte ich ihm meinen Canon. —

Einen schönen Abend, da der Mond die Nacht regierte, ging ich tief andächtig zu meinem Altar, und siehe da, der königliche Rath kam, stellte sich vor ein Grab, sahe in den Mond und auf's Grab, wie's mir vorkam, so lange, bis die Thränen ihm nicht mehr erlaubten, in den Mond und auf's Grab zu sehen. Ich glaube nicht, daß er mich bemerkt hat; allein ich habe ihn weinen sehen, weinen, und das beim Mondenschein. O! wie schön die Thränen da aussehen! Er war mir von jeher schätzbar; seit diesem Abend aber war er es mir unendlich mehr. Es kamen und gingen viele Leute dieses Weges, und dies war das Einzige, was mir auf diesem Kirchhofe mißfiel und meine Andacht unterbrach. Denn wahrlich, die Wenigsten sahen, wie der königliche Rath, in den Mond und auf ein Grab, bis die Thränen es nicht mehr verstatteten. Die Wenigsten wallfahrteten einer Mine wegen an diese heilige Stätte. Ich hab' ihn auch nie mehr an diesem Grabe weiter gefunden; allein nie bin ich seine Thränenstelle vorbeigegangen, ohne daran zu denken, daß dieser in der Welt so gefaßte Mann hier weinte.

Bei dieser Gelegenheit freue ich mich, auf den königlichen Rath zu kommen, der, wie alle Obristen im Volke, nur des Nachts, nur beim Mondschein, weinen konnte.

Die Abhandlung überlieferte ich sogleich nach meiner Ankunft dem Verleger, ohne, nach der dem guten Prediger gegebenen Verheißung, seinem Bruder hievon einen Strahl leuchten zu lassen. Ich indessen stellte auf meine eigene Hand dies Werk und den königlichen Rath zusammen, und überzeugte mich je länger je mehr, daß ihm mit der Zuschrift nicht sonderlich gedient seyn würde. Ich erzählte dem königlichen Rath meine Geschichte mit aller Treue, und hatte Gelegenheit zu bemerken, daß er, auch ohne in den Mond zu sehen, empfinden und Theil nehmen konnte. Es war hoch am Tage. — Weinen nur konnt' er ohne den Mond nicht. So lieb, als in meine Stunden, und wären sie auch beim Professor Großvater gehalten, ging ich in seine kleine Abendgesellschaften, wo ein königlicher Rath, sein College, ein Officier, ein Prediger und ich, mit Leib und Seele waren. Selbst, wenn er es nicht länger aussetzen konnte, und er ein Mittagsmahl gab, wo mehr gegessen und getrunken und weniger gesprochen ward, und wo der königliche Rath, sein College, der Officier, der Prediger und ich, nichts mehr thaten als vorlegen, selbst da hielten mich manche Anmerkungen schadlos, die der königliche Rath zuweilen zum Besten gab. — Es ist viel, einen Mann von seinem Stande zu finden, der zu Gott, der Natur, und zu sich selbst zu kommen verstand, wie sein College Nicodemus zu Christo. Der College des königlichen Raths, mein Mitgast, ein Mann von anderm Schrot und Korn, hätte nicht geweint, wenn sich der Mond gleich seinetwegen alle Mühe gegeben. Man nannt' ihn ein juristisches Genie, das heißt, er fing seine Sentenzen nicht mit Alldieweilen, sondern mit Alldieweil an; schrieb nicht: Wie Recht ist von Rechtswegen, sondern von Rechtswegen; ließ den Buchstaben h bei vielen Worten weg. — —

Das letztemal, da ich diesen Altar besuchte, ließ ich es darauf nicht ankommen, ob ich dem ehemaligen siebenjährigen Bedienten des Grafen v. — und jetzigen wohlbestallten Todtengräber des roßgärtschen Kirchhofs, oder Gottes Gärtnierer, in dem Sinn, wie der Prediger des Orts Gottes Diener ist, begegnen würde. Ich war verbunden, ihm Minens Grabmal zurück zu treuen Händen zu liefern, und mich mit ihm, neben dem Dank für dieses Begräbniß der Einbildung, auf eine wirklich fühlbare Art abzufinden, des Canons ungerechnet, den ich ihm, so oft ich ihm begegnet, abzutragen für Pflicht gehalten. Ich klopfte an sein Fenster. Gleich, war seine Antwort, und da stand er auch mit seinem Spieß in der Hand, den er lächelnd ansahe, nachdem er mich gewahr ward. Er war es nicht gewohnt, daß ich ihn auf diese Art aufrief; sich zu begegnen war eingeführt. Hier, fing ich an, lieber Freund, gebe ich dies Grab, frei von aller Einbildung, die bis jetzt darauf haftete, zurück. Die Gebeine des guten Paares, das in dieser Welt, des Ja und Amens unerachtet, nicht zusammen kommen konnte, das an der Liebe starb — mögen wohl ruhen! Ich ziehe mit meiner Todten von dannen, die dies Grab, so lange ich sie hier beigesetzt, nicht beunruhiget hat. Mein Begräbniß war geistig gerichtet. Da wollt' ich wetten, sagte der Todtengräber und stützte sich auf seinen Spieß, diesem Paar wird es ein Vergnügen gewesen seyn, ein ander Paar guter Freunde bei sich zu sehen! Die Gesellschaft kann auch den Todten nicht unangenehm seyn. Von jeher sind Kirchhöfe gewesen. Hier fiel mir die Sterbensmethode des Grafen ein, die auch auf Gesellschaft hinausging. Von der Erde, womit der liebe Gott von Anfang, da er Himmel und Erde schuf, diese Kugel bestreute, so wie meine Hausmutter alle Sonntage unsere Prunkstube, wird wohl schwerlich viel mehr übrig seyn. In dieser Anfangserde war freilich kein pulverisirtes Gebein; allein unsere jetzige sind wir selbst, bis auf die Seele! — — Nach diesen Betrachtungen, welche der Todtengräber in beliebter Kürze und Einfalt, auf seinen Spieß gelehnt, nicht ohne Bewegung der Hände, bald zur Rechten, bald zur Linken, hielt, und worin ich seinen Hochgebornen Meister in Lebensgröße fand, berichtigte ich ihm meine Schuld, und er kam zur Nutzanwendung seiner angefangenen heiligen Rede, die zwar seinem Text nicht angemessen war, die indessen aus gutem Herzen quoll. Vor allen Dingen, fing er an, schenke Ihnen der liebe Gott Glück und Segen und ein langes Leben! Bei Ihnen verliert der Todtengräber nichts bei lebendigem Leibe; wenn ich aber bitten darf, begraben Sie Ihre Einbildung auf diesem schönen Kirchhofe, wo es Ihnen gefallen hat. Jeder Platz soll Ihnen gehören, den herrnhutschen grünen Einschluß nicht ausgeschlossen. Es ist keine Schwester, der Sie hier im Geist ein Grabmal errichtet! Ich weiß, was Schwester sagen will. Die begräbt man ohne Einbildung, und, wenn ich's selbst nicht wüßte, mein Weib weiß mehr, als das. Da stirbt kein's vom königlichen Hause, was ihr nicht voraus gemeldet wird. Wunderbar verkehrt sie im Schlaf mit den Geistern. Das Paar, das unter den zusammengewachsenen Bäumen schläft, ist ihr mit dem Herzen zusammengewachsen. Sie läßt auf dies Paar nichts kommen. Sie, mein Herr, haben eine Braut verloren.

Ja, sagt' ich, meine Mine! — Den Namen wußt' ich nicht, erwiederte er. — Geister haben keinen. Minens Geist, Freund, heißt Mine, fiel ich ein. — Einbildung, und diese Einbildung, wenn ich bitten darf, begraben Sie sie. Es ist Raum in der Herberge. Das Grab haben Sie reichlich bezahlt! Ich will es eigenhändig machen. Sie sind jung, und wissen nicht, was solch eingebildetes Wesen für Folgen hat. Seit einiger Zeit war mein Vorsatz, Sie aufzusuchen und Ihnen diese Lehre zu wiederholen, die ich Ihnen beim Miethskontrakt nicht verhielt. Konnt' ich aber so grob seyn, und Sie aus der Miethe setzen, ehe Sie sie mir selbst aufzukündigen genehm finden würden? Heute Alles, wie gerufen. — Der Todtengräber belegte seine Ermahnung mit einer Geschichte, die vor Kurzem ihre Endschaft erreicht hatte. Es verdroß mich, daß so Etwas auf dem roßgärtschen Kirchhofe geblieben, ohne daß ich in meinem Quartier der Stadt davon eine Todtenglocke gehört.

Was liegt nicht Alles auf den Kirchhöfen begraben! In großen Städten ist Vergnügen der Inhalt. Das Wort Tod ist hier so contreband, als das unhallische Salz in Preußen. Hier ist diese Geschichte, womit ich diesen Kirchhof schließe, so wie ich ihn mit einer Geschichte meinen Lesern öffnete. Zuvor eine Todtengräber-Bemerkung, die meinen Lesern nichts Neues ist, daß mehr Leute an der Liebe sterben, als an den Blattern. Die Schuld hievon gehört auf die Rechnung des Zwangs, den man den Menschen auflegt. Man hat so viel über die Klöster geschrieen; allein wahrlich jeder Staat macht recht geflissentlich ein großes Kloster aus sich! —

Die Geschichte.

Ein Eigenthümer von einigen Hufen Acker und einem kleinen artigen Häuschen, hatte einen Sohn und eine Tochter. Eltern und Kinder lebten in so glücklicher Ruhe, daß der Pastor loci selbst zu sagen pflegte, es wäre ein patriarchalisches Leben, das sie führten. Der Sohn kam in's Jahr, in dem sein Vater geheirathet hatte. Dies fiel dem Alten an seines Sohnes Geburtstage ein, und er forderte ihn selbst auf, an dies heilige Werk der Natur zu denken. Der Sohn hatte schon daran gedacht, und entdeckte dem Vater seine Absichten. Anwerbung, Verlobung und Hochzeit waren so nahe zusammen, daß Alles wie eins war. So sollt' es auch immer seyn. Gretchen, so will ich die Tochter des Hauses nennen, (ohne Pastors Gretchen in L— im mindesten zu nahe zu treten,) hatte das größte Recht von der Welt, zu erwarten, daß ihre Mutter sie eben so auffordern würde, als es der Vater in Rücksicht ihres Bruders nicht ermangeln lassen. Sie war ein und zwanzig; ihre Mutter hatte im zwanzigsten geheirathet. Diese Aufforderung blieb aus. Böse war es hiebei nicht gemeint; die Mütter haben gemeinhin die Rücksichten nicht in diesem Punkte für ihre Töchter, die die Väter für ihre Söhne haben. Gretchen machte diese verfehlte Aufmerksamkeit ihrer sonst lieben Mutter nicht die mindeste Sorge. Sie fiel ihr nicht einmal ein. Wann werden denn wir, sagte Hans, ihr Geliebter, es so machen, wie dein Bruder mit seinem Gretchen? Hans war nicht mit seiner Liebe in der Festung; allein völlig im Freien war er auch nicht. Er war nicht bloß auf die Wälle eingeschränkt, sondern konnte Sonntags und Festtags Gretchens Eltern besuchen, Gretchen sehen, ihr verstohlen die

Hand drücken, und beim Weggehen ihr gerades Wegs die Hand geben; bei welcher Gelegenheit ihm aber die Hand so zitterte und bebte, daß er sie kaum hinlangen konnte. War Niemand dabei, als Gretchen und Er, war sie ihm fest in allen Gelenken. Es war ein starker Hans an Leib und Seel. Gedacht mögen die Eltern über Hansens Liebe viel haben; allein gesagt hatten sich Vater und Mutter kein Wort. Unser Paar liebte sich so inbrünstig, als man nur lieben kann, und doch so unschuldig, so rein. — Gretchen hatte ihrem Hans viel von dem schönen Meyergute erzählt, das ihr Bruder mit bekäme, und Hansen, obgleich er kein anderes Eigenthum, als eine unbefangene Seele, und ein Paar gesunde Hände, besaß, wäre es nicht eingefallen, daß das Gütchen, worauf Gretchens Eltern waren, ihm mit Gretchen zufallen würde, wenn Gretchen ihn nicht selbst darauf gebracht hätte. Der Sohn, der sonst das nächste Recht gehabt, war jetzo wohl versorgt. Das liebe Eigenthum; es hat mehr Unheil, als dies, angerichtet. Hans machte sich den Kopf so warm mit allerlei Entwürfen, die er, wenn Gott will, auf diesem Gütchen ausführen würde, daß sein Paar gesunde Hände am Werth verloren. Gretchen merkte, daß Hans mit Etwas umging; indessen wußte sie nicht, was es war. Einst sagte sie ihm: Du hast da Etwas im Kopf, und sollst doch nur Etwas im Herzen haben. Hans indessen hatte Gretchen bei seinen Entwürfen nicht vergessen. Alles macht' er an ihrer Hand. Ein Stück uncultivirtes Land wollt' er erziehen, uud es sollte Gretchenfeld heißen. Dort sollte ein Gang angelegt werden, und der sollte Gretchenball genannt werden. Der arme Hans! Was ihm sein Gütchen, das er nur in Gedanken besaß, schon für Gedanken machte! Gretchen hatte ihm so viel von der Anwerbung und Verlobung und Hochzeit ihres Bruders erzählt, daß nichts darüber war, nur einen Umstand hatte sie verschwiegen, daß nämlich ihre Schwägerin einen Bruder hätte. Die Meierei, welche das neue Ehepaar bezogen, lag zwei Meilen von dem Gütchen, das Hans in Gedanken, und sein künftiger Schwiegervater wirklich besaß. Nach einiger Zeit kamen das neue Paar und die Seinigen, Gretchens Eltern zu besuchen. Der erste Stoß, den Hans an's Herz erhielt, war die Nachricht, daß Gretchens Schwägerin einen Bruder hätte. Auf diesen Umstand war Hans nicht gefaßt. Und warum? fragte er sich selbst, warum hat sie mir das gethan, und kein Wort darüber verloren? Sich so in Acht nehmen, wer kann das ohne böses Gewissen? — Hans hatte nicht so ganz unrecht, so zu fragen; allein Grete war unschuldig, wie die Sonne am Himmel. Es blieb nicht bei dieser Unruhe. Hans ward zu den unschuldigen einfachen Gastmählern, welche in dem Hause seiner Schwiegereltern angestellet wurden, nicht gebeten. Zwar hätt' er diese Tage für Festtage ansehen und von selbst gehen sollen; allein dieser Entschluß, wenn er gleich zuweilen wollte, konnte nicht aufkommen. Gretchens Bruder, der voll von seinem Weibe war, und der seinen leiblichen Bruder darüber in den Tod vergessen hätte, besuchte zwar Hansen, seinen alten guten Freund; indessen war es nur so beiläufig. Hans, der einmal in's Auslegen gekommen war, deutete Alles zu seinem Nachtheil. Das schöne Wetter schien ihm als von Gretchen bestellt, um mit ihrer Schwägerin Bruder spazieren zu gehen, und auch der Regen gehörte auf ihre Rechnung; damit sie ungestörter mit ihm lieben konnte, regnet' es. Sieh! dacht' er: auch selbst von der Natur will sich die Ungetreue und ihr Liebling nicht einmal stören lassen. In diesen Vorstellungen vergingen einige Tage, die Hansen in der Hölle und Qual nicht hätten wärmer seyn können. Nun sehnte er sich nach Gretchen, nicht, um von ihr diese Räthsel lösen zu lassen, sondern ihr Vorwürfe zu machen, und ihr das Gütchen wieder zurückzugeben, das er von ihr erhalten, und eben nun begegnete ihm Gretchens Vater, der ihn bei der Hand nahm und zum Abend einlud. Wo so lang gewesen? fragte der Alte. Hans antwortete nur bloß durch eine Pantomime, indem er den Hut abzog und wieder aufsetzte. Hans ging mit dem Alten, und Alles kam ihm verändert vor. Es war ein Kälberbraten aufgetischt, und Gretchens Mutter fing an: Da kommt ja Hans recht zum Verlornensohn = Braten. Das Verlorne fiel ihm sehr auf. Gretchen war zwar freundlich gegen Hansen; allein eben, weil sie freundlich war, fand er Nahrung für seinen Argwohn, und was weiß ich, was er aus ihrer Unfreundlichkeit geschlossen. Nach dem Abendessen ging man in die Luft, und da Gretchen den Fremden in dem Gütchen herumführte, und ihn alles Schöne desselben mit Aug' und Händen greifen ließ, kam es Hansen nicht anders, als eine Schlange vor, die in Gestalt eines Junkers den Herrn Christum auf der Zinne herum führte, und ihm das Alles anbot, wenn er niederfallen und ihn anbeten würde. Der Fremde fand Alles so allerliebst, daß er mehr als einmal den Wunsch fallen ließ, wie ihm dies Gütchen viel besser als der väterliche Meierhof gefiele, der ihm bestimmt war. Nun war Hans bis zur letzten Stufe der Verzweiflung gebracht. Gretchen, die seine Unruhe merkte, wollte sich mit ihm eine Lust machen, und schien den Fremden aufzumuntern. Sie war froh und lächelte, weil sie sahe, daß Hans sie so liebte, und Hans that froh und lachte auf eine recht schreckliche Art. Dies war der letzte Abend, den die Gäste bei Gretchens Eltern zubrachten. Hans hörte unaufhörlich bitten, wenn es ihnen Allerseits gefallen, doch bald wieder zu kommen. Auch Gretchen bat. Hansen kam es vor, daß es bloß seinem Nebenbuhler galt. Sah sie ihn nicht an? fragt' er sich. Hans ging voller Verzweiflung von hinnen. Er lachte, da er ging. Den andern Morgen, als er Alles zusammen rechnete, (bis dahin lag Alles ungezählt, unberechnet) was er gesehen und gehört, war sein Entschluß gefaßt, wozu Gretchen ihm die Hand bot. Es jammerte sie sein. Sie wollte ihren Vielgetreuen beruhigen, und legte es recht geflissentlich an, mit ihm in's Feld zu gehen. Er, gleich da. Was ist dir aber, fuhr Grete fort. Es wird sich, erwiedert' er, im Freien geben, sollte ich denken. — Gretchen wollt' es anfänglich heimlich machen, endlich entschloß sie sich, von ihren Eltern die Erlaubniß zu diesem Gange zu erbitten. Dies kleine Opfer, dachte sie, bin ich Hansen wegen des Kummers schuldig, den ich ihm gemacht habe. Mit Hansen? sagte der Vater und lächelte. Die Mutter sagte: So? und lächelte desgleichen. Gretchen hätte zu keiner erwünschtern Stunde diese Erlaubniß bitten können. Vater und Mutter hielten in Gegenwart Gretchens einen Rath über sie und das Ende war: Grete sollte Hansen zum ehelichen Gemahl haben. Ja doch, sagte der Vater, ich muß Jemand haben, der mir zur Hand geht; allein halt' ich's nicht mehr aus. Ja doch, sagte die Mutter, der es jetzt einfiel, was ihr längst hätte einfallen können, daß sie schon ein Jahr früher geheirathet hätte. Grete stand da, so froh, daß sie ihren Eltern vor Freude nicht danken konnte. Das, dünkt mich, ist der beste Dank, für Erkenntlichkeit nicht zum Dank kommen können. Dieses Gespräch hielt Greten über die Zeit auf, die verabredet war. Hans war schon unruhig. So fand sie ihn. Du wirst schon ruhig werden, dachte sie; hiebei zielte sie auf den Rath, den ihre Eltern gepflogen hatten; allein sie ließ sich nichts merken. Anfänglich wollte sie ihr Lustspiel fortsetzen. Hans war ihr aber zu ernsthaft. Sie besann sich bald, und zog ein ander Kleid an; das natürlichste, das beste. Ihre Eltern hatten sogar ihr nicht verboten, Hansen zu sagen, was geschehen war, und wär' es ihr verboten gewesen, wie hätte sie sich helfen können? Lieber Hans, fing sie an, und nahm ihn bei der Hand. Ha, dacht' er, Mitleiden! Wie es mit solchem Mitleiden ist, wissen wir Alle. Solch Mitleiden ist das empfindlichste, was ich kenne. Nichts thut so weh, als dies. Mitleiden kann zuweilen der Liebe Anfang seyn, noch öfter aber ist es das Ende der Liebe und ein schreckliches Ende! Du bist böse, daß ich so spät gekommen, fing Gretchen an. Betrügerin, dachte Hans, ohne mehr zu sagen und zu thun, als sich den Hut tiefer zu setzen. Jetzt waren sie so weit, daß sie von dem väterlichen Gütchen völlig entfernt waren. Nur zwei Stiere, die sich von der Heerde verlaufen hatten, waren ihnen nachgekommen, worüber sich Gretchen wunderte, Hans aber nicht. Eben wollte Gretchen ihrem Hans erzählen, was vorgefallen war, und wozu sich ihre Eltern von freien Stücken entschlossen hätten, als Hans sie faßte, sein Mordmesser zog und ihr zehn Wunden beibrachte. Seine Hand zitterte und bebte nicht, als wie vorhin, wenn er aus ihres Vaters Hause ging, und Gretchen öffentlich die Hand reichte. Gott! schrie sie, Gott! nimm meinen Geist auf! Sie war über und über mit Blut bedeckt, und schwamm in ihrem Blute. Die Stiere brüllten auf eine so schreckliche Art, daß dem Mörder ihrentwegen das erste Grausen ankam. Sie kamen hinzugelaufen, als ob sie diese That verhindern wollten, sie liefen davon, als ob ihnen der Anblick zu schwer würde. Nun fragte Hans lächelnd (es war das letztemal, daß er lachte): Wen willst du jetzt lieben, Ungetreue? Dich, antwortete Grete, und Blut schoß aus ihrem Herzen. Dich, wiederholte sie und drückte Hansen auf eine Art die Hand, daß er seinen ganzen entsetzlichen Irrthum einsahe. Jetzt hatte er der Stiere nicht mehr nöthig; das Grausen kam von selbst. Er warf sich auf die Erde, schrie nach Rettung, sprang auf, eilte selbst, Hülfe zu suchen, in ein benachbartes Städtchen — und fand den Wundarzt nicht an Ort und Stelle. Alles hatte er Gretchen zur Hülfe aufgeboten. Nun kam er, wie ein Verdammter, der um einen Tropfen Wasser bettelt und ihn nicht erhält, und fand den Wundarzt, den Gretchens Eltern aufgefunden, fand die Eltern selbst, die ihm mit offenen Armen entgegen kamen. Einem Tochtermörder! Grete hatte diese That auf einen Andern ausgesagt, der sie überfallen, und hiebei hatte sie Hansens starke Hand gepriesen, die sie zu retten unermüdet gewesen. Gott, diese Unwahrheit, betete sie im Herzen, vergieb sie mir! Die Eltern hatten ihr zugeschworen, Hansen das Gütchen zu lassen, und nun, voll des Danks und der Erkenntlichkeit, kamen sie ihm entgegen, fielen auf die Blutflecken, die sie an seinem Kleide gewahr wurden, als so viel Beweise seines Edelmuths. Für jede Wunde, die Grete erhalten, umarmten sie ihn! — Es kostete Hansen kaum so viel Mühe, zu morden, als die Eltern zu überreden, daß er Mörder sey. Sie glaubten, er hätt' aus zu großer Liebe den Verstand verloren. Je gütiger Gretchens Eltern gegen ihn thaten, je schrecklicher klagte Hans sich an. Wenn er Gott und Alles, was heilig, zu Zeugen aufgerufen: er sey der Thäter; so sahen ihn Gretchens Eltern so mühselig, so beladen an, als wollten sie sagen: der arme Junge, wie ihn Gretens Schicksal übernommen hat! Und wenn er ihnen das Mordmesser zeigte, drückten sie ihm die Hände, weil sie Gretchen so mächtig beschützet. Wenn er es gen Himmel hielt und schwur, bogen sie sanft seine Hände zur Erde. Niemand wußte, woran es mit Hansen war. Lieber Sohn, fingen die Eltern an, du bist mehr todt, als sie! Endlich ging Allen ein Licht auf. Hans ward eingezogen. Er sahe die Gerichtsdiener, die ihn fesselten, als seine Wohlthäter an, die ihm den Tod, das einzige Verband für seinen Schmerz, mitbrachten! — Der Abschied war rührend. Er bat Gretchen um Vergebung; sie versicherte, daß sie ihm nichts zu vergeben hätte, und da sie endlich einsahe, daß alle ihre Bemühungen, Hansen zu retten, vergebens wären, rang sie die Hände, und weinte so herzlich, daß selbst die Gerichtsdiener zu weinen anfingen. Hansen ward der Proceß gemacht. Er konnte die Zeit nicht abwarten, sein Todesurtel zu hören. Wenn ich doch an einem Tage mit ihr sterben könnte, das war der einzige Wunsch, den er noch in dieser Welt hatte. Eben an dem Tage, da sich die Richter einigten, daß Hansen, als einem Unmenschen, der den Vorsatz gehabt, auf der Landstraße zu morden, sein Leben auf eine schreckliche Art, vor aller Welt Augen, genommen werden sollte, war es ausgemacht, daß Grete außer Gefahr sey. Sie erholte sich nach diesem Tage zusehends, und es war die Frage: ob es gut sey, Gretchen Hansens und Hansen Gretchens Schicksal zu entdecken? Die Frage wurde noch bei herzensguten Leuten problematisch abgehandelt, da schon weniger herzensgute Menschen der Beantwortung zuvorgekommen waren. Hans wußte um Greten, und Grete um Hansen. Im ersten Augenblick war es Hansen anzusehen, daß ihm über Gretens Aufkommen der Kopf herum ging. Da er sich aber besann, und noch dazu hörte, daß Grete durchaus nicht leben wollte, schrieb er an sie wie folget:

> Es ist genug, Du lebst, und ich will fröhlich sterben! Dein Blut wird mir nicht vor den Augen fließen, wenn ich für meine That bluten werde. Nun darf ich an meiner Seligkeit nicht verzweifeln, und an meinem ewigen Leben. Meine Hand ist mir von den Ketten nicht so schwer, als vom Herzen. Vergieb Deinem Mörder, und bete für Hansen. Dank dem, der mich verhört hat. Mit dem edlen Mann hat Tod und Leben, Gesetz und Menschlichkeit gekämpft. Wünsch' ihm in meinem Namen ein langes glückliches Leben, und geh nicht heraus, wenn ich ausgeführet werde. Reise, wenn es Deine Gesundheit erlaubt, dahin, wo ich Dich erschlug, und schreie ein Vater unser für mich. —

Dieser Brief, anstatt daß er Kraut und Pflaster zur Beruhigung für Greten seyn sollte, nährte ihren Gram. Er brachte ihr empfindlichere Wunden bei, als

Hansens Mordmesser. Niemand hatte Hansens Tod erwartet. Hans nahm sein Urtel als Gottes Ausspruch an. Grete war außer sich. Sie wollte für ihn sterben. Die Geistlichen löseten die Wundärzte ab, um ihr Ruhe zuzusprechen; allein vergebens. Das Wollen, schrie sie, nicht das Vollbringen. Wenn Gott strafen sollte, was wir wollen, wer könnte vor ihm bestehen? Sie sprach wie alle Leute, die außer sich sind, so weise, so vernünftig, daß sich Jedes wunderte, wo sie alles dieses her hatte, was wirklich über ihr war. Es war kläglich anzusehen, daß diese beiden Menschen ohne einander nicht leben, nicht sterben konnten. Grete trat, ohne daß Hans es wußte, den König an. Sie sind ein Mensch, schrieb sie, Monarch, und machen sich eine Ehre daraus, es zu seyn! Schenken Sie Hansen das Leben, oder nehmen Sie es mir, so und nicht anders ist uns Beiden geholfen. — Der König verwandelte die Todesstrafe in eine einjährige Festungsstrafe, und alle Welt sagte, daß dieses ein Salomonisches Urtheil wäre. Um solch ein Urtel zu sprechen, wer wünschte sich nicht König zu seyn! Hans wäre gar nicht in der Festung gewesen, wenn nicht Grete seine Strafe mit ihm getheilt hätte. Dies war das Einzige, was ihm schwer zu tragen war. Seine Ketten waren ihm nicht lästig. Nach so viel Kummer und Noth, ging endlich die Sonne über dieses treue Paar auf. An das Gütchen, in welchem Hans so viele Veranstaltungen in Gedanken getroffen, war nun nicht mehr zu denken. Sie wollten beide weder Land noch Leute dieser Gegend sehen, und entschlossen sich, um sich recht zu verbergen, nach Königsberg zu ziehen. Sie waren eben zum drittenmal aufgeboten, da Hans in ein hitziges Fieber fiel und starb. So entscheidet Gott, der Herr, wenn gleich Könige anders entscheiden. Seine Wege sind nicht unsere Wege, seine Gedanken sind nicht unsere Gedanken. Grete fiel an Hansens Begräbnißtage in eine solche Schwermuth, daß sie jetzt im Irrenhause, wiewohl in einem bessern, als den gewöhnlichen Zimmern, gehalten wird. Gott, was hat Grete verbrochen, daß sie gelacht hat? Sara lachte auch, und Gott segnete sie mit dem Sohne Isaak; und Grete? im Irrenhause. Ihre zerrüttete Einbildungskraft läßt sie glauben, Hans sey auf dem Richtplatze aus der Welt gegangen. Sie macht beständig eine Bewegung mit der Hand, als köpfe sie! — Hans liegt auf dem roßgärtschen Kirchhofe zur linken Hand, am kleinen Ausgange, begraben.

Diese Geschichte hab' ich aus einem Aufsatz genommen, den ein armer Candidatus Theologiä zu einem Jahrmarktsliede entworfen, zu singen von einem lahmen Bettler, auf die bekannte Melodie: Es ist gewißlich an der Zeit. Der Todtengräber, der nur sehr unvollständig diese Geschichte erzählte, behändigte mir diesen Entwurf, den ich ausgezogen habe.

Wahrlich, Freund Todtengräber, wer seine Einbildungskraft begraben kann, hat sich leicht gemacht! Wie könnt' ich aber Minens Andenken zurücklassen?

Schlüßlich stieß ich auf drei ausgegangene Bäume, und mein Lehrmeister versicherte mich, daß, nachdem die Familie, die hier ihr Erbbegräbniß gehabt, ausgestorben, sie in einem Herbst alle drei ausgegangen wären. Das ist nichts Neues, setzte der Todtengräber hinzu. Es haben sich viel Hunde um ihren Herrn zu Tode gegrämt, und die Stiere, die in dieser Geschichte vorkommen, sind ein neuer Beweis, daß die Bäume gewußt, wenn es

Zeit zum Ausgehen war. Ich bat den Todtengräber, diese Mordgeschichte dem Grafen zu übersenden, welches er mir aber abschlug. „Ich muß so etwas aufbewahren, um es ihm hier vorzusetzen.“

Ich schließe den Kirchhof, ehe das Stadtthor für mich geschlossen wird. Wer mir aber dergleichen Vorgriffe übel nimmt, kann mir mehr übel nehmen, wenn es ihm so beliebt. — So sehr mir diese Geschichte auffiel; so war ich doch nicht im Stande, Greten im Irrenhause zu besuchen, um ihren schrecklichen Scharfrichter-Handgriff zu sehen! —

Wenn es ausgemacht ist, (und nichts ist gewisser, als dies,) daß die wahre Philosophie eine Sterbekunst sey; so legt' ich mich mehr auf die Philosophie, als auf irgend Etwas. Um reich zu seyn, braucht man nicht Geld nicht Gut, sondern Mäßigkeit. Gute Führung beehrt uns, nicht Würde. Wer lang und glücklich leben will, sey sein eigner Herr, im philosophischen Sinn! Wer die Welt verachten will, hab' eine Mine im Himmel! — Mine war der philosophische Text, über den ich studierte. Ueberall war sie. Je mehr ich studierte, je mehr fand ich: gesunder Verstand sey täglich Brod. Wörterkram, Schnirkelei aber, kopfverderbendes Gebackniß. Wenn mein Vater redete, (docirte, wenn man will, denn ich leugn' es nicht, daß der Lehrton ihm wie eine Klett' am Kleide hing,) hatt' er jederzeit etwas in der Hand, Messer, Scheere, ein Buch, einen dem Wachslicht abgenommenen Bart, einen Zahnstocher, kurz, ohne was Körperliches war er nicht. Er schwur immer einen körperlichen Eid, wenn ich mit Verzeihung der juristischen Genies mich so erklären darf. So was hilft die Sache sinnlich machen. — Er knetete die deutlich zu machende Sache durch, würd' ein Anderer gesagt haben; er nicht — ich auch nicht. — Gott der Herr hatte ein Chaos, aus dem er die Welt allmählig herausrief, und wenn ich's recht bedenke, ist was Körperliches vielleicht darum in der Hand gut, um für den Gedanken ein Kleid, für den Geist einen Körper zu finden. Gott ehre mir Leute, die Hand und Mund zugleich bewegen, war, wie wir wissen, meines Vaters Losung. — — Der Kirchhof in L—, der roßgärtsche Kirchhof in Königsberg, das waren mein Messer, Buch, Scheere, Wachsbart, Zahnstocher.

Die Alten brauchten den Tod, als ein Mittel der Aufmunterung. Ich ahmt' ihnen nach, wiewohl auf andere Weise, die aber nichts zur Sache selbst thut. Hätt' ich, einsam in mich verschlossen, der Welt das Rauhe zugekehrt: da wäre freilich nichts Kluges herausgekommen. In Gesellschaft gefällt das Wundersame; in der Einsamkeit schadet es.

Ich habe schon meinen Lesern meinen Studierplan ad unguem vorgerissen. Ich war darum auf der Akademie, um mich vor Irrthümern protestando zu verwahren. Mein Vater stand keinem Menschen das Recht zu, ohne Rand zu schreiben, und auch, wie er sich uneigentlich auszudrücken pflegte, ohne Rand zu sprechen. Wir sind Menschen, setzte er hinzu. Man muß sich mit keiner Schrift so einverstehen, daß man es dabei läßt: Es stehet geschrieben. Was mündlich vorfällt, ist Scheidemünze. Was ist Ihre Meinung, lieber Professor Großvater? Was? Ist's genug, daß die erste Erziehung negativ sey? oder muß jeder Unterricht cum reservatione reservandorum negativ seyn? Ich denke ad Zwei, Ja. Willst du ein collegium charitativum anordnen, willst du causa cognita rechtliches Erkenntniß eröffnen? In allen Stücken will ich hören! — denn dazu bin ich, und du zum Lesen (Gott helf' dir!) berufen. Würde mein vorgeschlagener Weg gewandelt, wahrlich wir wären selbst im speculativen Fache ein wenig weiter, nicht eben in Rücksicht von Sonne, Mond und Sternen, sondern unserer selbst, der Welt in nuce, in compendio. — Wahrlich, das sind wir. Der Mensch hat einen innerlichen Sporn zur Thätigkeit. Er will durchaus, daß die Leute selbst mehr von ihm sagen sollen, als an ihm ist. (Obgleich der Philosoph durch sich selbst, und nicht durch sein Aeußeres, sich vom Haufen unterscheidet, obgleich alle Affektation ein Mangel wahrer Vollkommenheit, ein Mangel menschlicher Vollständigkeit ist.) Woher dies? Der Mensch dringt durchaus zum Positiven. Glaube mir, hohe Schule! Wenn jeder positive Jüngling, nach rühmlichst zurückgelegter academischen negativen Bahn, weiter ginge: was würde da nicht zum Vorschein kommen? Mehr, als in vielen überdachten Beantwortungen gleich überdachter Preisaufgaben! Wie selten ist der Mensch, Mensch, wie selten kann, wie selten darf er's seyn! O! wenn er's doch immer wäre. — Tausendmal um Vergebung, sagte Herr v. W — und Herrmann: Tausendmal unterthänigst um Vergebung, wenn von Jemandem wo ein Schnack mit andern Umständen erzählt ward, als Herr v. W — oder der schnackreiche alte Herr ihn zu wissen das Vergnügen hatten. Es hat ehegestern gefroren, sagt Herr v. G —. Tausendmal um Vergebung, fällt Herr v. W — ein, und der alte Herr nimmt sich die Erlaubniß, tausendmal unterthänigst um Vergebung zu bitten. Warum tausendmal? erwiederte Herr v. G. —:

ich sag's einmal, und warum um Vergebung? Hat's nicht gefroren; so sagen Ew. Hochwohlgebornen und Hoch=Edlen: es hat nicht gefroren. Hat es aber gefroren; so halt't Beide das Maul! Mit der Vergebung bleibt mir in alle Wege vom Leibe. — Vergebt eurem Schuldiger, wie Gott euch vergeben soll. So der brave v. G. —. Mein Vater würde diesen Auftritt auf philosophische Noten setzen, und sich also verlauten lassen: Der Mensch fühlt sich berufen zur Thätigkeit; wenn ihm Jemand in die Quere kommt, schlägt er aus, mit dem Munde nehmlich. Beim Einwurf wird er aufgehalten, dieser Renner nach dem Preise, und das ist freilich unangenehm. Daher: Pardonnez — Verzeihung! Weg mit diesem französischen unphilosophischen höflichen Halt! Laßt den Herrn v. G— den ältern erzählen, was ihn gut dünkt, laßt Jeden seine Meinung sagen. Wer hindert euch, dagegen gerades Weges und ohne Bückling einzuwenden? Jeder Mensch hat in der Welt gleiche Rechte. Das ist so, und das ist nicht also, kann Jeder sagen. Auf diese Art würde sich, von wahr und nicht wahr Alles fein abgezogen, der Ueberschuß schon finden, den diese Behauptung vor jener hat, und jene vor dieser! — So käme das Positive, ohne unser Gebet, allmählig zum Vorschein, wenn wir erst recht negativ gewesen. Nach langem Regen die Sonne. Und bliebe dann so Manches, aller Mühe unerachtet, unentschieden; mir schon recht. Man wüßte denn doch, woran man mit solchen unzuentscheidenden Dingen wäre, die jetzt so oft ungebührlich auf Wetten ausgesetzet werden, obgleich hier nichts zu wetten ist.

Was meint ihr Herren Gelehrten, wären Universitäten nicht die Plätze, wo dergleichen Streit geführt werden könnte? Es versteht sich, nicht über den Umstand, ob es ehegestern gefroren, oder nicht? Und über diesen und jenen Schnack, den Herr v. W— anders, und Herrmann anders gehört haben.

Bei unsern jetzigen Verfassungen siehet man offenbar ein, wie nützlich und selig es sey, gewissen Dingen ein Ansehen beizulegen, sie zu Würden und Ehren zu bringen, und sie dabei zu erhalten. Eben so siehet man auch ein, wie wenig die Sache sich von selbst zur Strenge, zum Ernst berechtige; und was ist zu thun? Man würzet gesundes Essen, man hängt sich einen langen schwarzseidenen oder wollenen Mantel, eine Reverende, um die Schultern, man theilt Stock und Degen aus. Der Mensch ist von seiner Unwichtigkeit, sobald er sich in's rechte Licht stellt, vollständig überzeugt, und dies bringt ihn zum Lustigen, obgleich es noch eine zum Streit auszusetzende Frage wäre: ob der Mensch zur Lustigkeit geboren sey? Das Klügste, was ein unwichtiger Mensch anfangen kann, ist, lustig seyn. Das sehen wir an unsern Alltags-Einfällisten. Die einzige Rolle, die der Mittelmäßigkeit angemessen ist, ist fröhlich und guter Dinge seyn. Seht euch um! Alle mittelmäßige Leute sind es von Herzens Grunde. Sie haben nicht umsonst Verstand. Wer kann nicht Vögel leiden, die lustigsten Thierchen auf Gottes Erdboden? Der Professor Großvater erzählte, einen Tauben gekannt zu haben, der sich Vögel gehalten, blos des Springens wegen! — Meine Mutter würde freilich das Singen vom Springen nicht scheiden, da es die Natur zusammengefügt hat; was konnte aber der Taube dafür, daß seine Ohren verschlossen waren?

Man lasse die Menschen bei ihrer Lustigkeit, der

ersten Thränen unbeschadet, womit wir alle das Taufwasser verstärkt haben, und des ältesten biblischen Buchs unerachtet, welches ein Trauerspiel ist. — Ließen sich doch die Stoiker selbst zu öffentlichen Bedienungen brauchen; da gibt's genug zu lachen. Und Epikur! war er nicht ein allerliebster Weiser? Warum sollten wir den Menschen nicht zugestehen, zu hüpfen, wenn sie nur nicht luftspringen; und ihr grundgelehrte Herren selbst, die ihr darauf bedacht seyd, Alles trocken zu sagen, Allem ein Ansehen beizulegen, ein gewisses Ceremoniel einzuführen, wobei sich Jeder gerade halten, ein steifes Kleid anlegen und im bloßen Kopfe gehen muß — wenn ihr doch den Versuch machen möchtet, auf alle diese steife Etikette Verzicht zu thun. Sagt eure Wahrheiten immerhin trocken, gebt uns kalte Küche, nur schreibt uns die Bratenkur nicht vor, wenn wir gesund sind. Thut nicht so ernsthaft, wo zu lachen ist. Hängt euch nicht eine Reverende von Worten um, wo es auf Sachen ankommt. Ich weiß, Kleider machen Leute; allein nicht unter Männern, denen das Denken obliegt. Warum das ermüdende Ceremoniel, das, sobald es aus eurem Tempel in's Freie gebracht wird, lächerlich ist? Gehört denn dazu so viel Kunst, zu sagen: Wir wissen nichts! und das ist doch das Ende aller eurer Kunst. Wahrlich eine menschliche Kunst, die aber natürlich vorgetragen werden muß, wenn sie Frucht bringen soll in Geduld. Was ist denn positiv, so wie ihr es nehmt, hochgelahrte Herren? Das Format des Positiven ist Duodez. Warum doch alle die Formalien, wo es auf Ja und Nein ankommt? So sey eure Rede! Was darüber ist, sagt, ist es nicht vom Uebel? Wir leben nicht mehr im alten Bunde, sondern in der christlichen

Freiheit, wo das Ceremonialgesetz, Gott sey gedankt! abgestellt ist; warum wollt ihr solch einen Kopfzwang, solche Daumenschrauben, einführen? Gestehet aufrichtig, legt ihr es nicht recht geflissentlich darauf an, das Allerleichteste schwer zu machen, das Lichte zu verfinstern, und euch vom Leben zu entfernen? Hat denn diese Welt nicht Mühseligkeiten genug, und ihr wollt sie noch mit mehr Drangsalen belästigen? Seht! Ich vergelte nicht Böses mit Bösem, nicht Kunstwort mit Kunstwort, ich begegne nicht trockenen Wahrheiten mit trockenen Einfällen, obgleich trockene Wahrheiten und trockene Einfälle Gevattersleute sind und in canonischer Verbindung stehen. Wie kann ich euch aber retten, wenn sich dergleichen trockene Einfällisten wirklich fänden, die euch über kurz oder lang darstellten, wie ihr seyd? — Um des armen Menschengeschlechts willen bitt' ich euch, laßt ab vom Ziegelstreichen und von egyptischer Dienstbarkeit, und vom Morde der geistvollen Knäblein; und wollt' und könnt' ihr nicht? Es wird ein Moses kommen, der uns nach Canaan führt, wo Milch und Honig fleußt. —

* * *

Daß das Studieren tröste, hab' ich erfahren. Der einzige Trost in der Welt, wenn ja die Welt Trost hat, liegt in den Wissenschaften. Selbst die Unvollkommenheit unseres Wissens ist tröstlich; die edle Art, uns zu zerstreuen, die den Wissenschaften eigen ist, hat weder die Welt, noch Etwas, das in der Welt ist! — Die Wissenschaften allein können zerstreuen! — In ihnen liegt Lehr- und Trostamt eines guten, eines heiligen Geistes, den der Vater in unsern letzten Tagen gesendet hat, denen zur Stärke, welche ob dem Jammer, ob dem Elend dieser im Argen liegenden Welt danieder liegen! Wir haben die Natur, die Freiheit verlassen, und uns selbst in die Festung gebracht. Die Wissenschaften sind da, um uns wenigstens in der Festung eine gute Aussicht zu verschaffen, um uns die Zeit zu vertreiben.

Studieren ist eine Art von Geisterseherei, eine Empfindung höherer Kräfte, ein Vorschmack des Himmels! — Die Alten, welche die Ideen der andern Welt nur für schöne Träume hielten, wußten nicht, wie dieser Trost eigentlich mit den Wissenschaften verbunden war, wo er eigentlich zu Hause gehöre? —

Uebrigens hängt dies Leben an einem seidenen Faden. Wir leben nur einmal, wir haben nur eine Seele zu verlieren. Ein Mensch, der im Himmel, das heißt, überall, nur im Planeten Erde nicht, zu Hause gehört, sollte aus Paris, London, Rom, Athen seyn? Unser Wandel ist im Himmel. Wir wollen Herzhaftigkeit haben, aus Gottes Welt, aus uns selbst zu seyn. —

Den Menschen kennen lernen, heißt: den besten Theil der Wissenschaften gewählt haben. Das soll nicht von uns genommen werden! Wenn uns Alles verläßt, behalten wir uns doch! —

Ich werde noch Gelegenheit haben, von meinem akademischen Lebenslauf ein Wörtchen zu geben. Will man dies Wörtchen in Rücksicht, daß das Studieren eine Art von Geisterseherei ist, so übersetzen: ich werde einen Geist erscheinen lassen! Auch gut! Einen guten Geist, versteht sich. Alle gute Geister loben Gott den Herrn! — —

* * *

Ich verließ, wie es meinen Lesern nicht unbekannt seyn kann, Gretchen eben zu einer Zeit, da sich der Justizrath Nathanael zwei Stunden zuvor in dem Widdem (Pastorat) anmelden ließ. Meine Leser wissen, daß ich Gretchen bat, ihn zu grüßen, und daß sie dagegen fragte: mich? — Ich küßte Gretchen nicht, da ich von hinnen zog, wohl aber, da ich vom besonderen Grafen kam; wenigstens glaub' ich es so. — Nichts war mehr zu vermuthen, als daß sich der Justizrath seiner Anmeldung gemäß einfinden würde. — Auf die Verlobung folgt die Hochzeit, wenn kein Einspruch geschiehet, wenn nicht wo der Wagen bricht, oder andere Hindernisse sich in den Weg legen. Nathanael kam wohl behalten in das Wirthshaus in L—, aus welchem er zuvor Kundschafter sandte, ob ich auch wirklich schon abgereiset wäre? Und da er Ja zurück empfing, kam er mit einer ganz frisch aufgepuderten Perücke, und so stattlich ausgezieret, daß der Prediger sehr um Verzeihung bat, daß er ihn so alltäglich fände. Meine Leser wissen zwar schon, daß er seinen Erlaß erhalten; allein dies war ein Wort aus gutem Herzen, das auch oft zur Unzeit fällt. Nathanael war jetzt, da er seine Aufwartung in L— machte, auf das allerunterthänigste Gesuch um seinen Erlaß noch nicht beschieden, und konnt' auch noch nicht beschieden seyn. Das erste und letzte Wort des Nathanael war Mine! Und dies schien die einzige Ursache, warum Gretchen auf alle seine Fragen antwortete. Er ließ sich das Grab zeigen, und weinte herzlich, wie Petrus, da er seinen Meister verrathen hatte. Da ihm Gretchen die Stelle in Minens Testament, auf die Erinnerung des Predigers, (von selbst that sie es nicht) zeigte: „Sag' ihm, wenn Du ihn in dieser Welt sprichst, daß ich ihm von Herzen vergeben habe," weint' er so heftig, daß er die Hände brach und sich an die Stirn schlug, ohne seine aufgepuderte Perücke und die stattliche Verzierung zu bedenken, womit er ausgerüstet war. Der Prediger hatte sein ganzes Trostamt nöthig, um ihn wieder in's Geleise zu bringen. Mein Gruß, den ihm Gretchen warm bestellte, kostete ihm neue Thränen; allein er tröstet' ihn auch. Die Predigerin selbst lief nicht mehr vor ihm. Seine Thränen hatten sie aus dem andern Zimmer herbeigelockt. Nathanael konnte nicht aus L— kommen. Jetzt bedauert' er, daß er zwei Stunden vor meiner Abreise sich melden lassen und nach vieren vor derselben gekommen wäre. Dies Alles machte den Nathanael bei den Frauenzimmern erträglich, ohne daß hiebei auf seine mühsame Dekoration gesehen ward, die der Schmerz, nach seiner Gewohnheit, ziemlich in Unordnung gebracht hatte. Man bat den Nathanael sogar, noch länger zu weilen, um von Minen und mir erzählen zu können. Nathanael blieb in Mitbetracht des Mondscheins. — Seine Bitte war die Erlaubniß, Minens Andenken in L — öfters feiern zu dürfen, die ihm selbst von der Predigerin bewilliget ward. Ohne Thränen aber nicht, fügte diese gute Hanna hinzu. Zu befehlen, beschloß Nathanael, und fuhr seine Straße weinerlich. Der Prediger, Hanna und Gretchen begleiteten ihn bis — an den Mond, hätt' ich bald geschrieben — bis in's Freie. Alle sahen auf Minens Grab, und es kam Jedem so vor, als wenn der Mond hier ganz besonders sich hingewandt und es beblitzet. — Was meinst du, Einzelner! es ist doch gut, wenn man Freunde nachläßt, die beim Mondschein nach unserm Grabe sehen. — Nathanael, der, ohne daß

Gretchen es empfunden, so oft es die Thränen nachgegeben, sein Auge nicht von ihr gelassen, war so erbaut von allen diesen Vorgängen, daß er — weg war. Am Heck sang ein Bauermädchen ein bekanntes Volkslied in gleich bekannter Melodie, indem sie das Heck öffnete:

Der Mond scheint hell,
Der Tod reit't schnell!
Fein's Liebchen, graut dir auch?

Das fehlte noch dem Nathanael, um von ganzer Seele seinen Abschied zu wünschen, und einem Plan nachzuspüren, in den Gretchen mitgehörte. Nathanael wiederholte seinen Besuch, ohne sich weiter melden zu lassen. Gretchen blieb, wie sie stand und ging. Vater und Mutter bedachten die erneute Perücke des Nathanael und sein sonstiges Schnitzwerk, und halfen sich nach. Gretchens Nachlässigkeit machte Nathanael noch verliebter. Mine und ich blieben die Hauptmaterien. Nathanael kam auch der Ermahnung der Hanna, nie ohne Thränen, nach; indessen wußt' er je länger je mehr es so einzurichten, daß er Gretchen einen begehrenden Blick zuwandte, den Gretchen nie auffaßte. Sein Funke zündete nicht. Jetzt war die Erlassung gekommen, die Keinem in Preußen schwer wird, und wäre Nathanael das A und O in Staatssachen gewesen, da er es doch jetzt nur im Justiz-Collegio war. Der König von Preußen hält Keinen. — „Wenn der Tod ihn will, muß ich nicht auch wollen?" ist sein königlicher Grundsatz. — Ein König muß sich zu Allem gewöhnen lernen, so wie sich Alles zu ihm gewöhnt.

Mit einer Freude, die ihres Gleichen nicht hatte, kam Nathanael nach L—, entdeckte dem Prediger, sein Vermögen zu einem kleinen Gütchen ohnweit L— angelegt zu haben, und hatte ohne Promemoria Herz genug, dem Prediger sein Anliegen näher zu legen. Nathanael war diesmal noch geputzter, wie je, obgleich ihm schon zuvor nichts abging. Der Prediger erwiederte, diesen Antrag in Erwägung zu nehmen, und Nathanael trat ab, wie alle Partheien, wenn die Richter in ihren Sachen erkennen wollen. Der Prediger trug Frau und Tochter mit einer kleinen Anrede die Sache vor, und kleidete Alles in eine wohlgemeinte Rede über die Worte ein: Willst Du mit diesem Manne ziehen? Da ging Gretchen über manchen unverständlich gebliebenen Blick ein Licht auf. Hanna hatte tausend Bedenklichkeiten, die aber alle tausend in den Umstand zusammen kamen, daß ich — Gretchen ward roth. — Nun, sagte der Prediger, wenn das ist, desto besser; ich bin ihm wegen meiner Sünde wider den heiligen Geist tausend Verbindlichkeiten schuldig. Er hatte schon längstens den Erfolg seines Auftrags in Händen. — Wenn er mit dir so umgeht, wie mit dieser Abhandlung; hast du gewonnen Spiel. Fein Papier. Der schönste Druck. — Die Recensenten werden wider diese Verbindung kein Wort haben. Der Beschluß war, dem Justizrath Nein zu schreiben, weil Gretchen mit mir eins wäre. — Nathanael hatte gebeten, ihm sein Urtel schriftlich zuzusenden, welches er als publicirt ansehen würde, und war voll Erwartung der Dinge, die kommen sollten, heim gereiset. Den andern Morgen fiel dem Prediger die Frage ein: ob ich denn wirklich mit Gretchen eins wäre? Und da man Alles zusammenhielt, fand man mich in weitem Felde — im weitesten. — Es giebt nicht alle Tage Nathanaels, sagte der Prediger, der diesen ganzen Vorfall seinem Bruder zu referiren und die Sache seinem Schiedsspruch zu überlassen antrug. Hanna trat bei, und bat nur, das Testament in dieser Relation abschriftlich beizufügen, als ein Document, woraus ganz deutlich hervorginge, daß ich Gretchen heirathen müsse.

Der Haupteinwand, den Gretchen aber für sich behielt, war, daß, obgleich sie mit zwei Accenten verlangt, daß ich wenigstens noch einmal nach L — kommen sollte, ich doch in so langer Zeit nicht gekommen. — — Zwar hatt' ich geschrieben; allein, da war auch keine Spur, die dieses Obgleich heben, oder nur mindern können.

Ein Brief von mir an Gretchen, der meine Reise nach Göttingen eröffnete, gab Allem eine andere Wendung. Der Prediger sahe diesen Brief als eine göttliche Schickung an. Die Predigerin selbst war der Meinung, daß die Relation nicht abgehen dürfe. Er hat doch keinen Amtswachtmeister mehr, setzte Hanna hinzu, und Gretchen? Sie hätte freilich bedenken können, daß ihre Eltern arm wären, und ihre Mutter noch obenein lindenkrank; allein dies war ihr wenigster Kummer. Es ist nicht die einzigste und sichere Art, Mädchen durch Schmeicheleien zu fahen. Man sollte kaum glauben, was in einem unbefangenem Weibsbilde Raum hat. Eine Großmuth, die über allen Ausdruck ist. Ich getraue mir zu behaupten, daß man ein Mädchen durch Beleidigungen eben so weit bringen kann, als durch Liebkosungen. Wenn nicht Curländer geradeüber gewohnt und ihr Herz durch buhlerische Blicke verdorben haben, was kann sie nicht? Wißt ihr, Freunde, wer die größten Menschenfeinde sind? Die, denen die Menschen am meisten Gutes gethan. Diese Beglückten empfinden ihren Unwerth, sie wissen am besten, durch was für Wege sie sich Dies und Jenes erschleichen, und eben dies macht sie zu Menschenfeinden. — Unglück, Freunde, das man duldet, leitet uns oft zur genauesten Menschenliebe. — Daher Freud und Leid, Sarg und Hochzeitbette so nahe verwandt! Nichts ist natürlicher, als daß Gretchen Ja sagte. Sie hätt' es gesagt, wenn gleich Nathanael nicht so geweint, als er gethan, wenn er gleich den Abschied nicht genommen. Gut ist gut; allein besser ist besser. Einer der Buße thut, ist besser, als neunzig, die der Buße nicht bedürfen. — Ehe es sich noch schickte, die Bedenkzeit zu schließen, wiewohl Alles schon bedacht war, erschienen Se. Hochgebornen, der hohe Eingepfarrte, mit einer Anwerbung — auch für Nathanael. Das Nathanaelsche Gütchen stieß an eines des Grafen. Wer viel im Himmel haben will, muß sorgen, daß die Welt fruchtbar sey und sich mehre. Man gab, um Alles fein und schön zu machen, dem Grafen die Einwilligung mit, und siehe da! Nathanael und Gretchen ein Paar! — Eins hätte Gretchen sich gern ausbedungen, wenn es sich geschickt hätte. Sie wünschte, daß Nathanael, der sonst eben nicht unleidlich war, seine Haare wachsen, oder sie wenigstens mit seiner Perücke so verheirathen möchte, daß man nicht wüßte, ob's Natur oder Kunst, eigen Haar oder Perücke wäre. Die Natur trägt ihr eigen Haar. Solche Wünsche heben in der Ehe sich von selbst. Das Weinen ließ dem Nathanael, wie Hanna versicherte, nicht übel. Die erweinte Röthe, welche sich von einer andern, ohngefähr wie das Taufwassergrün von andern unterscheidet, gefiel Greten selbst. Ueber das Weinen ließ sich Hanna aus: „Es kleidet wenigen Leuten, Lachen steht fast Allen gut; darum lassen sich die Menschen fast alle im Lächeln malen." — Wer war glücklicher, als Nathanael? Daß du es doch immer seyst, gutes Paar, ich wünsch' es von Herzen! Gretchen bestand darauf, daß die Verlobung auf Minens Grabe geschehe. Man bat mich schriftlich um diese Erlaubniß, und ich bewilligte sie mit einem Seufzer, der aber bloß Minen zugehörte. Gretchen schrieb: „damit auch ein Engel des Herrn dieser Verlobung beiwohne!" Der Graf fand dieses so originell, daß er sehr bedauerte, nicht auch auf diesen Fuß sich verlobt zu haben. Der Prediger schenkte seinem Schwiegersohne zwei Autorexemplare von der Abhandlung, die auf extrafein Papier gedruckt waren, und fragt' ihn, was für Bände in seiner Bibliothek hervorstächen? „Lieblingswerke, brochirt ohne Glas und Rahmen, am wenigsten goldnen;" indessen schien der Prediger zu wünschen, daß er mit diesem Werklein eine Ausnahme von der Regel machen, und ihm eine schwarzcorduane Uniform anziehen möge. — Nathanael hätte das Werk auswendig gelernt, so lieb hatt' er Gretchen. Ein schwarzcorduanes Kleid war das wenigste, was er daran wenden konnte.

Nachdem Alles von Seiten der Verlobten Ja, und von Seiten des Predigers und seiner Hanna Amen war, und man sich, wie doch im Brautstande gewöhnlich, das Herz ausschüttete, erschien auch ein Theil von der geheimen Abschiedsgeschichte des Justizraths. Er entschloß sich freilich auf frischer That, nicht mehr zu richten, damit er nicht auch gerichtet würde; allein bei alle dem würde wenigstens der Abschied nicht so schnell gesucht und erfolgt seyn, wenn nicht noch ein Umstand dazu gekommen wäre. —

Der Justizrath fand wegen verschiedener unrichtigen Beschwerden, die man wider das Collegium höheren Orts, das heißt in Königsberg, angebracht, bei seiner Rückkunft einen Revisor, bald hätt' ich Sequester gesagt, das ist, ein Männchen aus einem Collegio, das den königlichen Titel hat, wenn es beisammen ist, ein Männchen, das den Tag seine drei Reichsthaler aus dem Seckel der Justiz, aus der Sportelkasse, sich zueignet und Jedes einladet, seine Beschwerden über die Ortsobrigkeit anzubringen. Besonders, daß der König von Preußen den Militairpersonen, wenn gleich sie excellent sind (das ist hier zu Lande der Feldherr vom Generallieutenant an,) sein Bild nicht anhängt und ihnen den königlichen Titel verleiht, dagegen im Civildienst oft an einem Orte vier Stück Könige regieren, oder Collegia, die den Namen ihres Königs unnützlich führen. Ein König über den andern — Ein Revisor ist ein einzelnes Mitglied aus einem dergleichen mit dem königlichen Namen begabten Collegio. Ein Postillon ohne Horn. Solch ein Postillon ist indessen im Collegio zu sehr gewohnt, alle Augenblick in's Horn zu stoßen, und durch: Wir Friedrich von Gottes Gnaden ꝛc. sich Platz zu machen, als daß er nicht auch ohne diesen Ordensfaden sich einbilden sollte, er sey Etwas. Muthwillige Knaben machen mit der Hand das Posthorn so nach, daß man glauben sollte, die Post käme. Jeder Mann denkt sich unter einem Richter, einen Aeltesten im Volke, und es ist nicht zu leugnen, daß es auf zehn Jahre, in oder außer dem Wege, sehr viel beim Richter ankommt. Von dem Geburtsbrief, vom Taufschein unseres Revisors, war der blanke Streusand noch nicht abgerieben. Er konnte ungefähr drei und zwanzig Jahre haben, und war also sehr zeitig zur Landesregierung gekommen. Dieser Jüngling hatte die juristischen Collegia durchlaufen, wie ungefähr ein Hofmann ein Puderstübchen, damit nur ein feiner Septemberreif kleben bleibe. — So viel war dem Revisor auch kleben geblieben. Stolz, feurig indessen in Gedanken, Geberden, Worten und Werken! Er rühmte sich einen glücklichen Aktenblick zu haben. Das hieß: Er las die Akten nicht ganz, sondern schweifte nur umher, hüpfte sie nur durch, und doch, sagt' er, find' ich die rechten Stellen, die verba probantia, den physiognomischen Fleck. — Gott erbarm sich dessen, der sein Wohl und Weh so auf's Spiel setzen muß! Ein Schurk' anderer Art war er oben ein, nach der Weise des Ehegerichtsraths, der den Ritter und die Curländerin schied, und Kläger, Richter, Henker in einer Person war. Er ließ sich so klar und offenbar bestechen, daß kein Mensch es gröber machen konnte, und eben diese Grobheit war Feinheit. Er borgte nämlich von allen Menschen Geld, und gab es nicht wieder, oder besser, man fordert' es nicht. Das nenn' ich einen Bock zum Gärtner setzen! Unser juristisches Genie war dem A und O im Collegio wie auf den Leib gebannt. An keinem kleinern, als ihm, wollte der Knabe zum Ritter werden.

Wo gewesen?

Auf königlicher Commission.

Und die Akten?

Beim Prediger in L—.

Als Mitcommissarius?

Nein.

Warum denn?

Damit er der Regierung Bericht erstatte. —

Desto besser!

Nathanael erzählte dem Postillon ohne Horn sehr gerade den Vorfall, und zeigt' ihm das Promemoria, das er allein zurückbehalten. — Der Revisor bestand darauf, daß er wieder zurück nach L— sollte. Er selbst wollte mit, um diese Sache zu ergründen. Mine kam ihm als die feinste Betrügerin, vor. Sterbend hin, sterbend her, sagte der Revisor! An diesem Herodes, an diesem Zaunkönig, hatt' es auch noch gefehlt! — Einige dringende Beschwerden derer, die von den Straßen und Zäunen geladen waren, hielten diese Reise auf, und eben da er hin wollte, kam die Nachricht und der Bericht zur Unterschrift, daß Mine im Herrn entschlafen sey. — Der Revisor behauptete, Mine hätte Gift genommen, da er die unzulänglichen Aktenstücke las. Solch einen trefflichen Ueberblick hatt' er! — Zwar ließ er auf die Vorstellung des Nathanaels die Obduction, die er anfänglich durchaus veranstalten wollte, nach; indessen konnte Nathanael es nicht hindern, daß der Revisor auf zehn Bogen Papier diesen Vorfall aus einander setzte, um denen, die ihn gesandt hatten, zu zeigen, was geschehen wäre, und was nicht geschehen wäre, und was geschehen können, und was geschehen sollen. — —

Da kam eine Wittwe, die sich beschwerte, man hätte zu viel Stempelgebühren von ihr genommen. — Akten! schrie der Revisor, und setzte auseinander, was bei dieser Sache versehen wäre. Nun fand er zwar, daß nach der Verordnung mehr Stempelgebühr genommen werden sollen, die auch das arme Weib nachbezahlen mußte; allein nebenher setzt' er die Fehler in's Licht, welche bei dieser Sache vorgefallen. Akten waren nicht gehörig geheftet, nicht gebührend foliirt, das Rubrum war falsch und hätt' auch größer geschrieben werden müssen. Lateinische Worte, die man schon besser, als die deutschen, verstand, verdeutscht' er, und das mit einer Randweisung: in Zukunft, des gemeinen Mannes wegen, sich so viel als möglich der deutschen Sprache zu bedienen. Wo er Termin fand, setzt' er Tagefahrt, wo Concurs, Brodel u. s. w. Die tausend Kleinigkeiten, welche der Revisor zu moniren fand, zeigten eben so, wie der blanke Streusand auf dem Geburtsbriefe, ziemlich deutlich, daß er nicht sehr lange aus dem A B C heraus wäre. —

Der Wittwe wurden alle diese Erinnerungen und Weisungen, wiewohl ohne Stempelpapier, gegen Bezahlung der Copialien zugefertiget, und anstatt, daß sie heraus bekommen sollte, mußte sie V. R. W. noch das zu wenig genommene Stempelpapier und die Copialien für den Revisionsbescheid zuzahlen. Schwerlich wird sie mehr klagen! Ich wollte, sagte sie, für meine Tochter, die eben heirathet, zu einem silbernen Speiselöffel aus den Akten heraus haben, und muß in die Akten einen silbernen Vorlegelöffel dazu geben. — —

Das war für's Promemoria, dacht' unser guter Nathanael. Wen Gott lieb hat, den züchtigt er auf frischer That, wie jeder gute Vater seinen Sohn! Wenn ich meine Rüben pflanze, wie angenehm wird es mir seyn, gebüßet zu haben! — — und beim vermißten Früh- oder Spätregen nicht denken zu dürfen: für's Promemoria! Wahrlich Nathanael war hiebei auf keinem unrichtigen Wege. Mein Vater pflegte zu sagen: es muß jedem klugen Menschen (und auch der kann ein Sünder seyn,) eben so angenehm seyn, zu büßen, als zu sündigen. — Die bittersten Erniedrigungen, in Gegenwart der andern Mitglieder des Collegii und der Subalternen, kränkten den Nathanael, das A und O, am meisten. Selten ist ein Unglück allein. Der Direktor des Justizcollegii starb, aus Furcht ohnfehlbar. Furcht ist eine Krankheit, welche den größten Theil der Menschen, nach der Liebe, dahinrafft. Es ist die Seelengicht. Unser Revisor hatte einen adlichen Referendarius, Auscultator, was weiß ich, wie solch ein Zögling recht heißt, mit. Man kann sich vorstellen, wie alt dieser gewesen, da er an der Brust des Revisor lag. Nach dem Vorschlage, den der Revisor denen, die ihn gesandt hatten, that, und der durchaus genehmigt ward, sollte dieser Säugling von unserm Revisor als Interimsdirektor eingeführet werden. Nathanael hatte wider diesen Direktor den Spruch „aus dem Munde der jungen Kinder" und die Stelle Jesaia drei, der zwölfte Vers: „Kinder sind Treiber meines Volks, und Weiber herrschen über sie," gemißbrauchet. Die Folge war grüne Galle bei der Introductionsrede und außer ihr noch ein Anhang mehr, als Galle. Der Interimsjustizdirektor machte den Revisor mit den Benachbarten vom Adel bekannt. — Das war ein Leckerbissen für seinen Stolz, ein Kitzel für seinen Gaumen; der Revisor war nicht von Adel. Jedem seiner adlichen Wirthe sagte der Revisor die Spöttereien über das Justizcollegium vor, die er in seiner Einführungsrede angebracht, und zum Schluß, der adliche Wirth mochte lateinisch verstehen oder nicht,

cognovit bos et asinus,
quod puer erat dominus.

Der Justizrath hatt' ihn aus der Bibel beleidigt; der Revisor schlug ihn aus dem Gesangbuche. Diese Strophe ist aus dem Liede: Ein Kind geboren zu Bethlehem: Puer natus in Bethlehem, und heißt nicht, wie wir singen, das Oechslein und das Eselein, sondern der Ochse und Esel erkannten, daß der Knabe Herr war. Ob nun gleich Nathanael nicht wußte, wie er und sein College (aus zweien Räthen bestand das Justizcollegium,) sich diese beide Prädicate vertheilen sollten; so waren doch beide Ehrentitel nicht viel auseinander. Beide Leute hörten ganz laut diesen Zusatz erzählen, obschon der Revisor ihn nur jederzeit in's Ohr gesagt hatte. Wieder ein Genieblick von unserm Revisor. Der Adel nimmt Recht beim Justizcollegio. —

Der Mensch besteht aus Leib und Seel, äußerlichem und innerlichem Sinn, und bedarf also immer etwas von innen, und etwas von außen, wenn er zum Ziel kommen soll; ohne einen Schlag an's Herz, etwas ad hominem, bleibt die spekulativische Demonstration ein Luftschloß. Fast sollte man glauben, daß die Sinnen, die anfangen, auch vollenden, Allerseits und Amen sagen! Selbst zu Entschlüssen, wenn nichts an's Herz kommt, wie schwer die Geburt! Wen Gott lieb hat, dem giebt er, außer dem schweren Buche, noch ein Handbuch, außer der Bibel einen Katechismus, außer den höhern geistigen Gründen, einen mit Fleisch und Bein — außer tiefer Wissenschaft — Dichtkunst.

So mit unserm Justizrath. Minens Geschichte erregte den Entschluß: Du kannst hinfort nicht mehr Haushalter seyn! Der Revisor macht' ihn lebendig! —

Bei diesen Umständen verdachte der Prediger in L —

selbst nicht dem Nathanael, daß er sein Amt niedergelegt, und eine Zeit der Ruhe, der Heiligung, angefangen. Lieber Nathanael, wenden Sie Ihre Zeit gut an, und Gott segne Ihre Studia! Der königliche Rath, dem ich gelegentlich diesen Vorfall erzählte, war so wenig über diesen Vorgang außer sich, daß er vielmehr, obgleich er selbst ein Stücklein König war, nichts mehr that, als die Achseln ziehen. — Der Entschluß des Nathanaels war so nach seinem Sinn, daß auch er sich, wie man deutlich sahe, nach dieser Erlösung sehnte. —

Gretchens Hochzeit ward meinethalben zeitiger veranstaltet, als es wohl sonst nach der Sitt' im Lande hätte geschehen können, wofür mir, glaub' ich, Braut und Bräutigam, wiewohl mit dem Unterschiede verbunden waren, daß der Bräutigam allein sich dies Verbundenseyn merken ließ. — Ich kam ein Paar Tage vor dem Hochzeitstage. Gretchen, sobald sie mich sahe, küßte mich so aus Herzensgrund, und ich sie wieder, daß Nathanael auffuhr. — Sie ließ ihn, und kam zu mir. Dem Nathanael war hierbei eben so übel, als bei der Revision, zu Muthe, und was das Aergste war, so durfte er sich dies nicht einmal merken lassen. — Jeder, das sah' er ein, würd' ihn wegen seiner Eifersucht ausgelacht haben. An einen Abschied war hier ohnedem nicht zu denken. Er liebte Gretchen unendlich. Anfänglich affektirt' er dabei so eine Heiterkeit, daß man gar nicht wußte, wie ihm geworden. Bald darauf ward er unruhig. Er schien nicht aus noch ein zu wissen. Wenn ich mit ihm allein war, fragt' er mich ohn' Ende und Ziel: wenn ich denn gedächte Preußen zu verlassen? Und, ohne mich zu nöthigen, auch nur einen Tag länger zu bleiben, war wieder ein Wenn da. Sobald mir über diese Eifersucht, die sich jetzt in eine ungewöhnliche Höflichkeit gegen Gretchen auflösete, nur das erste Licht aufging; dacht' ich auf Mittel, den armen Nathanael zu heilen. — Ist's nicht eigen, daß man den Eifersüchtigen allein durch Affektation beruhigen kann? Ich fing an, gegen Gretchen mich zu zwingen, und da sie sich darüber beschwerte, sucht' ich für den Justizrath auf eine so gute Art Alles zum Besten zu kehren, daß er von Stund an anders zu werden anfing. Ganz kam er nicht in's Geleise; obgleich er nicht mehr wenn fragte.

Der Graf konnte so wenig, wie sein an Brudersstatt angenommener Bedienter, auf die Hochzeit kommen. Etwas Sterbendes hielt ihn ab. Gern hätt' ich ihn zu Cana in Galiläa gesehen. — Und der königliche Rath? Auch er nicht. Er hatte einen Revisionsauftrag erhalten. So viel weiß ich, daß er keiner Wittwe, außer dem eingebildeten Gewinnst eines silbernen Eßlöffels, einen Vorlegelöffel von der Seele revidirt haben wird.

Gretchen hatte von jeher auf ein stilles, kleines Hochzeitmahl bestanden. Ihre Mutter war zu diesen Wünschen eine Miturſache. Wir sind in Trauer, sagte sie zum Justizrath, und sah mich an. Einige der Eingepfarrten indessen mußten geladen werden, und hiezu war der 14te — angeordnet. Den 13ten — des Morgens gingen wir Alle zusammen in's nahe Wäldchen, und kamen so heiter zurück, daß wir, Gretchen, Nathanael und ich, auf den Gedanken fielen, heute stehendes Fußes den geschürzten Knoten zuzuziehen. Der Prediger hatte Bedenklichkeiten; unfehlbar war er mit der Hochzeitrede noch nicht fertig. Er gab indessen nach, da er unsere vereinigte Wünsche merkte. Gretchen und ich gingen zur Mutter; was konnte die uns Beiden abschlagen? Während der Zeit, daß der Prediger sich in seine Reverende setzte, und an seine Traurede dachte, ward nach dem Organisten und ein Paar Dorfältesten gesandt, wozu noch ein Verwandter des Justizraths, der schon den 12ten — angelangt war, stieß. Es war ein königlicher Amtmann, (Pächter eines Domainen-Guts.) Gretchen fragte den Nathanael: ob sie ihren Brautschmuck anlegen sollte? — Den können Sie nie ablegen, erwiederte der galante Bräutigam. Wir baten Alle, Gretchen möchte bleiben, wie sie wäre, und diese Bitte machte uns wenig Mühe, weil sie selbst dazu geneigt war. Sie blieb, und die Natur selbst hätte sie nicht besser putzen können, als sie's war. Sehet die Lilien auf dem Felde! Und Salomo war nicht gekleidet, wie derselben eine! — Wahrlich Gretchen war eine schöne Feldblume! — Wie schön sie da stand! Nathanael konnt' es ohne Puder nicht lassen, sonst konnt' er seiner Galanterie keine Elle mehr zusetzen; er war wie aus einem Putzkästchen gezogen. — Der Amtmann war nicht im Stande, sich aus seinem Erstaunen heraus zu finden. Er hatte sein Kleid mit den goldbesponnenen Knöpfen noch nicht herausgepackt, und nun war es zu spät. Der Organist bat um Verzeihung, daß er kein hochzeitliches Kleid an hatte, und während aller dieser Dinge kamen die Begleiter zu Hauf. Gretchen bat mich um Blumen, die ich ihr zitternd brachte; ich hätt' ihr gewiß keine gepflückt, wenn sie's nicht selbst verlangt hätte. Sie nahm diese Blumen mit einem Blick entgegen, der mir durch's Herz ging, und steckte sie sich, warm von meiner Hand, an den Busen. Nathanael war zu andächtig, um darüber eifersüchtig zu werden, und der Blumen halber zur Frage: wenn? Gelegenheit zu nehmen. — Nathanael ging mit seiner Braut, ich mit der Predigerin, der Prediger mit dem Amtmann ohne die goldbesponnenen Knöpfe; dann Gretchens beide Brüder, ein Paar Primaner, die beiden Dorfältesten machten das letzte Paar. Der Organist war voraus gelaufen, um uns mit einigen seiner Schüler zu bewillkommnen. An Minens Grabe standen wir einige Minuten still, als wenn wir uns ausruheten. In der Kirche trafen wir eine ungebetene Versammlung, der man es ansahe, daß sie mit dieser Eilfertigkeit nicht völlig zufrieden war. Vielen sah man an, daß sie auf die erste Nachricht sich zu putzen angefangen, und in diesem gutgemeinten Bestreben, zu Gretchens Ehrentage Etwas beizutragen, gestöret worden. Es war nicht halb, nicht ganz. Die Töchter der Dorfältesten stachen durch grünes Band hervor; indessen waren auch selbst sie nicht fertig. Der goldbesponnene Knopf fehlte ihnen so gut, wie dem Amtmann. Die Töchter der Dorfgeschwornen hielten einen Kranz, den sie Gretchen, eben da sie in die Kirche trat, aufsetzten. Der Organist, der entweder auf ein Präludium nicht denken können, oder der dem Gesang durch's Präludium nicht zu nahe treten wollte, fing bei unserm Eintritt singend und spielend an:

Was Gott thut, das ist wohlgethan,
Es bleibt gerecht sein Wille.

Eben so begann Minens Begräbniß — und diese Erinnerung, wie bewegte sie mich! —

Der Prediger war gerades Weges auf den Altar gegangen. — Wir Andern standen rund herum. — Nach den Worten:

Darum lass' ich ihn nur walten, als den letzten des Gesanges, fing er so zu reden an, als ob er sich mit uns unterhalten wollte.

„Hätten Sie sich's wohl vorgestellt, lieber Freund!“ so ungefähr war sein Anfang, „daß Sie, was Gott thut, das ist wohl gethan, in unserm lieben L— bei einer Hochzeit singen würden?“ Eben wollt' ich antworten: nimmermehr, lieber Pastor, da er feierlicher fortfuhr: „Und doch lag dieses: Was Gott thut, das ist wohl gethan, in jenem: Was Gott thut, das ist wohl gethan.“ —

Der gute Mann hatte sich, das merkte man, vorgesetzt, über Minchens Leichentext: siehe ich komme bald, halt was du hast, daß Niemand deine Krone nehme, auch seine Hochzeitsrede zu halten; allein es fehlt' ihm just so viel Zeit, um seiner Rede die goldbesponnenen Knöpfe anzusetzen. Sonst war sie fertig, in sechs Stunden wär' Alles angeheftet gewesen, und wir hätten gesehen, wie dieser Text eben so gut für Minens Tod, als für Gretchens Hochzeit, in der Offenbarung Johannis des dritten Capitels eilften Vers stünde. —

So gut es indessen dem Amtmann und den beiden Töchtern der Dorfältesten ließ, eben so gut stand es auch dem guten Pastor. Was ihm an gerundeten Perioden abging, ersetzt' er durch's Herz, und ich hätt' um Vieles nicht diese Hochzeitrede mit der grundgelehrten Abhandlung von der Sünde wider den heiligen Geist vertauscht, obgleich diese Abhandlung befeilt und beschliffen war und in zwei gleichlautenden und gleichgebundenen Exemplaren in der Bibliothek des Bräutigams stand. Zehnmal schien es mir so, daß es der Prediger dazu anlegte, mit Diesem oder Jenem unter uns ein Wort zu wechseln. Es lief indessen allemal so ab, wie mit mir beim Anfange. Zuletzt hatt' er sich zu tief in seinen Spruch, ich komme bald, verwickelt, oder war es väterliche Rührung? Kurz, ohne Uebergang nahm er seine Agende und las:

„Lieben Freunde in dem Herrn!

Gegenwärtige beide Personen wollen sich in den Stand der Ehe begeben" — und so weiter.

Dies Formular, alt und wohlgemeint, war mir darum so rührend, weil ich mich all' Augenblick befragte: wenn du da so mit Minen ständest? —

Der Prediger erzählt' uns nach der Trauung, daß bei Hauscopulationen, die in Preußen sehr häufig wären, gemeinhin das Formular verbeten würde, und zwar wegen des Fluchs und Segens des heiligen Ehestandes, der in diesem Formular so ehrlich, als nur immer möglich, vorgetragen wird. —

Ist's Wunder, daß Gott denen den Ehesegen entzieht, deren zu feine Ohren die Ehestandsbeschwerden nicht einmal in der Kirchenagende ertragen können? Leute, denen die Bibel zu herb ist, Gottes Wort, was für einen schwachen Kopf und Herz müssen die haben! —

„Und Gott der Herr sprach: es ist nicht gut,
daß der Mensch allein sey."

Das ist ein Wort in allem Verstand anwendbar. Es ist nicht gut, daß der Mensch allein sey. — Selbst im Sterben, würde der Graf wiederholen, ist's nicht gut, daß er allein sey. Selbst auf dem Kirchhofe, würde der Todtengräber hinzufügen.

Der Prediger macht' in seiner Rede die Anmerkung, daß die Copulation vor dem betrübten Sündenfall ganz anders gewesen wäre, und Manche, setzt' er hinzu, die vielleicht den betrübten Sündenfall am deutlichsten an sich tragen, wollen durchaus eine paradiesische Copulation, und kein Wort aus dem dritten Capitel des ersten Buchs Mose, sondern Alles hübsch und fein, Alles aus dem zweiten Capitel. Wie kann das aber? — Freilich erschrak das aus dem Paradiese getriebene Paar über das dritte Capitel so sehr, daß, da Gott ihnen Kleider von Fellen machte, sie solche in der Verwirrung nicht einmal anzuziehen verstanden: er zog sie ihnen an, heißt es. Die meisten unserer angehenden Eheleute hätten weniger Ursach, diesem Capitel durch eine Hauscopulation und Weglassung der Agende auszuweichen, da sie vom Stande der Unschuld keinen Begriff haben. —

Meine Leser sind in der Kirche zu L— schon so bekannt, wie ich selbst, und wissen, daß die Kirche nie anders als nach einem Lobgesang geschlossen wird. Wie beim Begräbniß, ward nach der Copulation gesungen: Nun danket alle Gott! —

Nach diesem Gesang betet' Alles vor dem Altare. Die Braut hatte, wie es wohl sonst etwas Ungewöhnliches ist, keine einzige Thräne geweint. — Nach dem Gebet traten die beiden Töchter der Dorfältesten hinzu, und wünschten Gretchen Alles aus dem zweiten Capitel. — Die edle Einfalt dieser Wünschenden war rührend, so wie es alles Edeleinfältige ist. Gretchen und die Mädchen waren Jahreskinder, Milchschwestern, zusammen zur Kinderlehre gegangen und zusammen confirmirt, oder, wie es in Preußen heißt: eingesegnet. Gretchen wünschte, daß sie auch bald Gelegenheit haben möge, ihnen Beiden so Glück zu wünschen. — Die Mädchen hatten Thränen in den Augen, und man sah' es ihnen

p. 233.

Chodowiecki f.

an, daß es Thränen der Liebe waren. Gretchen küßte sie Beide, und nun gingen sie zum größern Haufen zurück, der in der Entfernung geblieben war.

Es ging Alles wieder paarweise so, wie es gekommen war. An Minens Grabe streute Gretchen die von mir erhaltenen Blumen hin. — Sie warf sich nieder, (schwerlich hätte sie dies thun können, wenn sie in hochzeitlichem Schmuck gewesen wäre) und weinte, als ob sie bis hieher ihre Thränen aufgespart hätte. Der schwerfällige Justizrath setzte sich — ich kniete. — Der Prediger und seine Frau hatten sich umfaßt. — Die beiden Dorfältesten standen von ferne. Wir weinten Alle. Das neue Paar weinte mit, aus dem dritten Capitel. Es war rührend! Ihr sahe man die Worte an: „Ich will „dir viel Schmerzen machen, wenn du schwanger wirst, „du sollst mit Schmerzen Kinder gebähren, und dein „Wille soll deinem Manne unterworfen seyn, und er „soll dein Herr seyn.“ Ihm, die folgenden Verse: „Die„weil du hast gehorchet der Stimme deines Weibes „und gessen von dem Baum, davon ich dir gebot und „sprach: du sollst nicht davon essen; verflucht sey der „Acker um deinetwillen, mit Kummer sollst du dich „darauf nähren dein Lebenlang. Dornen und Disteln „soll er dir tragen und sollst das Kraut auf dem Felde „essen. Im Schweiß deines Angesichts sollst du dein „Brod essen, bis daß du wieder zur Erde werdest, da„von du genommen bist: denn du bist Erde und sollst „zur Erde werden.“ —

Mir war nur Minchen in Herz und Sinn. —

Die ungebetene Versammlung hatte noch das Postludium des Organisten gehört, der sich, weil wir nicht mehr darin waren, mit Manual und Pedal hören lassen. — Jetzt kam der ganze Haufen und blieb stehen. Allen und Jeden sahe man auf den Gesichtern: Du bist Erde und sollst zur Erde werden. —

Genau genommen, lieben Freunde, ist's all' Eins, taufen, sterben, heirathen. Mensch, du bist Erde und sollst zur Erde werden! Nach dieser Scene kamen wir in die Widdem. Das neue Paar fiel sich in die Arme! — Man sahe, wie es sich liebte. Von Stund an ließ Gretchen nicht mehr ihren Nathanael. Sie nahm mich nicht weiter. Er war der Ihrige. — Pflicht, Freunde! ist sie nicht besser, als Neigung? Sicherer, stärker, wahrlich! Sie überwindet den Tod oft weit leichter als die Liebe: allein auch sie wird von der Pflicht überwunden. Der Justizrath fragte so wenig wenn? daß er mich jetzt zu bitten anfing, doch ja zur Heimführung zu bleiben. Da Gretchen fortfuhr, sich ihm ganz zu weihen, gab er in seiner Bitte immer mehr zu. — Zuletzt bat er mich im ganzen Ernst, gar nicht aus Preußen zu gehen. — Haben Sie nicht hier Minens Grab? setzte er hinzu, und konnte keinen größern Bewegungsgrund anführen. — Doch warum vorgreifend? Wir setzten uns zu einem Mahl, so natürlich eingerichtet, wie Gretchen gekleidet war. — Wir Alle, könnt' ich fast sagen, waren so gekleidet, bis auf den Justizrath, der wie ein sauber geschriebenes Urtel in beweisender Form aussah. — Der Prediger bringt mich auf diesen Ausdruck. Er hatte den Einfall, daß wir Alle, wie ein Concept, ein Entwurf, aussähen. — Wie die Probe, sagt' ich, indem mir das Lautenconcert einfiel. — Der Organist, obgleich er kein hochzeitlich Kleid an hatte, blieb zum Mahl; nur die Dorfgeschwornen nicht, obgleich man sie sehr darum ersuchte. Ich erzählte dem Prediger und dem Justizrath, was ich bei dem Glückwunsch der beiden Kranzträgerinnen bemerkt hatte, und bat sie beiderseits, sich der Herzen dieser guten Mädchen anzunehmen. Dies geschah unverzüglich. — Da kam es denn bald zum Vorschein, daß der eine Vater seine Tochter einem kleinen dicken Pächter, und nicht dem raschen Martin, der die Tochter liebte, bestimmt hatte; der andere wollte sie seiner Schwester Sohn, einem weit schönern reichern Burschen, als Caspar war, zuwenden; das Mädchen aber wollte Casparn oder keinen. Dergleichen Wahleigensinn, sollte man ihn wohl unter Leuten dieser Art vermuthen? Kunst ist er. Von Anbeginn ist es nicht so gewesen. Adam konnte nicht wählen, und doch hatt' er ein allerliebstes Weib. — Caspar war indessen ein guter Junge, der dem Mädchen mehr zur Hand ging, als der Schwestersohn, der seiner Sache sich gewiß glaubte. Nathanael und der Prediger brachten es in kurzer Zeit zum Vergleich. Martin und Caspar waren an dem Tage, da Gretchen Hochzeit hielt, die glücklichen Bräutigams. Wir werden schon nacheilen, sagten die vergnügten Bursche, und Gretchen ward roth, was weiß ich warum? Nathanael sah' in den Spiegel. Ich glaube nicht, daß es eben so angenehm sey, in Gesellschaft zu heirathen, als zu sterben, obgleich ich nicht vom Grafen zu diesem Glauben aufgefordert bin. Ein verliebtes Paar ist Adam und Eva in der ganzen weiten Welt; sie dünken sich die einzigsten Menschen in der Welt zu seyn und sich selbst genug. —

Eine Gesellschaft wie diese indessen, muß auch bei den Verliebtesten ein Beitrag des Vergnügens seyn. Das Dorf kam unserer Hochzeitfreude eben dadurch näher. Es war Alles Paar und Paar. Die Dorfältesten hatten sich schon längst vor der Hochzeit vorgesetzet, dem Nathanael-Gretschen Myrtenfeste zu Ehren eine Beifreude zu bezeigen. Ein Reihentanz konnt' es nicht seyn; denn sie war aus dem Stamme Levi und des Seelenhirten eheleibliche einzige Jungfer Tochter. Nach vielem Hin- und Herdenken waren sie endlich auf einen ländlichen Gesang gefallen, den zwölf der schönsten Mädchen in weißen Kleidern kurz vor Schlafengehen absingen sollten. Ein junger Bursche hatte diesen Gesang entworfen, der Herr Organist aber, wie es hieß, hatt' ihn stylisirt, oder die Natur verkünstelt. Die beiden Kranzträgerinnen hatten große Rollen bei dieser singenden Mitfreude, wobei sich alle zwölf die Hände geben und eine Freudenkette machen wollten. — Hätten die Mitfreudigen und selbst der Censor von den neun Musen gewußt, es wären nicht nach Zahl der Monate zwölf gewesen! Ohnfehlbar aus denen mehr als zwanzig jungen Mädchen, die in die Stelle der Leichenbegleiter traten, nachdem Minens Sarg vor den Altar gesetzt war.

So ward es beschlossen; jetzt aber kam Alles in Unordnung. Die beiden Kranzträgerinnen, welche die großen Rollen hatten, waren aus Text und Melodie gekommen. Niemand wußte, ob das Ständchen heut oder morgen gebracht werden sollte, und doch wollte Jedermann es so gut als möglich machen. Kurz, das Dorf war in Unordnung. Diese Unordnung selbst indessen bot Hand zur Freude. Die Freude ist die unordentlichste von allen Leidenschaften. Unser Pfarrhaus war während der Zeit das glücklichste Haus in der Welt. Gretchen so ganz und gar des Nathanael, daß sie auch nicht einmal einen Blick für mich übrig hatte. Neigung ist so pünktlich nicht. Pflicht aber ist das Pünklichste, was ich weiß. Der gute Pastor ließ sich an diesem Tage die Verlagsgeschichte seiner Sünde wider den heiligen Geist erzählen, und war so froh, daß er sein Seelenkind so gut, wie Gretchen, angebracht! Ein wahrer Nathanael von Verleger, sagte der Prediger, und feierte ein doppeltes Hochzeitfest. Gretchen und ihre Mutter nahmen wie gewöhnlich keinen Theil an diesem Seelenkinde. Nathanael indessen mußte wegen der in schwarz Corduan eingebundenen Exemplare sein Ohr zu dieser Unterredung neigen. Da er Gretchen hatte, war ihm schon Vieles von diesem Ehrenwerk entfallen, das er, als angehender Bräutigam, fast wörtlich wußte. Gretchens Mutter war selbst so heiter, als wäre sie gar nicht lindenkrank, als wäre der Lindenbaum, der so alt wie sie war, und der in ihren letzten Wochen ausging, wieder zu Kräften gekommen; der Organist, so erkenntlich gegen mich wegen des Schaustücks, daß ich nicht aus dem Bücken herauskam, und so ehrerbietig gegen den Hochedelgebornen Herrn Justizrath, daß ich immer besorgte, er würde wieder Etwas aus dem Hute lesen, obschon er nur auf Begräbnißreden fundirt war; der Amtmann so in's Vergnügen verstrickt, daß er den goldbesponnenen Knopf vergessen hatte. Wahrlich, man kann auch ohne goldbesponnenen Knopf vergnügt seyn! Und Gretchens beide Brüder, welche der königliche Rath als die Seinigen in Königsberg erzog, die in eine der besten Schulen gingen, wo sie gerades Wegs auf einen Superintendenten losstudirten — die guten Primaner, hatten ein Gedicht zusammengetragen, das sie beim Braten übergaben. Freilich hätten sie bis zum Kuchen warten können; indessen war es ihre erste Autorschaft, die selten den Kuchen abwartet. Der Vater kritisirte die armen Jungens sehr scharf, und nannte ihr Maskeopiewerklein ein ährengelesenes Stück! — Guter Pastor, hast du denn schon aller kritischen Tage Abend erlebt? — Die beiden Knaben thaten in alle Wege so altklug, daß man ihnen ihre Aarons Bestimmung ohne Fingerzeig ansah. — Es gebrach bei diesem Feste nicht an Wein. — Se. Hochgebornen hatten dem guten Prediger ein gutes Fäßchen Rheinwein verehrt, welches wir nicht feierlicher begrüßen konnten. Wein hätte heute getrunken werden müssen. Der Communion wegen wird an allen christlichen Orten Wein gehalten. Da aber die Andacht keinen Geschmack am Körperlichen hat; so ist der Communionwein gemeinhin schlecht, sagte der Prediger. Ich, fuhr er fort, habe noch nie bei dieser heiligen Handlung den Wein geschmeckt. Viele der Herren von Adel schicken den Tag zuvor ein Fläschchen aus ihrem Keller; unser Graf nicht also, obgleich sein Rheinwein sich nicht gewaschen hat. Wir saßen länger als gewöhnlich bei Tisch. Heut, sagte der Prediger, fröhlich mit dem Fröhlichem! Wir waren traurig mit den Traurigen; wir sind es noch, sagte Gretchen, und dachte so rührend an Minen, ohne sie zu nennen, daß Alles an sie dachte. Der Prediger belebte diesen Gedanken durch ein Paar rührende Worte. Wer seiner Todten nicht denkt, wenn er vergnügt ist, bedenkt nicht, daß auch sie lebten, und daß auch er sterben wird. Das war das Gerippe, das er auf gut ägyptisch aufstellte! Wahrlich es war nicht fürchterlich. Sie hat ihren Myrthentag nicht erlebt, sagte Gretchen, und ließ eine Thräne fallen. Nathanael küßte sie herzlich. Wer es weiß, wie schön es sey, ein Mädchen in solchen Thränen zu küssen, denke sich die Wonne dieses Paares. Ohne

Thränen giebt's keine Trunkenheit der Liebe. Diese Ehe, sagte die Predigerin, hat der Tod gerathen; was er räth, ist wohl gerathen. — Die Dorfältesten schlossen diese wahre hochzeitliche Scene, sie kamen und fragten im Namen der jungen Dorfleute an, ob es wohl erlaubt wäre, die vier Dorfflinten dem Tage zu Ehren abzufeuern, wie es wohl sonst bei dergleichen Gelegenheiten geschehen wäre? — Das wäre so recht für Junker Gotthardten gewesen! Wir Alle aber verbaten dies Feuerwerk. Die Anfrager mußten ein Glas Wein dem Brautpaar zu Ehren leeren. Das ist besser als ein Flintenschuß, sagte der Amtmann ohne goldbesponnene Knöpfe; und dann noch eins, und dann das dritte. Aller guten Dinge sind drei, sagte der Prediger, und ich stimmt' ihm, meiner heiligen Zahl wegen, herzlich bei. Im Paradiese, was braucht' Adam mehr als Eva, um froh zu seyn? sagte Nathanael. Nach dem Falle haben wir auch Rheinwein nöthig, um uns in's Paradies zu bringen. Man muß sich herein trinken. Er fing sich aus lichterloher Galanterie zu wundern an, daß Adam nicht beim Blick seines Weibes aus Entzücken, aus Uebermaaß des Sehens, blind geworden! Der Prediger half ihm zurecht. Es war im Paradiese, sagt' er, wo Adams Auge so gut, wie seine andern Gliedmaaßen, unsterblich waren. — Der Organist, damit ich sein nicht vergesse, hatte den gesunden Gedanken, da sich das Brautpaar küßte: Lassen Sie uns ihm mit den Gläsern nachküssen! Wir stießen an, und zur Ehre dieses Einfalls zweimal. — Der heiligen Zahl war er nicht werth. Wir standen auf. Der Prediger schlug einen Spaziergang in das nämliche Wäldchen vor, das uns zu diesem Tage anräthig gewesen, und beschlossen wir also, wie angefangen war. Wahrlich ein schöner Tag! — Wir kamen in der Dämmerung heim, und eben wollten wir in's Pastorat, da uns das Musenchor überfiel. Der Organist hatte sich der Noth angenommen, und die Zahl zwölf noch mit zwölf andern vermehrt. Ein wahrer Minnegesang! — Gretchen ging nach vollendetem Ständchen unter diesen schönen Haufen, nannt' Alles Schwester und dankte so schön, daß jedes Mädchen glaubte, Gretchen hätte nur ihm gedankt. —

Der Prediger konnte sich ohne Abendessen nicht behelfen. Nathanael declamirte wider das Abendessen, er ward aber überstimmt: den Alten, sagt' ich, wäre das Abendessen freilich das vorzüglichste, und den Christen, bemerkt' er, sollt' es noch weit mehr seyn. Man setzte sich an ein Milchmahl. Die Sängerinnen hatten uns musikalisch gemacht. Alles sang, und — sprang, hätt' ich beinahe mütterlich hinzugereimt. Es war aber wahrlich kein Springen, es war eine stille Freude, eine Milchfreude! O Gott, was liegt in der Unschuld, in der lautern Milch der Unschuld! — Unter tausend andern Dingen liegt auch Vernunft darin. Es heißt vernünftige lautere Milch, und nichts ist einpassender, als diese Beiworte, zur Unschuld. Es liegt in ihr Vernunft, höchste oder tiefste, wie soll ich sie nennen? —

Nun ging das neue Paar in's Schlafgemach. — Es verschwand, und das ist das natürlichste Ceremoniel, wenn ein neues Paar zu Bette geht. Die Auskleidung der Braut ist eben so unwürdig, als eine laute Hochzeit. Geht in Frieden, lieben Leute! Es geleite Euch der, welcher dem Menschen sein Schöpferbild anhing, mit seinem himmlischen Segen! Das ist mein Hochzeitgeschenk. Auch jedes der Hochzeitgäste ging in sein Kämmerlein; nur ich nicht. Ich schlich mich an Minens Grab, und hatt' eine Scene über alle Scenen. — Eine himmlische Hochzeit! Wer war glücklicher, ich oder Nathanael? Spät kam ich in mein Kämmerlein und fand, daß der Amtmann, mit dem ich gepaart war, auf mich gewartet. Ich konnte nichts sprechen, nicht einmal ein Wort zum Dank. Auf solch einen Tag, wie schön schläft es sich! — Mein Schlaf war eine Entzükkung in den dritten Himmel. Es fiel keine Schäkerei den andern Morgen vor, keine Strohkranzrede. Die Frau Nathanael schlich sich aus der Schlafkammer, und ich merkte, sie ward roth auf ihre eigene Hand; sie hätte nicht schleichen dürfen, auch nicht roth werden, das gute Gretchen! Nathanael und Gretchen waren jetzt so ganz Eins; ein Leib, eine Seele!

Wie sich das Paar benachbarter Freunde kreuzt' und segnete, das zur Hochzeit gebeten war, und, wie der Prediger sagte, post festum (nach dem Fest) kam, kann man sich leicht vorstellen. Hätte der Graf et Compagnie zusagen lassen, dann hätten wir den Tag zuvor diese Freude nicht haben können. Mit dem Paar benachbarter Freunde hatt' es nichts zu bedeuten. Dieser Nachtag, dies Agio von Hochzeitfest, hatte drei Umstände, die ich außer dem, daß dreimal mehr Essen und dreimal weniger Vergnügen herrschte, der Bemerkung werth halte. Die erste Denkwürdigkeit. Der Amtmann brachte sein Kleid mit den goldbesponnenen Knöpfen nicht zum Vorschein. Warum sollt' ich? sagt' er; Möstrich nach der Mahlzeit. —

So gern ich also auch meinen Lesern des Kleides Farbe, Form und nähere Nachricht von den Knöpfen und ihrer Zahl mittheilen möchte, kann ich?

Die zweite Denkwürdigkeit. Die post festum gekommenen Freunde hießen die neuen Eheleute nicht anders, als Brautpaar, und wenn sie's ausgesprochen hatten, schämten sie sich dieser Uebereilung, die sie doch gleich darauf wieder begingen, und dann noch einmal. — So fest hatten sie es sich eingeprägt, es ginge zur Hochzeit. —

Vielen wird dieser Mittelumstand nicht denkwürdig scheinen. Mag's doch. —

Die Dritte. Der Graf kam ohne seinen Bruder nach Mittage. Alles voll Freude! Auch zu Ihnen komm' ich, sagt' er, um Sie noch einmal zu sehen und noch einmal zu sagen — hier oder dort. — Was er sich freute, daß die Hochzeit vor der Hochzeit gewesen! Das kommt aus dem Bitten heraus. Das Feine des Vergnügens geht verloren. Die Natur läßt sich nicht melden, es wäre denn bei Krankheiten. — — Wir mußten dem Grafen den gestrigen ganzen Tag referiren, und wahrlich unsere ganze Freude dieses Tages war, daß wir den vorigen Tag froh gewesen. —

Mit den lieben großen Hochzeiten, sagte der Graf. — So was nenn' ich nicht leben, wenigstens will ich das Leben bei dieser Gelegenheit so wenig observiren, als auf dem Schaffot den Tod! — Allzu viel ist ungesund. Zu Warnungs-Anzeigen findet sich zwar in beiden Fällen Stoff die Menge; nur zu Lebens- und Sterbens-Observationen nicht. —

Der Graf konnte nicht lange bleiben. Er hatte, wie er sagte, einen rechten Segen Sterbender bei sich. Obgleich, fügt' er hinzu, ich wenig Heil in meiner Ehe erlebt, ist's mir doch lieb, geheirathet zu haben, um dort einst sagen zu können: hier bin ich, und hier sind, die du mir gegeben hast! Kann das ein Eheloser? So rührend mir diese Empfindung war, so schwächte sie doch die Erinnerung an die Grafenkrone, an die weißen Federn und den Orden. — Füllet die Erde! heißt: füllet den Himmel! Wenn Menschen sich nicht Leid klagen könnten, wie unglücklich würden sie seyn! Die Ehe ist ein Band, wo sich Mann und Weib auf Lebenslang verbinden, sich Leid zu klagen. —

Der Organist, der auch diesen Tag herrlich und in Freuden beim Prediger lebte, hielt sich während der Zeit, da der Graf gegenwärtig war, so demüthig, daß er nicht vom Ofen kam. Wie viel sind diesen Monat im Kirchspiel gestorben? fragt' ihn der Graf; und er: Ich habe nicht geglaubt, die Ehre zu haben, Ew. Gnaden zu sehen. Zwei Reden hab' ich gehalten; aus diesem Dorf also zwei. Der Prediger mußte das Buch holen, und wir fanden abermal, daß die Erinnerung des Todes keine Hochzeitfreude verderbe. Die Hochzeitgeschenke, welche der Graf unvermerkt in die Brautkammer setzen lassen, waren Sinnbilder vom Tod und Verwesung. Sie hatten einen ausgemachten Werth. Eine Urne von Porcellain gefiel mir am besten.

Ich blieb noch einen Tag in L— und diesen einen Tag waren wir wieder ganz unter uns. Den Amtmann hatten wir unter uns aufgenommen. Es war ein recht guter, biederer Mann! Wie lang' er am Hochzeittage meinethalben seine Ruh' abgebrochen! Mittelmäßig war er in Allem; allein warum sagen wir: die Mittelstraße die beste, und wanken doch so gern? Warum?

Bei dem Mittelmäßigen fällt es mir ein, daß wir den dritten Tag viel von der Schönheit sprachen. Nathanael that sich bei dieser Unterredung recht sichtlich hervor. Er setzte die größte Schönheit in die Mitte zwischen Feistigkeit und Magerheit, obgleich er selbst mehr fett, als mager war. Gretchen aber dient' ihm zum Exempel, seine Regel zu beweisen, und außer ihr alle Statüen der Alten. Ich muß es doch wohl wissen, sagte Nathanael. Der Amtmann, der seinem Bauche nichts vergeben wollte, fand indessen dies letzte Argument unwiderlegbar, schlug sich auf seine Bauchbürde, sah Gretchen an, und schwieg. —

Nathanael ließ nicht ab, mich zur Heimführung einzuladen; allein meine Stunde war gekommen. An's wenn? war gar nicht weiter beim Justizrath zu denken. Diesen Abend weihet' ich noch Minens Grabe, nahm von Nathanael und Gretchen das feierliche Versprechen, dieses Grabes Beschützer zu seyn, und nun wollt' ich L— (allem Vermuthen nach auf ewig) gute Nacht sagen. Die Predigerin macht' es mir zur Pflicht, daß ich, wenn ich bei der Heimführung nicht gegenwärtig seyn könnte, wenigstens bis zu Gretchens Abreise bleiben möchte. Der Prediger und seine lindenkranke Frau blieben auch zurück. Der Amtmann allein und Gretchens beide Brüder begleiteten das junge Ehepaar. Der Abschied? Bei Beschreibungen der ganzen Natur kann man malen oder pinseln, nach der Gabe, die Jeder empfangen hat. Ist von Menschen die Rede; wer kann, ohne lästig zu werden, Leidenschaften in Worte ausbrechen lassen?

Gretchen war im Reisekleide ausgegangen und kam mit verweinten Augen zurück. Wo sie gewesen? werden meine Leser nicht fragen. An Minens Grabe. — Ihre Mutter stand am Fenster, sah unverwandt den Reisewagen an und hatte sich betrübt aufgestützt. Gretchen ging zu ihr, faßte sie zärtlich an, und Hanna küßte sie herzlich. Gretchen fiel ihr zu Knien und bat um Segen! Sey gesegnet, sagte Hanna, und legte beide Hände auf sie, und sey eine so gute Mutter, als du eine gute Tochter gewesen. Nie geh' ein Lindenbaum vor deiner Thüre aus! — Hier hemmten die Thränen der Mutter und Tochter diese Segenshandlung. Nach einer Weile setzte sie hinzu, deine Töchter werden wie Mine, und deine Söhne, wie Minens Mann. Gott bewahre die Söhne, im Fall sie Justizräthe werden, vor Treibern, vor Revisoren, die Knaben sind; und die Töchter vor Nachstellern der Unschuld, vor v. E—s. — Und nun legte der Prediger den Segen, womit Gott sein Volk zu segnen befohlen, auf Beide: der Herr segne dich u. s. w., ohne daß er von einem Candidaten mit langen Manschetten aus der Bauskeschen Präpositur unterbrochen ward. —

Die beiden Aeltesten der Gemeinde kamen gemeinschaftlich, das Aufgebot für ihre Töchter nachzusuchen, welches den nächstfolgenden Sonntag zum erstenmal geschehen sollte. — Nebenher wollten sie sich erkundigen, wenn heimgefahren werden sollte, und da sie sahen, daß es hier so rasch, als mit dem Hochzeittage ging, setzten sich einige junge Ehemänner zu Pferde, um dem neuen Paar bis zur Grenze das Geleit zu geben. Einige junge Frauen, worunter drei gesegnet waren, begleiteten das Paar bis aus dem Dorfe. So weit ging auch Vater, Mutter und ich. — Der Genius des mir unvergeßlichen Kirchdorfs ging weiter mit Gretchen, mit seinem Liebling. — Es gehe dir wohl, liebe Seele, vergiß Minen und ihr Grab nicht!

Ich reisete denselben Tag nach Königsberg, und

fand bei meiner Ankunft einen Brief nebst hundert Pistolen. Ich brach den Brief und fand weiter nichts, als folgende Devise:

„Für Minchens Verwandten in Mitau.“
Ein Zug, an dem ich den Grafen erkannte, obgleich er incognito war und blieb. Aller Mühe, die ich mir gab, ohneachtet, konnt' ich ihn nicht herausbringen. Wahrlich dieser Zug ähnelt ihm! Der Graf, dacht' ich, der den Sargtischler nicht in Stand setzen wollte, ein Mädchen zu heirathen, das keinen andern Fehler hatte, als den, daß es arm war; der Graf, der diesen Jüngling für Protektion arbeiten und sich das Herz abhobeln ließ — da fiel mir wieder seine strenge Gerechtigkeit ein. Er war Patron der Kirche und des Hospitals, dem Minchens Anverwandter in L— den Halbscheid seines Vermögens zugewendet hatte. Also — gedankt hätt' ich dem Grafen nicht, wenn gleich ich seines Namens gewiß gewesen wäre. Gott dank' ihm! — Der dankt nicht mit Worten, sondern mit That und Wahrheit. Zwar hatt' ich meiner Mutter die Worte aus Minchens Testamente bestens empfohlen:

> „Kannst du meinen Verwandten in Mitau förderlich und dienstlich seyn; sey es. Gott wird dich lohnen!“

indessen kam mir dies ἀνέχου καὶ ἀπέχου, diese Lotteriedevise mit einem Gewinnst, sehr willkommen. Willkommner kann es den Anverwandten in Mitau nicht seyn! Schwer war es mir, zu diesem Allen nichts mehr als ein Franko beitragen zu können — ein Scherflein in den Gotteskasten.

Das Schwere bei einem mäßigen uns zugemessenen Auskommen ist bloß, daß wir nichts mehr, als höchstens die Gabe der Reichen frankiren können! Darf ich wohl bemerken, daß ich gegen den Grafen kein Wort von Minchens armen Verwandten in Mitau verloren? Es wird nicht Jeder so neugierig seyn, zu fragen, ob die Post auch richtig das Haus der Armen gefunden, die in der Welt Angst hatten. Um ihnen keine Minute zu entziehen, sandt' ich das Geld gerades Weges, und nicht durch meinen Vater, auch nicht einmal durch Wechsel; allein ich bat meine Mutter, sich nach der Aufnahme dieses Geldes zu erkundigen, da ich hierüber dem lieben Gott unmittelbare Rechnung abzulegen hätte. Er, der der ehrliche Alte, war schon seit drei Wochen zur Ruhe eingegangen in jene seligen Wohnungen, wo ihn kein Pachtunglück und kein Contrakt, der ohne den lieben Gott gemacht ward, und kein W. N. J. V. R. W. mehr drücken konnte. Seine Frau lebte noch, zählte bis zehn. Noch mehr? sagte sie, als ob das Geld unter ihren Händen sich mehrte. Sie sprach für den Geber Segen, gab das ungezählte Geld und die gezählten zehn Einem ihrer Nachbaren zum Aufheben, und starb. — — Der Tod war ihr lieber, als hundert Pistolen. Der Sohn, der Amtsgeschäfte halber seinem Vater nicht das letzte Geleite geben können, kam zum mütterlichen Begräbniß. Sollten ihn wohl die hundert Pistolen dazu vermocht haben? Meine Mutter versicherte mich, daß der leidtragende Herr Sohn nicht aufhören können, Gottes wunderbare Führung zu verherrlichen! — Das dacht' ich wohl, und meine Leser mit mir, daß er diese hundert Pistolen nicht ohn' ein Kirchengebet einstreichen würde. — Ich wünsche wohl zu bekommen, lieber Herr Prediger an der Grenze. —

* * *

Ein Wort zur Rettung der Ehre meiner Mutter, die ich vielleicht hier und da auf zu frischer That beurtheilt haben kann. Darf ich bitten, lieber Freund! zu diesem Rettungswort? Auch du urtheiltest auf frischer That, da ich dir meinen Lebenslauf aus freier Faust erzählte, und an den Brief kam, den meine Mutter an Minen schrieb, sich anhebend:

„Es will verlauten“

Herrmann machte meine Mutter mit dem Abschiedsbriefe bekannt, den Mine ihrem Vater zurückließ, als sie aus ihrem Vaterlande und aus ihres Vaters Hause in ein Land ging, das ihr der Herr zeigte.

Hier ist die Antwort meiner Mutter und meines Vaters. Was jenes Weib vom Petrus am Camin sagte, gilt auch von diesen Briefen. Die Sprache verräth sie.

* * *

— Fasse dich! bedenke das Ende; so wirst du auch in deinem Schmerz nicht übel thun. Gott ist die Liebe! Das größte Ueberbleibsel des göttlichen Ebenbildes ist die Liebe. Liebe ist der Funke, den Gott anschlug, da er die Welt schuf. Du weißt das Sinnbild Feuer, Liebe, Wasser, Haß! Wo Feuer ist, ist Licht — wo Licht ist, ist Wahrheit. Das Licht der Vernunft ist Liebe, die Luft der Geister ist Liebe. Suche deinen Trost in der Liebe! — Du sollst Gott lieben, den du nicht gesehen hast, und nicht siehest. Sieh! ein Hülfs- ein Hausmittel, dich zu dieser Gottes-Liebe hinauf zu schwingen, da du Minen liebest, die du gesehen hast, und nicht siehest. Um diese Welt gleichgültiger zu finden, ist's gut, einen geliebten Gegenstand in der andern Welt zu haben. Wahrlich! es warten noch Stunden auf dich, wo es dir in dieser Welt nicht gefallen wird. — Du liebst Minen und wünschest sie nicht glücklicher, als du bist? — Ist die Liebe nicht stärker, als der Tod? Sind wir nicht am geneigtesten, allenthalben eine Aehnlichkeit von Menschen zu entdecken? Ein Baum in der Entfernung dünkt uns ein Mensch. Wir geben ihm alle Gliedmaßen, und Alles dünkt uns so. An der Wand, im Dunkeln, überall Menschengestalten! Nichts ist uns wichtiger, als der Mensch, nichts natürlicher, als er; und dir sollt es schwer werden, Minen darzustellen? — Wer sich selbst nicht liebt, liebt auch Andere nicht. In der Schule der Nächstenliebe wird mit der Selbstliebe der Anfang gemacht. Ein Verschwender kann dem Dürftigen sein Brod nicht brechen, weil er selbst nichts zu beißen, nichts zu brechen hat.

* * *

Warum aber so Cabinetsverschwiegen? Waren wir denn Vater und Sohn? oder waren wir du und du, und gute Freunde zusammen? Ich find' in diesen Fragstücken Trost; allein du wirst ihn hier schwerlich finden. Auch für mich selbst ist hier Unkraut zwischen dem Waizen. Friede mit Minens Seele, Friede mit der deinigen! Friede mit deiner Mutter, die unaussprechlich leidet. Fällt dir ein, daß ich es euch im Wäldchen wohlfeilern Kaufs lassen können; so wisse, daß dieser Umstand mich oft ergriffen, daß er mich noch ergreift, und mehr, als es Christen geziemet. Gott helf unserer Schwachheit! Dieser Brief wird mir saurer, als je ein Brief mir worden, obgleich mir jede Schrift schwer wird, und ich meinen Schreibtisch, der aber kaum diesen Herrn-

Namen verdient, die meiste Zeit widerwillig ansehe. — Trost zusprechen sagt man: wer kann ihn schreiben? und wenn es Viele könnten; würde diese Kunst doch nicht mein seyn! Denke! mein Sohn! — das heißt: sey mit Minen zusammen. Du hast nur Minens Form verloren! Mine lebt! und wir werden auch leben! — Besorgt seyn und sorgen, ist zweierlei. Hier ist so viel von der Predigt über den Text: Wir haben hier keine bleibende Stäte, als ich selbst besitze. Du kennst meine Weise zu concipiren. Hie und da ein Wecker. Betrügen mag ich nicht. So schick' ihm doch das Concept, wie es steht und geht, sagt deine Mutter. Da ist es, wie es steht und geht. —

* * *

Herzlich geliebter und nach dem Willen Gottes schmerzlich betrübter und nach kurzer Freude viel Leid tragender, einziger lieber Sohn!

Da sitz' ich und lese diese Ueberschrift zehnmal: herzlich geliebter und nach dem Willen Gottes schmerzlich betrübter und nach kurzer Freude viel Leid tragender, einziger lieber Sohn, und kann keinen Anfang finden, ich, die ihr Lebtage nicht des Anfangs halber eine verlegene Minute gehabt, und auch noch hab' ich den Anfang nicht, denn das ist erst der Anfang zum Anfang. Beim Ende, mein Kind, war ich oft verlegen. Dein Vater pflegte zu sagen, ich könnte das Ende nicht finden, obgleich mit seinen Anfängen, wenn er was schreibet, wahrlich nicht zu prahlen ist. — Bis jetzt hab' ich, Gott sey Dank, noch immer das Ende gefunden, freilich oft in Winkeln, wo es nicht Jeder zu suchen gewohnt ist. — O mein Sohn, wenn du wüßtest, wie schwer es mir wird, den Anfang dieses Briefes zu finden, du windest deine Mutter bedauren, und sie in deinen Schmerz einschließen, wie ich dich immer in mein Gebet eingeschlossen habe, und jetzt in mein Gebet einschließe. Ich will Sie nur nennen — so gern ich diesem Namen auswiche: Mine da ist der Anfang, Mine! o mein Sohn! wie wird mir, da ich diesen Namen, diesen seligen Namen, schreibe und spreche. Zacharias schrieb und sprach: er soll Johannes heißen, und war ein so glücklicher Vater, als ich eine unglückliche Mutter bin, obgleich mein Johannes nicht daran Schuld ist, sondern ich selbst, ich allein selbst. Mine! Mine! Mine! Da ist der Anfang. Ihr Name wird auch das Ende seyn! Meine Seele ist betrübt bis in den Tod! —

Wohl ihr, dem Kind der Treue!
Sie hat und trägt davon
Mit Ruhm und Dankgeschreie
Den Sieg, die Ehrenkron!
Gott giebt ihr selbst die Palmen
In ihre rechte Hand,
Und sie singt Freudenpsalmen
Dem, der ihr Leid gewandt.

Aus dem Liede: Befiehl du deine Wege, woraus, wie ein Ausgebäude, die schönen Worte: Befiehl dem Herrn deine Wege, und hoff' auf ihn, er wird's wohl machen, herausspringen. Dieser Vers heißt Wohl! Der Spruch steht im sieben und dreißigsten Psalm, der fünfte Vers. Fast kann ich sagen, ich fiel zu Grunde, wie ein Stein. Nichts, nichts in dem ganzen Laufe meines Lebens hat mich so ergriffen, als dieser Fall. So wie den Egyptern ging's mir. Sie saßen in der Nacht, während daß bei den Israeliten Tag war. — Das Licht war nicht bei mir. Zu Gott rief ich: Die

Angst meines Herzens ist groß, führe mich aus meinen Nöthen! Siehe an meinen Jammer und Elend, und vergieb mir meine Sünde! Der Herr sey gelobt! Ich habe Gnade gefunden in seinen Augen, so wie den Anfang zu diesem Briefe. Meine Brust schwoll so in die Höhe, daß alle Bande zu reißen schienen. Jetzt legen sich diese Blutwogen — obgleich ich noch lange nicht sagen kann: es ist stille. Vielleicht wird es nie ganz stille. Du warst kein Kind mehr, als du schwach und krank danieder lagest, und wieder gesund wurdest, ich weiß indeß nicht wie? Der Dr. Saft hat wenig oder nichts dabei gethan, der, wenn gleich er seinem Vater seligen eben nicht in Wunderkuren durch Heirathen gleich kommt, jedoch in der Apotheke zu Hause gehöret und seine Kunst versteht, trotz Einem. Du weißt, wie Gottergeben ich damals war. Wärst du gestorben, ich hätte keine Thräne, wie ich nach der Liebe hoffe, sinken lassen. Seit der Minute, da ich fühlte, daß ich dich hatte, bis jetzt, da du dich zum Dienst des Herrn weihest und heiligest — wußt' ich, daß mein Sohn sterblich war. Sterblich von sterblich, und wärst du gestorben! Wohl dir, du Kind der Treue!

Du sängest Freudenpsalmen
Dem, der dein Leid gewandt.

Aus der Strophe Wohl!

Du wärest wohl versorgt. Ein himmlischer Superintendent und Oberpastor! Das ist mehr, als in Mitau, wohin dich der liebe gütige Gott, wenn es seinem heiligen und allezeit guten Willen nicht zuwider ist, verhelfen wolle zu seiner Zeit! — Da ist er wieder in Herz und Feder der Name: Mine! Mine! O, der namenlosen Angst bei diesem Namen, den Gott in Gnaden von mir wende, wenn der letzte Kampf anbricht. O wend' ihn, wende am Lebensende das Schreckliche dieses Namens, du, der du Alles lenkest, wie Wasserbäche. —

Wie hieß der Barbar, der zween römische Rathsköpfe (nicht Glieder) jämmerlich hinrichten ließ, und, da ihm nach kurzer Zeit bei einem Abendmahl unter vielen andern Speisen ein gekochter Fischkopf aufgetragen ward, ihn für das Haupt des einen Erwürgten ansahe? Er sprang auf; denn der Fischkopf drohete ihm, in seiner Einbildung. Er flohe, der Fischkopf verfolgt' ihn, und unter diesen Aengsten, da beide Ermordete ihr Blut von seinen Händen forderten, starb er. Man kann leicht denken wie? Ich meines Orts behaupte Stein und Bein von dergleichen Leuten, daß sie lebendig in die Hölle gefahren! Da sagen denn die Gewissenslosen: der Barbar hatte Hitze! Freilich hatt' er Hitze; allein Höllenhitze! Er setzte sich hin, um fröhlich und guter Dinge zu seyn, bis der Ermordete ihm erschien. Der Fischkopf war ihm ein magischer Spiegel, und so ist's immerdar mit dem Gewissen. Einbildung? Recht. Allein das ist des Gewissens Art und Weise. Es hält uns immer einen Spiegel vor, dieser sey ein Fischkopf, oder was anders — und am Ende will ich lieber wirklich leiden, als einen solchen Fischkopf sehen! Was mich mit Wasser in meiner Minenhitze besprengte, war der Umstand, welcher Andere vielleicht unmuthiger gemacht haben würde. Du hast, dacht' ich, meinen grausamen Brief an Minen! Du weißt Alles; das Bekenntniß der Sünde ist eine halbe Reue, eine halbe Besserung. Die Beichte könnte eine sehr vernünftige Sache seyn; jetzt freilich ist sie nichts weniger, wie das. Sey mein Richter! Ein Sohn zum Richter. O hier ist mehr als ein Fischkopf! Es ist immer eine und dieselbe Saite, die in mir sumset. — O ein schrecklicher Ton! Auch die Hörner des Altars selbst kann ich nicht ergreifen. So oft ich in Gottes Hause bin, seh' ich hier Num. 5. und da Num. 5. An Num. 5. hängt mein Gewissensspiegel. Da seh' ich das stille gute Mädchen und fühl' es, daß ich ihr mit Ungestüm begegnete, den letzten Sonntag, da schon ihre Seele Alles eingepackt hatte. Sie grüßte mich, und dich! O Num. 5! Num. 5. O wenn diese Zahl nicht wäre! Einfältiger Wunsch, da eben fallen mir die fünf Finger ein. Sie bleibe diese Zahl, und die Erinnerung bleibe, daß ich Minen auf der Seele habe! Wie lebhaft ich mir Alles zurückerinnere! Ich besann mich, indem ich dankte, ob ich wohl danken sollte, und solch ein Dank ist ärger, als Undank. Jetzt dank' ich, so oft ich die Bank sehe! — und niemand ist, der mir diesen Dank abnimmt. O wenn doch Minchens Geist diese meine Bücklinge sehen könnte, und mich bedauerte! O wenn doch ihr Geist nur ein einzigmal noch in unsere Kirche käme! Wenn ich diesen Fischkopf: Sonntag, zurück hätte, was gäb' ich darum! Nur den Vormittag, nur die Predigtstunde. Ich sah Minen deines Vaters Predigt hören über: wir haben hier keine bleibende Stätte, sondern die zukünftige suchen wir! welche dir dein Vater auf mein Zudringen, wie sie da geht und steht, senden wird. O Gott, wie hörte Mine diese Predigt, und ich, wie sah' ich sie hören! Gleich dacht' ich, ein Mädchen, das so hören kann, kann das böse seyn? Es kann nicht. Ich sah Minen manches Predigtwort befeuchten mit ihren Thränen! Ein warmer fruchtbarer Regen zur Seligkeit! Ich sah sie Abschied von N. 5. nehmen, einen sanften, seligen Abschied! O möcht' ich doch auch, wenn ich zum letztenmal in das Gotteshaus gehe, von Num. 1. so Abschied nehmen, und wenn es auch zu mir heißt: wir haben hier keine bleibende Stätte, sondern die zukünftige suchen wir! so von hinnen gehen, wie sie aus Num. 5. O hätt' ich doch nur einen Buchstaben von diesem Abschiede gemerkt, da Minchen ihn nahm, nur ein Uhütchen, ein Ipünktchen! Welch ein schreckliches Licht ist mir jetzt aufgegangen. Vorigen Sonnabend ging ich allein in's Gotteshaus, und wollte versuchen, ob ich mich vielleicht in der Stille mit Minens Bank versöhnen könnte. Langsam ging ich zu ihr, als zu meinem Richterstuhl. Ohngefähr kam ich an die Stelle, der sie die Hand gedrückt, und siehe! es waren feurige Kohlen, die da brannten. — Noch jetzt bin ich mit Num. 5. nicht in Ordnung. Gott sey gelobt und gebenedeit, daß ich Minchen anders grüßte, da sie heraus ging. Gott! Gott! Großer Gott, ihre Thränen! Ihr Ringen im Aug' ehe die Thränen flossen, die bangen Thränen und die letzte, die Abschieds-Thräne, die sie weinte, da sie ging, die ihr mein letzter Gruß erregte! — O sie komme zur Linderung über mich, zum Erquickungstropfen in meiner brennenden Todeshitze, in meiner Todesnoth! Vater, vergieb! Ich wußte so wenig, als Nathanael, was ich that! Dieser Wehrwolf —

Doch warum klag' ich Andre an?
Ich habe Alles selbst gethan!

Der Stank für Dankbrief! O hätt' ich nie schreiben gelernt! Die Zunge hat viel Unheil angerichtet; allein es geht mit ihr, wie mit dem Brod beim Bäcker. Den andern Tag wird frisch gebacken. — Nie, mein Sohn, das schwör' ich schriftlich vor Gott, der über mir ist, ich schwöre, nie werd' ich Lebenslang einen Brief, ein Promemoria, einen Waschzettel schreiben, wo ich nicht an Minen schriftlich denke, und ihren Namen, wär' es auch nur der erst' und letzte Buchstabe M. e. mit hinein schreibe, um meine schriftliche Sünde, meinen Stank für Dank zu büßen. Sey mit dieser Buße zufrieden, lieber gütiger Gott, und sieh' mich so nicht an, wie ich Minen, vor der letzten Predigt in unserer Kirche! Wie könnt' ich sonst vor dir bestehen! — Straf mich nicht nach meinen Sünden, vergilt mir nicht nach meinen Missethaten! — So du willst, Herr, Sünde zurechnen hier, in der ersten Instanz, vor dem Gewissen, und dort in der letzten, wer kann bestehen? —

Gott, du kennst vorhin
Alles, was mich kränket,
Und woran mein Sinn
Tag und Nacht gedenket.
Niemand weiß um mich,
Als nur du und ich! —

Das! das! mein Sohn, ist mein täglich, mein stündlich Gebet zu Gott, das ich aus der Tiefe herauswinde, wie ein müder Wanderer einen Labetrunk aus einem Brunnen, der dem Reisebecher Tropfen auspreßt. Wie gern ich sehe, wenn das Glas beschlägt, kann ich dir nicht sagen. Es ist mir so, mein lieber Sohn, als erquicke sich das Glas selbst.

Du hast mir, es ist nicht zu leugnen, einen stark gewürzten Brief geschrieben; Muskatennuß, Englischgewürz, Pfeffer und Ingber war darin. Zu sehr indessen zeigt der Brief noch, daß du mein Sohn bist, und ich deine Mutter; zu sehr, daß du unter meinem Herzen und an meiner Brust gelegen, die Niemand, als dein Vater, und der nur beiläufig, gesehen hat. O warum, warum vergißt du denn dies nicht Alles? Das konntest du leider nicht. Warum denn nicht? Griff ich dir nicht in's Herz hinein? Riß ich dir nicht ein Aug' aus? Sohn! zu guter Sohn! — Wisse, daß ich mir selbst, wie jener Gesetzgeber, dessen Sohn ein Gesetz übertrat, worauf zwei Augen standen, auch ein Aug' ausgerissen, und zwar das linke, das ich das Herzensauge nenne, so wie das rechte das Verstandsaug' ist. Jetzt, ich weiß selbst nicht wie's zugeht, da ich dies Alles aus der Fülle meines Herzens herausschreibe, fühl' ich mich einigermaaßen getröstet. Mich soll verlangen, ob es von Bestand seyn wird. — — Wundershalber brech' ich auf einen Tag ab.

Gelobt sey der, dessen Aufsehen unsern Odem bewacht! Ich bin zufriedener. Ich bitte dem lieben Gott wegen des Fluchs ab, den ich über's Schreiben aussprach! — Es ist grundfalsch, daß das Schreiben nicht auch sein Gutes habe. Freilich hätt' ich an Minen nicht schreiben sollen. Was kann aber das Wasser dafür, daß es nicht Taufwasser wird, welches so schönes Grün hervorbringt, daß das Auge fühlbar gestärkt wird? Denke doch weiter über das Schreiben, und schreibe mir mit nächstem, was du gedacht hast. Bei deinem Vater kann ich mir deshalb nicht Raths erholen. Das Schreiben kommt mir als ein vernünftiger Monolog vor, die beste Manier, wie man zu sich selbst kommen, und sich ein Wörtchen in's Herz und Seele hinein bringen kann. Wenn man mit sich selbst spricht, läuft Jeder für uns: und mit den lieben Gedanken — wer zäunt sie gern ein? und unverzäunt, wie selten halten sie Stich? — Ich weiß, an welchen ich glaube — und bin gewiß, daß er mir meine Beilage bewahren werde bis an jenen

Tag, daß der, so meinen Nelkensamen gestreuet, auch die Nelken ablegen, und in ein ander Beet versetzen werde; daß der, so in mir angefangen das gute Werk seiner Verherrlichung, es auch durch seinen heiligen Geist bestätigen und vollführen werde, bis an den lieben jüngsten Tag. O wie es mich entzückt hat, daß die Selige Mosen und die Propheten, Bibel und Gesangbuch, zu ihrem Ein und Alles gemacht, und daß sie besonders in geistlichen und himmlischen Liedern ihre Wonne gefunden! O du mir sonst schon theuer und werthes Lied:

Ich hab' mein' Sach' Gott heimgestellt,

wie weit theurer und werther bist du mir jetzo, du, Minens Reiselied auf ihrer Wanderschaft zur seligen Ewigkeit! Weißt du auch noch, mein Erst- und Letztgeborner! wie wir unterwegs, da wir die Folianten, die uns kreuzweise zur Verewigung des vetterlichen Kupferstichs dienten, zu Hause brachten, wie wir sangen:

Man trägt eins nach dem andern hin,
Wohl aus den Augen und aus dem Sinn. —

Behüte Gott, daß ich dich an diese preiswürdige Stelle darum erinnern sollte, damit auch die hingetragene Mine dir wohl aus den Augen und aus dem Sinn kommen möge! Nein, ewig sollst du an sie denken, aber denk' an sie, als Christ! Sieh! die Natur giebt dir die Vorschrift, deinen Schmerz nicht zu verewigen. Allmählig, wie Spiritus, duftet er aus. Man merkt wohl, es ist Spiritus gewesen; allein die Hauptkräfte sind in den Wind geschlagen. — Dein Vater pflegte zu sagen, daß er jeder Hand ansehen könnte, auch dann, wenn jetzt kein Ring daran hing, daß einer daran gewesen. Ein gewisser Zwang, ein gewisser Stolz, bleibt darin, und der kleine Finger will mit aller Gewalt der Daumen oder Mittelfinger seyn. Das kleine Närrchen! So nicht mit Christenleuten. Sie sind einen Zoll über die Natur! größer, stärker, als sie. — Was die Natur nicht kann, vermag die Gnade, die mächtig macht! Dieser Gnade befehl' ich deinen Geist, Seel und Leib, Alles müsse unsträflich behalten werden bis zum allgemeinen Concilio, wenn offenbar wird, der Gott dient, und der ihm nicht dient. — Wenn du das schöne Werk: Ehre und Lehre der Augsburgischen Confession, von Johann Weidner, Ulm 1732, habhaft werden kannst, laß es nicht aus der Hand und dem Auge! Dein Vater hat es nicht! Ueber das Reiselied: ich hab' mein' Sach' Gott heimgestellt, hab' ich nicht ohne die äußerste Rührung meines Herzens nachgeschlagen, daß ein sieben und siebenzigjähriger Greis, da er sich diesen Kern- und Stern-Gesang vorsingen ließ, und an die Worte kam:

Es wird nicht eins vom Leibe mein,
Sey groß oder klein,
Umkommen, noch verloren seyn,

sich so angegriffen, daß sein verstorbener Körper sich verjüngte, wie ein junger Adler. Man sah ihn ordentlich auferstehen. Nicht eins, nicht eins, nicht eins, schrie er, vom Leibe mein, umkommen und verloren seyn! und starb ruhig und selig! — Würdest du es wohl gern sehen, wenn du von Minen in der andern Welt nur ein Gemälde, nur einen Kupferstich sehen solltest? Nicht eins, nicht eins, hör' ich dich auffahrend rufen, wie den sieben und siebenzigjährigen Greis. Nun, du sollst sie wieder haben, ganz und gar! Es giebt Plätze in unsern Liedern, wo man in der größten Sonnenhitze

17 *

vor dem Sonnenstich sicher ist, wo kein Sonnenfunke hineinblitzt, kein Strahl hineinschleudert, und wo es einem so wohl ist, so herzlich wohl! — Ich weiß nicht, (mein Gedächtniß fängt mir an so schlecht zu werden, und ich merke selbst bei Liederstellen, daß sie mir wie die Zähne ausfallen,) ich weiß nicht, wo ich es gelesen habe, daß ein braver Mann sich alle liebe Morgen, wenn er aus dem Bette gefahren, einen frischen Erdenkloß bringen lassen, daran er eine Weile gerochen. Er behauptete, daß er Gesundheit und Lebensverlängerung daraus röche! Mein Sohn! giebt's einen originalern Menschengeruch? Ein Erdenkloß war noch vor dem Adam, und er ward aus ihm gemacht. Zwar ist die Erde jetzt sehr mit Todten versetzt, denn wer weiß, ob ein Stellchen ist, das nicht ein Kirchhof, eine Urne wäre? Und wer kann es leugnen, daß so ein Erdenkloß, aus dem Gott der Herr den ersten Menschen machte, sich ungefähr gegen unsere jetzige Erde verhalten haben könne, als gekochtes Gemüse und rohes Obst. — Indeß erfrischet auch das gekochte Gemüse das Blut, und auch noch, glaub' mir, auch noch muß man von der Erde was Originales riechen können, wenn man sich nicht an so genanntem wohlriechenden Wasser die Nase von Grund aus bis auf die Wurzel verdorben hat, welches aber nicht, wie dir erinnerlich seyn wird, durch Himmelsschlüsselchen, wozu auch Krausemünze zu zählen, geschiehet. Den Erdenkloß, aus dem Adam ward, nicht wahr, den hättest du riechen mögen? Ich auch, mein Sohn! — Noch eine Anekdote schwebt mir in Gedanken über: ich hab' mein' Sach'; allein ich kann sie nicht zum Stehen bringen. So geht's, je älter, je kälter! und bald wird mich der Papagai jenes spanischen Gesandten übertreffen, welcher, wie ein bewährter Schriftsteller versichert, die ganze Litanei singen können. Das wäre ein Casus für mich! Was ist Nachtigall und Lerche! und alle Finkenarten gegen solch einen Litanei-Papagai? — Zum erstenmal merke ich, daß sich Litanei und Papagai reimt! Schön! — Es giebt Lasten des Lebens, mein lieber Sohn, die auch dem Christen zu schwer zu heben sind; allein er vermag Alles durch den, der ihn mächtig macht; er probirt und probirt so lange, bis er hebt und trägt. Es kommt viel darauf an, wie man's angreift, und sich auflegt. Die Gelehrten lassen sich gemeinhin mit einem Buch in der Hand malen, und darüber wegsehend! Nicht also, mein Sohn, wie diese Verkehrten! In's Buch, sag' ich, in's Buch das Auge! Glaubt, ihr Herren Gelehrte, Verkehrte, etwa, daß das Auge dem, der euch sieht, verloren gehe? Eben dieser Blick in's Buch ist das Aug' eines Gelehrten, wenn er nicht ein Verkehrter seyn will, und nun, mein Sohn, laß dich nicht bloß so malen, sondern sieh wirklich in's Buch des Lebens! Die Bibel ist davon die erste Ausgabe, die zweite vermehrte wird dir in der andern Welt aufgethan!

Dein Großvater seliger, der Glückliche, machte, wenn er nachsann, kleine Augen, recht als ob er keinem Gegenstand mehr Platz lassen wollte; dein Vater macht sie groß, wenn er nachdenkt, wenn er mit der Seele wohin sieht, und da fallen denn Sonnenkörner, kleine Sterne, wie die Sternschnuppen, aus seinen Augen. Manche machen die Augen dicht zu, als ob sie nicht sähen auf das Sichtbare, sondern auf das Unsichtbare; denn was sichtbar ist, das ist zeitlich, was aber unsichtbar ist, das ist ewig. —

Was steht in der ersten Ausgabe des Lebensbuchs? Denen, die Gott lieben, müssen alle Dinge zum Besten dienen. Kann der Thon sprechen zum Töpfer: warum machst du mich also?

Der Mensch sieht immer scheel über den lieben Gott, weil er so gütig ist, nicht nur in Absicht seines Groschens, sondern Anderer. Dies Evangelium vom Groschen ist vortrefflich; es ist nicht mit Gold zu bezahlen. Was kannst du, Mensch, mehr als einen Groschen verlangen? Am Ende hat Niemand mehr. Nur daß es anscheint, als hätte Dieser oder Jener darüber. Was willst du mehr, Mensch! wenn du deinen Groschen bekommst? Was mehr? Du willst die ganze Natur verschlingen. Unthier! Wie viel Arten von Speisen in einer Mahlzeit? Fast alle sechs Tagewerke werden aufgetragen. Dafür mußt du aber auch leider! den Dr. Saft in Ehren haben. Selbst das Sterben muß dir dafür schwer werden. Du bringst dich selbst um, Israel! Wahrlich in allem Betracht dich selber! — Das ist ein theuer werthes Wort, daß sich der Mensch mit dem lieben Gott in Verbindung denkt, daß er weiß, wie ohne den Vater über Alles kein Sperling fällt, wenn gleich dieser den Kirschen nachstellt. Kein Haar auf deinem Haupt' ist, das Gott der Herr nicht gezählet hätte. Alles ist in Verbindung mit einander, und Alles zu Gott. So drehen sich große Weltkörper um ihre Achse und wandeln, sagt dein Vater. Ich stelle die großen Weltkörper an ihren Ort, genügsam mit der Bemerkung, daß göttliche Heimsuchungen, dergleichen du jetzt erfahren, dergleichen ich auch oft erlebt, besonders, da dein Vater mir lieblos den Rücken kehrte, und ich im hitzigen Fieber hebräisch lernte, da mir deine Großmutter den Ring aufdrückte, und da dein Vater dich Alexander hieß, und da er selbst M—l—ch genannt ward, was wollt' ich sagen? Dergleichen Heimsuchungen sind Wekker, sind Haltrufer! Steh' doch, Seele, steh' doch stille! Gott sucht den Menschen heim, wenn es dem Menschen wohlgeht. So sieh' dich doch um, wie schön dein Feld steht; dein Weib fürchtet den Herrn, und deine Kinder stehen, wie Palmen am Wasser; du hast was dein Herz wünscht und deinen Augen gefällt. Gott sucht den Menschen heim, wenn er ihm mit unerwartetem Unglück in die Quere kommt. Glück kommt in die Länge. Gott kommt, so zu sagen, bis in's Menschen Haus, um ihm Gutes im Glück und Unglück zuzufügen. Was liegt nicht Alles in dem Worte heimsuchen! Gott sucht den Menschen heimzuziehen, von der Welt ab, und in sich selbst, in seinen eigenen Busen, um durch eben diese Selbsterkenntniß ihn dahin zu bringen, wo wir ewig seyn werden! Kreuz und Leiden, mein Kind, sind der Zaum und Gebiß, so der liebe Gott uns, seinen Rossen, in's Maul legt, wenn wir nicht zu ihm wollen; und wer ist ohne Kreuz und Leiden? Willst du mit Gott rechten, du toll und thöricht Volk, das wahrlich nicht an seine Brust schlagen und sagen kann: mein Gewissen beißt mich nicht, meines ganzen Lebens halber. Das Gewissen, wie du selbst wissen wirst, geht von unten, ungefähr um den Magen herum, in die Höhe. Oben hält es sein richterliches Amt, unten ist sein Schlafstübchen. Wenn es aufwacht zum harten Criminalurtel, wie brennend sind seine Tritte! Wie glühend Eisen geht's in die Höhe. — Was schreien wir denn? Daß wir nicht Dies, und daß wir nicht Jenes haben? Wenn wir auch das nicht hätten, was wir haben? Wenn du z. E. nicht Pastors Sohn wärst, und Mine die Tochter eines Literati, obgleich über seine Literatur noch ein Streit ist. Waren wir nicht Thon, aus dem der Weltmeister machen konnte, was er wollte? Warum sollten wir der Erde noch mehr Dornen und Disteln auf den Hals wünschen, und ihr fluchen? — Glaub' mir, am Ende hat der Generalsuperintendent und der Herzog, der Präpositus, der Pastor, der Literatus, schlecht und recht, fast möcht' ich sagen der Wakker selbst, nichts vor dem Andern darüber und darunter. Jeder hat seinen Groschen. Staub ist Staub, er sitze im Sammetrock, oder im Kittel. Schmerz ist ein Präludium zur Freude; Freude ein Präludium zum Schmerz. Es geht in der Welt Alles aus Einem Ton, aus B—dur. Freilich leiden wir oft des Ganzen wegen, so wie der Gerechte durch's Gesetz, das eigentlich nur dem Ungerechten gegeben ist; allein leiden nicht auch Viele für uns? Es geht immer mit einander auf. Wie viel Hände sind nicht unsertwegen, eben da ich dies schreibe, in Bewegung. Die Menschen haben schon einen angebornen Trieb zur Hülfsamkeit, sich einander förderlich und dienstlich zu seyn. Du empfindest die Sonne, weißt du aber ihre Natur und Wesen, weißt du, ob darin gegessen oder getrunken wird? Das sey dir eine Warnung! Ueber Gott und seine Wege meistere nicht! Dein Standort ist dir nicht recht; weißt du aber auch, wo du stehest? und wenn du es weißt, siehe wohl zu, daß du nicht fällst. Willst du gerechter, gütiger seyn, als der Allgütige, der Allgerechte? Die Natur des Menschen hilft sich durch die Krankheit; so wie die große Hauptnatur durch Donner und Blitz, Hagel und Stürme. Wenn sie sich den Magen verdorben hat, muß es heraus. So lange dir der liebe Gott die zwei Brünnlein deiner Augen giebt, in denen Wasser des Lebens, des Trostes rinnen, und so lange der Mensch manche schwere Stunde verweinen kann, was will er denn? Zwar

Die Fromme stirbt, die recht und richtig handelt,
Die Böse lebt, die wider Gott mißhandelt;

allein ist's nicht besser, daß eine Wohlvorbereitete unter die Engel kommt, als Eine, die es nicht ist. Würden die Engel sonst nicht alle Liebe zu den Menschenkindern verlieren, würden sie sich nicht des Menschen schämen, obgleich er, wie sie, Gottes Geschöpf ist? Wenn der v. E— mit seinen habsüchtigen Augen dahin gerafft wäre, wahrlich ganz Curland hätt' im Himmel darum verloren. Es wäre Curland gegangen, wie es den Deutschen dadurch geht, daß sie lauter Grützköpfe nach Paris geschickt, das Land zu besehen, worüber dein Vater nicht genug seinen deutschen Kopf schütteln kann. Lies dir da Trostgründe aus, wie wir Zuckererbsen zur Saat auszulesen pflegen. Was wurmstichig ist, wirf davon. Nicht alle meine Trostgründe sind Saat-Zuckererbsen. Du weißt doch, man muß sie erst aufweichen, wenn sie aufgehen sollen. Weine, herzlich geliebter und nach dem Willen Gottes schmerzlich betrübter und leidtragender Sohn! und erweiche die Saaterbsen von Trostgründen durch deine Thränen; dann wirst du Alles ganz anders finden. Weine für Freuden, daß wir weinen können, und erhole dich, wie die angebrannte Pflanze nach dem Abendthau. Verstopfe die Quelle, aus der Leben abfließt, nicht durch bittere Härte. Murre nicht wider Gott! Nicht Alle können Alles; nicht Jeder kann einen Wald voll Waldgreise alter und wohlbetagter Ei=

chen, nicht Jeder kann einsame Gegenden aushalten, wo Schauer aus allen Winkeln zusammenkommen, und den Ankömmling ängstigen, als käm' er in ein verfluchtes Schloß. Da wird er denn in die Enge getrieben, und kommt so im Kleinen zu stehen, daß er wie in sich selbst verkrochen ist. Ich konnte den dicksten Wald aushalten, als säh' ich Johannisbeerenstrauch, und selbst in der alten Rummelei eines vernachläßigten Waldes, in einer zerstörten Stätte, wo ein Käuzlein keinen Laut wagt, konnt' ich froh seyn. Da fing ich dann ein Morgen- oder Abendlied an, und freute mich, daß der Wiederhall so gut Melodie hielt. Da sah' ich dann manchen Baum, dem die Erde an der Wurzel ungetreu worden. Sie wollte von ihm abfallen; allein er befaßte sie mit seiner Klaue — und sie blieb. Da war ich wie zu Hause, und fühlt' es tief in der Seele, daß im Stillen wirken, göttlich sey. Die Natur (Gottes Sprachzimmer) sieh! wie still sie ist! — Eine Waldblume, obgleich sie nie eine Eiche wird, bekommt etwas von der Stärke ihrer Kameraden. Sie steht länger, als die auf dem Felde; denn wenn ich gleich nur ein Lied bin, geht doch manche Ode auf meine Melodie — ich hörte den Donner nicht, als hört' ich Gottes Scheltwort. Schelten konnte nur meine selige Mutter — überall, und ich — in der Küche. Ich habe es selbst gesehen und gehört, daß mitten im Gesange deine Großmutter selige, war es Katharinen, oder einer andern, einen Schlag an's Ohr gab — mitten darin. Dergleichen Taktschläge sind mir nicht eigen. Wer ein gut Gewissen hat, hält den Donner für eine Instrumentalmusik der Natur. Thut Buße, tönt er dem Verbrecher, denn das Himmelreich ist nahe herbei kommen. — Und der

Blitz? Gott verzeih' mir meine Sünden, oft ist es mir vorgekommen, als schlüge sich der liebe Gott Licht an, und auch im dicksten Walde, wo ich denn wohl einsah, daß die stolze Eiche, die gern ein Wörtchen mitspricht, und die, wenn der Wind daher fährt, Scheltwort auf Scheltwort giebt, stockstill war; im Walde, wo der Blitz sich so recht herum schlängeln kann, war mir ehemals nichts schrecklich! — Wie still es hier war, wie vor dem Wort: es werde Licht! Da bewegte sich kein Blatt. Mir war ehemals diese Stille erwecklich! himmlisch. — Nach Minens Tode, ich kann es nicht leugnen, ist mir beim Donner und Blitz nicht mehr so zu Muthe! Jetzt ist auch was von thut Buße darin, und im Blitz: bedenke das Ende! Ich schaudere vor dicker Finsterniß, und Alles scheint Mine im Munde zu haben und wider mich ausbrechen zu wollen. Vor diesem, selbst wenn eins vom Blitze getroffen war, kam es mir vor, als wär' es im feurigen Roß und Wagen gen Himmel geholt; vorzüglich dacht' ich dies bei dem Blitztode des alten Peters, denn er war ein so guter frommer alter Mann, daß nichts wider ihn zu sagen war. Man suchte nach seinem Tode; allein kein blauer Fleck an ihm! — Es war kein Schmerz in seinen Falten; sie schienen wie ausgeglättet. Im Leben hatte Peter auch keinen Fleck, außer daß er zuweilen ein Gläschen über den Durst trank. Eins nur. Jetzt ist Alles mit mir gar anders! — Das ganze Haupt ist krank, das ganze Herz ist matt, von den Fußsohlen an bis zur Scheitel ist nichts Gesundes, nichts Festes an mir.

Charlottens Laube selbst, wie schrecklich sie mir da ist! Hier, wo so viel Thränen vergossen sind, hab' ich Mühe, die meinigen in Gang zu bringen. Sieh', mein

Sohn! Du bist zu Superintendenten-Leiden und zu Superintendenten-Freuden geboren und erkoren, zur hohen Würde, zur schweren Bürde. Zum höhern Halleluja, zum tieferen Kyrie Eleison. Du bist, das weiß ich, nicht unbehülflich in diesem Kummer. — Der Gram ist durstig, wenn er aus verunglückter Liebe, aus Todesliebe, kommt, hungrig, wenn er Verachtung, Verspottung zur Triebfeder hat. Trink ein wenig Weins, deines schwachen Magens halber, und wisse, daß deine Mine wohl versorgt sey: aber warum schein' ich es selbst nicht zu wissen?

Ach! wer doch einmal droben wäre! Wenn du gelegentlich, mein Kind, ein Buch: Die große Diana der Epheser, oder ein Traktätchen von den Accidentien der Prediger. Danzig 1693. lesen kannst, lies es und schreib mir den Inhalt. Selbst lesen mag ich es nicht, wohl aber die Ehre und Lehre der Augsburgischen Confession von Johann Weidner, Ulm 1732. Wenn es dir begegnet, kauf es. Mit Freuden ersetz' ich Kosten und Porto. — Glaube mir, mein hiesiger Aufenthalt wird nicht langwierig seyn, und ich freue mich darüber, bald, bald ausgespannt zu seyn, und außer dem Leibe zu wallen. Meine Seele, ein Strahl aus dem göttlichen Lichte, sehnet sich zurückprallen zu können, und mit dem lieben Gott in's nähere Verkehr zu kommen! Der Tod wahrlich ist das wahre Universale wider alle Leiden dieser Zeit. Würden wir wohl Lust haben einzupacken, wenn nicht heute hier, morgen da, einer von unsern Lieblingen und Gespielen das Zeitliche segnen und aus unserm Kränzchen wie eine Rose, die am besten riecht und am ersten bricht, ausfallen würde? Und was hat sie denn, die Welt, im Palast, und in der Wächterhütte? Was hat sie denn,

So uns nicht naget und plaget?

In der Natur ist Tag und Nacht, Sommer and Winter, Leben und Tod. Wäre nicht Abend, wäre auch kein Morgen, wäre nicht der Tod, wäre wohl Leben? Hier ist der erste Eingang bei den meisten Menschen bis an's Vaterunser. Bei den andern das Thema, die Partition, bei den meisten ein Gerippe zur Ausführung, die mein seliger Vater, wenn der Edelmann communicirte, vorn in die Bibel zu legen pflegte, um keine Division und Subdivision zu verlieren.

Die rechte Ausführung, vorzüglich die Application, ist der Zukunft vorbehalten. Zum Amen kommt es bei keinem Menschen. Gott allein ist Amen. Alle Verheißungen sind Ja in Ihm, und Amen in Ihm! Gott zu Lobe durch uns! Darum lieb' ich auch dies Wort, das Amen sein, Amen, bis zum Herzandruck, bis zum Küssen. — Gott der Herr ist überschwenglich; er thut mehr, als wir wissen oder verstehen. Wir fragen zwar alle Augenblick, wie Maria, wie soll das zugehen? und lachen wie Sara, weil ihr Herr alt war, und es ihr nicht mehr nach der Weiberweise ging; allein Zeit bringt Rosen, und Hoffnung läßt die nicht zu Schanden werden, die im Dienst der Wahrheit und des Lebens stehen, und nicht auf den Wirrwarr dieses Lebens, sondern auf die Harmonie des Zukünftigen sehen; daher auch der Himmel musikalisch vorgestellt wird.

In Parenthesi merk' ich an, daß ich am Sterbetage deiner Mine faste und fasten werde, bis mich nicht mehr hungert, noch durstet, und auf mich fällt irgend eine

Hitze der Angst. — Aber wie fast' ich? Nicht, daß ich mich verschlösse; sondern daß ich meine Lieblingsschüsseln selbst mit eigener Hand koche, und mit eigener Nase rieche. Dann ist's keine Kunst zu fasten, wenn uns Feuer und Wasser im Exilio versagt werden. Sey getrost, mein Sohn! Der Trieb des Lebens hört nicht auf, sondern mehrt sich mit den Jahren; nur durch die Religion wird er eingeschränkt und zur rechten Ader gelenkt. Ich kann es dir versichern, daß meine Lust zum Leben so ziemlich versiegt ist. Wie sollte das zugehen, wenn nicht noch was dahinter wäre? Darauf verlaß dich! Es ist noch was dahinter. —

Deiner Güte will ich trauen,
Bis ich fröhlich werde schauen —

Weiter kann mein centnerschwer beladenes Herz weder schreiben noch singen. Wieder ein Absatz! — Meine Lippen sind gedörrt, so, daß die Triller nicht aus der Stelle wollen, eben so wenig, als die Feder. Ich will morgen wieder eins versuchen. — Alte, mein Sohn, müssen auf's Vergangene, Junge auf's Zukünftige denken. Wer die Ursachen der gegenwärtigen Dinge, und ihre Verbindung mit den zukünftigen übersehen kann, das ist ein weiser, das ist ein göttlicher Mann. Der hat Verstand, dem Etwas leicht wird, was andern Menschen schwer ist; der hat Verdienst, der es seinen Nebenmenschen leicht machen kann. Ich wünsche dir wohl zu ruhen!

* * *

Mein Gott, nun ist es wieder Morgen!
Die Nacht vollendet ihren Lauf;
Nun wachen alle meine Sorgen,

Die mit mir schlafen gingen, auf!
Die Ruhe, wie der Schlaf, ist hin,
Ich sehe wieder, wo ich bin. —

Ich bin noch immer auf der Erde,
Wo jeder Tag sein Elend hat,
Hier, wo ich immer älter werde,
Und häufe Sünd' und Missethat.
O Gott, von dessen Brod ich zehr',
Wenn ich dir doch auch nütze wär'!

Diese beiden Reihen hört' ich einmal von einer Bettlerin singen, und dieser Gesang ist mir in der Erinnerung noch so rührend, daß ich keine Zeile mehr, weder abschreiben noch singen kann.

Wie hast denn du geschlafen? — Wenn man auch nicht gut wacht, wenn man nur gut schläft, so findet sich auch das Wachen.

Der Candidat erzählte jüngst ein Vorfällchen, das kürzer, als seine Manschette, allein recht artig ist. Ein Bauer kommt nach Mitau, um den Brief an seinen Sohn ja recht gut anzubringen. Er giebt ihn ab, und wartet bis der Postillon bläset, und nun bittet er ihn recht freundlich, doch ja den Brief gut zu bestellen. Lieber Sohn! Wir Menschen, denk' ich, machen es eben so, und auch du bist, mit deiner Erlaubniß, nichts mehr, nichts weniger, als dieser Bauer mit dem Briefe. Wir alle bitten den Postillon, den Brief, den er zwei Meilen trägt, gut zu bestellen. Wer erreicht seine Schicksale, nur über eine Hand voll Jahre, das sind fünf nach der Zahl der Finger? Wer bis an Stell und Ort? Auch in Absicht deiner Mine bist du nach Mitau gereiset, und hast so lang gewartet, bis geblasen ward, und hast recht freundlich gebeten, doch ja den Brief zu bestellen.

Sag' am Ende, um nur mit einem Blick, mit einem einzigen, auf die nächstfolgende Station zu kommen, hätte wohl Mine füglich Superintendentin werden können? Wenn ich schwach bin, bin ich stark, sagt ein Apostel, der doch entzückt ward bis in den dritten Himmel, in's Paradies, wo er unaussprechliche Worte hörte, die kein Mensch ausdrücken kann. In Parenthesi, mein Sohn! Betrüge den Petrus und den Paulus nicht um ihr u s. Scheer ihnen den Bart nicht, der ihnen so trefflich steht. Recht Maaß, rechte Elle, recht Gewicht. Sey nicht solch ein Ehrenschänder, als ein junger Candidat, der vor acht Tagen bei uns war, welcherlei es viel giebt unter den Deutschgelehrten. Der heilige Paul, der heilige Peter! O du hölzerner Peter du! Peter und Paul ohne u s ist nicht Petrus und Paulus. Dein Vater selbst, der in solchen Dingen, wie du weißt, kein Zelot ist, und seinen Schlagbaum Manchem öffnet, wobei ich h a l t rufe, ärgerte sich dieses Candidaten mit hinten gesteckten Locken. Du in dich selbst verliebter Narciß, der du der Kirche nicht einmal die Tonsur deiner Haare leistest, und deine Härlein mehr liebest, denn Sitte im Lande ist. — Doch ich mag keine Delila seyn, die Simsons Haupt perückendürftig machte, obgleich unser Candidat so wenig Simson ist, als ich Delila. — Was wollt' ich aber von Paulus sagen? Daß er im zweiten Briefe an die Corinther sich G e r e c h t i g k e i t w i d e r f a h r e n läßt; und dies Wörtchen zu seiner Zeit, wer verdenkt es ihm? Ich bin nicht wider Selbstgefühl. Wer nicht im Geist und Wahrheit sagen kann i c h, wie kann der d u, e r, i h r, w i r, i h r, s i e, sagen? Jede Woche hat ihren Sonntag, und so hat auch der Herr unser Gott Stände eingerichtet. Wer wird dem Stolz das Wort reden; allein ich soll meinen Nächsten lieben, als mich selbst. Ich bin also das Original, mein Nächster die Copie. Ich enterbe meinen Bruder nicht, gebe meinem Nächsten sein Pflichttheil, behalte aber für mich, was Recht ist. So auch Sanct Paulus zu den Corinthern, der seine Lobrede anfängt, wie ich nie eine angefangen. Ihr vertraget die Narren, weil ihr klug seyd. Solch einen Eingang lass' ich wohl bleiben. Meine Corinther sind aber auch darnach.

„Ich habe mehr gearbeitet, ich habe mehr Schläge erlitten, ich bin öfter gefangen, oft in Todesnoth gewesen. Von den Juden hab' ich fünfmal empfangen vierzig Streiche, weniger eins. Ich bin dreimal gestäupet, einmal gesteiniget, dreimal hab' ich Schiffbruch erlitten, Tag und Nacht hab' ich zugebracht in der Tiefe des Meeres. Ich habe oft gereiset, ich bin in Fährlichkeit gewesen zu Wasser, in Fährlichkeit unter den Mördern, in Fährlichkeit unter den Juden, in Fährlichkeit unter den Heiden, in Fährlichkeit in Städten, in Fährlichkeit in der Wüsten, in Fährlichkeit auf dem Meer, in Fährlichkeit unter den falschen Brüdern. In Mühe und Arbeit, in viel Wachen, in Hunger und Durst, in viel Fasten, in Frost und Blöße. Ohne was sich sonst zuträget, nämlich daß ich täglich werde angelaufen, und trage Sorge für alle Gemeinen.“

O des vortrefflichen Paulus! O des theuren auserwählten Rüstzeuges, des Superintendenten unter den Aposteln! Da bin ich eben, wo ich hin wollte. Kann sich, lieber Sohn, Sanct Paulus rühmen seiner Superintendentur, warum sollten wir vergessen, daß wir aus dem Stamme Levi sind, und daß ich fünf Pastorahnen von Vater= und vier von mütterlicher Seite zählen kann; daß einer meiner Ahnherren Superintendent und zwei Präpositi gewesen; daß Ehren Paul Einhorn mit uns von der Seitenlinie verwandt ist? Ist's denn nichts, Menschen vom Irrthum und Thorheit bringen zu der Wahrheit? Ist's denn nichts, Superintendent seyn? Der Herzog regiert über den Leib, der Superintendent über die Seele. Dein seliger Großvater sagte, wer ein kluges Buch schreibt, hat ein Edikt ausgeschrieben, das nicht ein spannlanges Ländchen, sondern die Welt beobachtet. Er ist mehr von Gottes Gnaden, was er ist, als diese Durchlauchtigen Häupter. Wenn ich die Wahl hätte, so wollt' ich lieber Newton, als Czar Peter seyn, sagt' unser Hauptcandidat. Dein Vater schüttelte den Kopf, was ist aber da zu schütteln? Und wenn nicht ein Dichter, ein Historikus dazu kommt, fuhr der Candidat fort, (es ist immer derselbe mit den langen Manschetten) was ist denn des Helden größte That? Ein Held, ein Monarch braucht einen Dichter, einen Redner; aber diese können sich ohn' ihn behelfen. — Dein Vater nahm den Candidaten bei der Hand, damit aber war die Sache nicht ausgemacht. Es ist kein Kleines, Gottes Diener zu seyn. Was ist der kaltbrandige alte Herr dagegen? Und doch ist er Minens Vater. Sein Flick von Literatur macht es nicht aus. Wie, sage selbst, wie hätte sich Herrmann zum Schwiegervater eines Ehren Superintendenten geschickt, wenn auch Mine seine Tochter zur Superintendentin zu erkiesen gewesen? Wenn auch? O vergieb mir dieses wenn auch, und oben die Frage: Hätte wohl Mine füglich Superintendentin wer=

den können? Ein bösartiges füglich. Ja sie hätte füglich können. Ja, sie hätte können!

Du weißt wohl, wie dein Vater sich zu ärgern pflegte, wenn Jemand Papier im Garten viertheilte, wenn Papierstücke auf der Erde lagen. „Papier," pflegt' er zu sagen, „gehöret so wenig in den Garten, daß es das Auge beleidigt, so was im Freien zu sehen. Weißt du was Künstlicheres, außer deinem Hemde, als Papier? Und doch muß erst dein Hemde alt werden, wenn Papier daraus werden soll." In der Studierstube deines Vaters war freilich mehr zerrissen, als ganz. Da liegt der Mensch, sagt' er! — wenn ich ausfegen wollte, hieß es: laß ihn! Ich meines Orts, das weiß Gott, habe kein Blättchen entzweiet, und oft, wenn ich gern was vertilgt hätte, konnt' ich's? Ich kam nicht zu sehen des Knaben Sterben, hieß es von mir, wie von Hagar und Ismael! Obgleich Ismael ein Spötter war, ich aber kein Wort geschrieben habe, was ismaelitisch wäre. Die Frage: hätte Mine füglich Superintendentin werden können? und die Stelle: wenn auch — das wäre so etwas, das ich Lust zu vernichten hätte! Und der Brief an sie ist wahrlich des Feuers schuldig. — Selten, mein Sohn, ist ein Herz, das nicht mit dem Kopf über den Fuß gespannt wäre; oft wenig, oft viel. Selten ist's, daß Kopf und Herz sich mit einander einverstehen, und dann spotten sie sich nach. Da spielt denn das Herz den Kopf, und der Kopf das Herz, und die beiden Gecken sehen sich als ein Paar Affen an! — Ja, sie hätte! — Mine hätte können! Wenn ein Hechtkopf aufgetragen wird, suche des Kopfs habhaft zu werden. Zwar ist's auch ein Fischkopf, der jedem Tyrannen schrecklich seyn würde; dich aber wird er erbauen: da fehlt nicht ein Stück von dem, was bei der Kreuzigung vorgefallen — Speer, Kreuz. — Wie steht's, wie geht's auf der Akademie? Laß dich nicht durch Minens Tod von deinem Fleiß abwendig machen. Sie studiert dort, du hier, beide Theologiam! Vergiß nie, mein Sohn, daß du im Dienste der Wahrheit und in keines Menschen Dienst stehest. Die Wahrheit ist Gottes. Professor Großvater, so gut ich ihm gleich bin, ist doch ein Mensch. Von den kopfhängenden Pietisten, dergleichen es in Königsberg an allen Ecken der Straßen geben soll, laß dich nicht verführen. Die Hurer und Ehebrecher wird Gott richten. Ein Mensch, wie du, muß so seelenkrank in der Welt seyn! — Ist das nicht Jammer und Schade! Doch du wirst Alles gewohnt werden, und Gewohnheit ist die andere Natur. — Minchens Anverwandte in Mitau sind Anverwandte meines Herzens durch Minens letzten Willen worden. So lang' ich Brod habe, soll's ihnen gebrochen werden. Die guten Alten! Warum sollt' ich ihnen sogleich sagen lassen, daß Minchen todt wäre? Was die Minchen gesegnet haben! — Sie braucht euren Segen nicht mehr. Jetzt wissen sie ihren seligen Tod; denn die Wahrheit zu sagen, ich wollte mir diese Pension von Segen selbst zuwenden; da hab' ich einen Geiz, der seines Gleichen nicht hat. Sieh'! das ist ein Capitälchen, das in der himmlischen Bank aussteht, wo die Zinsen auf den Tag fallen. Eile mit Weile. Ein Arzt, der einem Schaden vorbeugt, ist theurer und werther, als einer, der ihn heilet. Ich weiß nicht, ob du Minens wegen ein Schwarzröckler werden wirst? Ich vermuth' es und bin drob fröhlich, weil du dich schon zeitig an diese Farbe gewöhnst, die deine einzige, deine Leibfarbe, werden wird; wenigstens würd' ich dir zu schwarzen Knopflöchern und Knöpfen nämlicher Farbe anräthig seyn. Was Gutes kann man nie zeitig genug anfangen. Schwarz kleidet jeden Menschen. Hier wird Minens Geschichte sehr geheim gehalten. Alles schleicht incognito. Du kannst sehr leicht rathen, warum? Der Herr v. G— kam jüngst, bloß dieser traurigen Geschichte wegen, zu uns, und so was muß man sehen, wie sie ihm nahe ging. Die Frau von G— soll gesagt haben: Da sieht man, was nicht adelich, nicht — Wie wenig beneid' ich ihr diesen Adel! Und wie wenig hab' ich es Ursache, wenn dich Gott zur Superintendentur aufgehen läßt. — Ich werde es freilich nicht erleben, in diesem Jammerthal; allein solch eine Nachricht kommt sehr schleunig und durch einen himmlischen Courier gen Himmel! — und da werd' ich mich freuen, wenn mir meine englischen Gesellschafter oder Gesellschafterinnen (wie soll ich sagen? es wird da, glaub' ich, kein Männchen, kein Weibchen, sondern Alles wird Engel seyn,) Glück wünschen werden. Habt Dank, ihr lieben guten Engelein, wegen eurer Glückwünsche! Schon, da ich mit ihm gesegnet ging, schon in Mutterleibe, war er Superintendent, und ihr werdet hören und sehen, in wie viel Abgewichenen er das glimmende Docht anfachen, wie viel Fromme er befestigen, wie viel unschuldige junge Seelen er gründen werde! — Wir werden so ein Plus im Himmel haben, daß man darüber erstaunen wird, und kommst du selbst einmal, lieber Sohn, wenn dein Stündlein vorhanden ist, zur ewigen Freud' und Herrlichkeit, wie wonnereich wird es mir seyn, die Stimme zu hören: ei, du frommer und getreuer Erzknecht! Das ist eine andere Ehre, als die Canonisation, die wir einem unserer Vorfahren erwiesen, der dir so ähnlich sieht, wie ein Ei dem andern, als dessen Kupferstich wir dem Himmel nahe brachten, indem wir es in der Speisekammer aufhingen! Du wirst es nicht bei Ostereiern bewenden lassen, lieber Sohn, welche dieser unser Vorfahr in seiner Gemeine rühmlichst abstellte, sondern mit offenbaren im Schwange gehenden Sünden so umspringen, wie er mit den Ostereiern. Mache mir, geliebtester Sohn, die Freude, daß ich von dir im Himmel höre, und bei dem: gehe ein zu deines Herrn Freude! ich, als des Triumphators Mutter, mit triumphiren und jubiliren könne in Ewigkeit. Gern werd' ich dich dort in Pontificalibus sehen, das heißt, nicht in Mantel und Kragen, sondern als himmlischer Superintendent. Ohne dir den Tod zu wünschen, wenn du hier zu leben Lust hast, stell' dir vor, wie es dich selbst ergötzen wird, wenn der und die kommt, Dieser und Jene, und dir dankt, daß du das glimmende Docht angefacht, daß du es befestiget, daß du es gegründet hast! Da wirst du manche That emporgeschossen finden, die du aus einem Wortkern gezogen hast! — O! der unnennbaren Wonne! — Ist dies schon so schön in der Prophezeiung, was wird die Erfüllung seyn! Guter Oberhirte,

Giebst du schon so viel auf Erden;
Ei was will im Himmel werden! —

Du weißt, mein Lieber, wie ich zuweilen mich von Grund aus, recht von Herzen freuen kann in dem biblischen Sinn: freuet euch in dem Herrn, und abermal sag' ich euch, freuet euch! Dein Vater pflegte zu sagen: bei der rechten Freude sind alle Fenster beim Menschen offen, und da hat er ganz recht. Man fühlt solch eine Freude durch alle Organe. Ich fliege zwar nicht an allen meinen Gliedern, wiewohl diese Freudenflügel bei einigen im Gebrauch sind; allein Alles ist in Bewegung an mir. Wo ist aber diese Freudensonne geblieben? Sie ist hin — ihre Stätte ist nicht mehr. Eben war es bei mir so schön Maigrün an der Erde, und Maiweiß auf den Bäumen, und siehe da die Botschaft: Mine ist todt, zertrat jedes Gras, das sein Haupt heben wollte, und zog den Bäumen das weiße Hemde aus, so daß Alles wüst und leer steht! — Alles ward so eilig in einem Nu, in einem einzigen, Alles so kurz und klein, so verheert und zerstört, Alles so bettelarm entkleidet, daß es auch den Kaltherzigen jammerte. Deinem Vater, das sah ich, geh' ich so nah', daß ich ihn drob liebe, als könnt' er hebräisch, wie Wasser. — Der gute Mann seines Weibes, der gute Vater seines Sohnes! Alles Uebrige, was ein jeder Christ und jede Christin auf seinem und ihrem Herzen und Gewissen hat, die Noth der ganzen Christenheit, besonders das gegenwärtige und zukünftige Gewitter, fasse ich zusammen in die schönen Worte: Leben wir, so leben wir dem Herrn, sterben wir, so sterben wir dem Herrn; darum, wir leben oder sterben, so sind wir des Herrn! — Sonst, mein lieber Sohn, muß wohl das Lichtere den kleinern Theil ausmachen. Rothe Weste, blauer Rock. Wer kann die stets lustigen Leute ausstehen? Der kleinste Theil des Lebens kann nur dem Vergnügen gewidmet seyn! — Dem Allen ungeachtet, will ich dir doch wegen der noch blühenden Jahre das meiste Licht erlauben, wenn nur das kleinste, Knopf und Knopflöcher, schwarz sind. Heller Futter, als die Farbe des Kleides, pflegt dein Vater zu sagen; allein er verzeihe mir. Dies würde heißen: sie glänzen schön von außen, oder

der hochwürdige Herr weiß sich nicht zu regieren und zu führen. Also laß dein Licht leuchten vor den Leuten, trag' ein lichtes Oberkleid, und beweise, daß du auch mit Pharisäern und Obersten im Volke zu Tische zu sitzen verstehst — ohne deinem Innerlichen, dem inwendigen Menschen, dem schwarzen Unterfutter, zu nahe zu treten. Ich beharre deine treue Mutter und Fürbitterin bei Gott! —

Deines Vaters Brief, der ihm durchweg so viel Schweiß gekostet, als mir der Anfang, leg' ich diesem Sendschreiben bei! —

Der Vater Amaliens und ich, nach meiner Zurückkunft von dem Nathanael Gretenschen Myrthentage.

Er. Wenn das Ehegeld in Curland nicht höher ist;

Ich. Schwerlich — es giebt Fälle, sie sind aber selten.

Er. So ist die Sache richtig. Meine Frau, um mit der Thür in's Haus zu fallen, wünscht den Herrn v. G— zum Schwiegersohn. Er hat ihr sein Ja so deutlich gemacht, nicht etwa zu verstehen gegeben, so deutlich gemacht, daß es jedem Menschen sichtbar ist; nur hörbar noch nicht. Die Aussprache des Worts fehlt. Angeschrieben steht's in seinen Augen, Mund, Händen, Füßen. —

Ich. Sie sagen mir da Etwas —

Er. Was Sie selbst wissen.

Ich. Ich?

Er. Hätten Sie es denn nicht gelesen? Doch stand es so leserlich, so fraktur-groß.

Ich. Von wem geschrieben?

Er. Ich sehe wohl, daß Sie in dergleichen Schrift nicht gelehrt sind; das hab' ich von jeher Ihretwegen behauptet. Gelt! Sie sind ein Abstemius, obgleich das Gerede im Weiberzirkel ging, Sie hätten wirklich ein Mädchen unter die Haube gebracht, das heißt bei uns: Sie wären verheirathet. Bald darauf ging es: Sie wären Wittwer! — So, oder anders, ich kann in Sachen meiner Tochter —

Ich. So, oder anders, sind Sie mir lieb.

Er. Hören Sie nur, auf Betrügerei steht ein böses Gewissen, auf Wind steht Verachtung. — Warum der Streit zwischen Geist und Fleisch, zwischen Fleisch und Blut? Gerade aus ist am näheften. Sie kennen mich eines Theils, und hätten mich andern Theils noch näher kennen lernen können, wenn Sie öfter bedacht, daß wir uns in die Fenster sehen können, und so nahe Nachbaren sind. Mit Ehren zu melden, bin ich so offenbar, wie mein Laden. — Am Ende, was wäre denn, wenn meine Tochter Frau v. G — würde?

Ich. Frau v. G —?

Er. Nicht anders.

Ich. Soll ich, ohne offnen Laden, so offen seyn, wie Sie? — Herr v. G —

Er. Ich bitte —

Ich. Herr v. G —

Er. Zu dienen.

Ich. Ist Studierens halber in Königsberg, und gewiß nicht, um sich eine Lebensgehülfin zu suchen.

Er. Und wenn er was ungesucht findet?

Ich. Ist ein Edelmann.

Er. Ha, da liegt der Hund begraben — wohl recht, der Hund! Edelmann! Er Edelmann, ich Kaufmann. Mann ist Mann. Herr v. G — wäre nicht der Erste und wird der Letzte nicht seyn, der es so macht, ob es gleich freilich nicht al corso, nach laufendem Preis, ist, ich finde nichts in den zehn Geboten —

Ich. Gott und Natur haben nichts dagegen; allein der Lauf der Welt —

Er. Laß die Welt einmal gehen, und nicht laufen.

Ich. Lauf, oder Gang —

Er. Wenn die Welt geht, und nicht läuft, und sich nicht übereilt, kann meine Tochter so gut Ja sagen, als ein Fräulein —

Ich. Und kommt so gut von Adam und Eva, als ein Fräulein —

Er. Nicht anders.

Ich. Aber wir sind nicht bestanden in der Wahrheit, und eben darum Stände, Königreiche, Fürstenthümer, Grafen, Freiherren, Herren und desgleichen. Ehe die Welt wieder in's Paradies kommt, und das möchte wohl eine Zeitlang dauern — Noch ist an diese Gleichheit der Stände nicht zu denken. Meinen Sie wohl, daß wir's erleben werden?

Er. Curland ist doch aber ein freier Staat.

Ich. Das heißt: der Edelmann geht in Stiefeln zur Cour, wenn es ihm so einfällt.

Er. So! das ist Alles?

Ich. So ziemlich! Ein Cavalier wenigstens heirathet ein Fräulein, und ein Fräulein einen Cavalier, des freien Staats unerachtet.

Er. Und das ist ein freier Staat?

Ich. Wie es heißt!

Er. Basta! Das Weiberzeug! Ich hab' es gleich gedacht, Herr v. G— könnte mein Kundmann nicht seyn; aber da wollen die Weiber immer hoch hinaus. Der Henker mag wissen, was am Ende wird. Ein

Schustermädel will einen Kaufmann, eines Kaufmanns Tochter einen Geheimenrath, die Tochter des Geheimenraths, die wenigstens Emilia Philippina Polexina Alexandria heißt, übrigens kein Hemde, wenigstens keines von holländischer Leinwand, auf dem Leibe hat, will gar einen Fähndrich, ein Fräulein schlechtweg einen Grafen u. s. w. Das ist schon Preis courant; aber da bleibt denn auch manches Mädel ein Ladenhüter, wenn sie nicht klein beigiebt. —

Ich. Sie sind ein vernünftiger Mann.

Er. Decourtiren Sie immer Etwas von diesem Lobe. Ich liebe meine Frau, und da passirt denn zuweilen unrichtig Maaß, Gewicht und Elle. —

Ich. Ihre Tochter selbst —

Er. Sagen Sie nicht! Der Jäger hat ihr das Herz getroffen.

Ich. Das bedaur' ich!

Er. Ländlich, sittlich! Costi, das heißt: hier auf dem Platz, ist es so was Ungewöhnliches nicht, daß ein Edelmann Hans und eine Bürgerliche Grete ist.

Der ehrliche Nachbar bat mich dringend, das Wort: ich liebe auszulöschen, das auf dem Gesichte des Junker Gotthards mit so blendenden, goldenen Buchstaben angeschrieben wäre, und ich versprach es dem Biedermann. Der Vater hatte einen Collegen, einen Krämer, bei der Hand, der den Junker Gotthard ersetzen sollte. Das Mädchen wollt' um alle Welt nicht. Sie hatte, wie es sich von selbst versteht, ihr gebranntes Herzeleid vom Vater, Rückhalt aber von der Frau Mama, die durchaus ihr Blut, wie sie sagte, in's Reine bringen wollte. Ihr Vater seliger war Sekretair, und hatte des

Jahrs praeter propter hundert Reichsthaler jährliche Einkünfte gehabt, womit ihr Ehemann gewiß kaum vierzehn Tage haushielt, aber des Bluts wegen —

Eine Ermahnung an Herrn v. G— der von der Jagd kam, und sich noch ein Viertelstündchen vom Schlaf losbitten mußte.

Es kostete ihm doch einige Mühe, die Frakturbuchstaben für die Blondine auszustreichen, eigentlich auszukratzen. Die Reise kam ihm sehr zu statten. Wären wir länger in Königsberg geblieben, würd' er sich vorzüglich an die Brunette gewendet haben, die ihm der Testator eigentlich beschied, und die, so stolz sie war, mit keiner Sylbe an die heilige Ehe dachte. Sie wollte nur siegen, bloß siegen; aus der Beute machte sie nichts. Sie theilte sie Andern aus. Mit den lieben Blondinen, sie wollen gleich heirathen, sagte Junker Gotthard. — Ich hab' es schon irgendwo bemerkt, daß Junker Gotthard beide, die Brunette und Blondine, liebte. Die Blondine hatte indessen, wie das mitgetheilte Gespräch es ausweiset, nach der Zeit die Oberhand erfochten — unfehlbar, weil sie mir legirt ward; (wer ißt nicht gern vom verbotenen Baum) obgleich auch die zehntausend Liebesgötter, die auf dem Busen der Brunette tanzten, einen Beitrag zum Siege für Amalien das Ihrige geliefert haben können. — Das Nein, welches Amalia dem Collegen ihres Vaters, dem Krämer, halsstarrig sagte, so eine blonde sanfte Stimme sie auch sonst hatte, that mir Amaliens halber leid. — Mich dünkt, sie hätte Ja sagen sollen, wenigstens kein so halsstarriges Nein, welches keiner Blondine eignet und gebühret. —

Ich kann nicht sagen, daß der Zeitpunkt des Herrn v. G— gekommen wäre, zu Hause zu bleiben. Stoßweise kam es ihm so. Er war oft auf der Jagd, wozu ihn, außer den wohlfeilen ihm als plus licitanti zugeschlagenen Feldmarken, die Homerischen Hunde, Argos genannt, verleiteten, die ihm ganz vortrefflich einschlugen. Er wußte durch den Ton, durch die Aussprache des Namens, die Argosse so von einander zu unterscheiden, daß ich anfange zu glauben, man könne sechs Söhne Johann taufen lassen, und der von ihnen gerufen wird, könne wissen, das just er es sey, der unter den sechsen aufgefordert worden.

Laß uns, sagt' ich dem Junker Gotthard einen Abend, sobald als möglich von hinnen gehen. Amalia wird sich bedenken, und dem Collegen ihres Vaters, dem Krämer, nicht mehr halsstarrig, sondern blond begegnen, und dann gehest du mit dem Gedanken aus Königsberg, Amalien in ihrem Lebenslauf keinen Stein der Aergerniß, über den sie leicht fallen können, in den Weg gewälzt zu haben! Wehe dem Menschen, durch welchen Aergerniß kommt! Junker Gotthard sträubte sich wegen der Abreise, und dies nahm ich als einen Beweis seiner Liebe zu Amalien. Ich sann auf Mittel und Wege, ihn abzubringen, bis es, ehe ich mich versah, heraus kam, daß die Feldmarken den eigentlichen Grund des Widerstandes enthielten. Er hatte sie auf vier Jahre sich zuschlagen lassen; wie wenig, sagt' er, hab' ich sie benutzet. Alle Augenblick Setzzeit! — Eben dieser Setzzeit halber komm, Bruder, ich bin fertig! —

Unser Lebwohl war kurz und gut. Amalia nahm auf eine Art vom Junker Gotthard Abschied, daß wenig Hoffnung für den ehrlichen Krämer blieb. Er beklagte sich gegen sie wegen der entbehrten Jagdnutzung, daß es mir so schien, als wollt' er die noch künftige

Pachtzeit ihr zum Andenken überlassen. Ich mischte mich in die Unterredung, und sie ward beigelegt. Der Professor Großvater wünschte mir so altklug Heil und Segen, daß, wenn ich ihn nicht schon so herzlich geliebt hätte, ich es jetzt angefangen haben würde. Ich konnte nicht weg von ihm. Es ist, wie mich dünkt, kein unangenehmer Anblick, wenn ein alter Mann und ein Jüngling sich so zusammen passen, wie der Professor Großvater und ich. Den Großvätern ist eine solche Art eigen; sie gewöhnen es sich bei ihren Enkeln an! Die Großmutter in Sterbensgröße schlug diesmal kein Feuer aus ihrem rechten Auge. Sie ließ sich nicht sehen. Mir kam es vor, daß sie zu ihrer Tochter gegangen. —

Freund, sagte der Alte, ich halte nicht viel von Leuten, die Länder, und keine Karte, gesehen haben. Sie gehen, das weiß ich, von dem Ganzen auf die Theile, und das ist der Weg zur Deutlichkeit. Eine Erkenntniß, die ohne einen überdachten Zusammenhang derselben mit andern Erkenntnissen entspringt, heißt bei mir ein Einfall. Wer hat nicht alles Einfälle! Schade, daß der gute Großvater so wenig gesellig war! Ich glaube, seine Schlafmütze war Schuld daran. Ein großer Kopf ist indessen gewöhnlich ungesellig. Geselligkeit hat nur was Gemeines, was Unvollständiges. Man ist sich nicht selbst genug. Diese Größe hatte unser Großvater nicht. Man sahe es ihm an, daß Umgang sein Bedürfniß sey. Er war fröhlich und guter Dinge, wenn seine Hausmütze ihm die Erlaubniß ertheilte, in Gesellschaft zu gehen. Beim königlichen Rath hätte er in alle Wege ein ordentliches Mitglied werden sollen. — — — Das Schreien, sagt man, befreit den Augenblick vom Schreck. Es treibt das zusammengezogene Blut auseinander, und die Natur selbst hat dieses Hausmittel dem schönen Geschlechte verliehen. Das war ein Glück, sagte der Professor Großvater, daß ich schrie! nun ist's über. Er hatte die Büste des Homer auf einem seiner Repositorien, die herabstürzte, da er zu heftig aufstand; ich fing sie auf, und dünkte mich groß, diesen Kopf in meiner Hand zu haben. Schnell faßt' ich ihn auch mit der andern an, und wahrlich solch ein Kopf verdient beide Hände. Der Großvater freute sich über meine Freude, und wir brachten den Kopf wieder dem Himmel näher, wohin er, der blinden Heidenschaft unerachtet, eher hin gehört, als der Kopf des Eierheiligen, dessen Kupferstich in der Speisekammer hängt. Bei Allem, was fällt, bemerkte der Großvater, ist uns so, als fiel es uns auf den Kopf. Wer glaubt nicht, jede Raquete steige gerade auf uns herab? Fast schien es, daß wir das Examen bis auf den Homer, den ich aber diesmal nicht übersetzte, sondern der mir auf den Kopf fiel, wiederholten. Dem Kunstrichter zu dienen noch die Glosse, daß die Büste von Holz war. Ei, sagte der Großvater, ich habe gehört: Sie wären Wittwer geworden. Beim Examen hieß ich diesen Seitenblick auf Minen Traufe, und wußt' ich nicht, was ich geantwortet, nur das wußt' ich, daß es nicht griechisch, nicht lateinisch, nicht deutsch war, und daß ich mich lieber noch einmal examiniren, als diese Frage an mich ergehen lassen wollte. Jetzt war ich gefaßt, und sagte dem Großvater, daß ich Minen verloren. — Schade, sagt' er. Der Todesfall wird Sie in ihrem Studienlauf gestört haben. Nicht im mindesten, antwortet' ich; er ist mir sogar förderlich und dienstlich gewesen. Wie das? Schönheit gefällt unmittelbar; die Wissenschaften mittelbar. — Ich hatte des Weges nichts zu bestellen. Der Professor merkt' es mir ab und umarmte mich! — Wir nahmen sehr rührend Abschied. Allem Vermuthen nach, sagt' er, werd' ich so wenig einen neuen Beweis meiner Großvaterschaft erleben, als Ihre Zurückkunft. (Seine Tochter war hektisch.) — Mir schon recht, setzt' er hinzu, ich habe gelehrt, und will gern lernen; der Schatten des Todes enthält, wenn er sich enthüllt, Klarheit des Lebens. — Die größte Unvollkommenheit der Natur, den Weg zum ewigen Leben. Der Professor empfahl mir Aufmunterungen, weil es auch in Wüsten Versuchungen gebe, und nahm so Abschied, als wenn er unter Minens Leichenbegleitern gewesen. — Schlüßlich bat der Großvater, dem Junker Gotthard für die richtige Zahlung zu danken, wenn er nicht die Ehre haben sollte, diesen Dank selbst zu sagen. Das baten alle akademische Lehrer, denen ich mich empfahl. Man bemerkte, daß selten ein Curländer so richtig Zahlungstermin gehalten, wie Junker Gotthard. Gern, das weiß ich, hätte Gotthard den Professor Großvater gesprochen, und wär' es nur gewesen, um ihm des Argos halber verbindlichst zu danken, wenn er sich nicht des Danks wegen richtig bezahlter Collegiorum geschämt hätte. —

Der Kreisrichter wollt' uns durchaus den Abend ein Mahl geben, welches wir aber ausschlugen. Gotthard war in die Stelle eines Hausoffiziers wirklich gerückt, die ein Anderer ihm überlassen, und sah sich also, dieses Verhältnisses wegen, gedrungen, seinen Erlaß nachzusuchen, den er mit vielen höflichen Ausdrücken erhielt. Mit eins fing der Kreisrichter an: Sie reisen ab, eben da in Ihrer Gegend ein lustiger Sprung vorfällt! Dies sollte Amalia und der unerhörte Krämer seyn. Gotthard hatte Amalien in des Kreisrichters Haus eingeführet. Junker Gotthard versicherte, diese Neuigkeit wäre kaum reitergahr, und da er merkte, daß man ihm auf den Zahn zu fühlen anlegte, so macht' er ein Rechts um kehrt euch, und der Kreisrichter war so klug, als zuvor. — Die alte und wohlbetagte Frau hatte ihr Gehör, diesen Sinn der Geselligkeit, verloren, und war eben dadurch argwöhnisch und verdrüßlich worden. Gesicht, pflegte mein Vater zu sagen, ist im Dienst des Verstandes, Gehör im Dienst der Vernunft. Was diesen Dienst betraf, so hatte die gute Frau ihn wahrlich nicht übertrieben. — Wenn Gott ihr nicht hilft, sagte der Kreisrichter, so geht meine Brust verloren, die ich zu meinem Amte wahrlich nothwendig habe. Diese Hülfe, das sah man dem engbrüstigen Manne an, war, nach seiner Meinung, ein baldiger Tod, der nach menschlichen Berechnungen auch nicht lange mehr ausbleiben konnte. Sie ließ, obgleich wir Beide keinen Lungenfehler hatten, uns nicht vor. — Was meinst du, sagte Gotthard, da wir gingen, wenn er Wittwer wird, und wieder heirathet, ob er die Hausoffiziere behält, oder die Stellen eingehen läßt?

Bei unserm königlichen Rath mußten wir die letzte Mahlzeit halten. Junker Gotthard hatte überhaupt keine Collegia gehört, und war auch nur, wenn der königliche Rath es nicht länger aussetzen konnte, und eine große Mahlzeit gab, unter diesen Gästen. Es gefiel Gotthardten dieser Zirkel, bestehend aus einem Offizier, einem andern königlichen Rath, einem Prediger und Professor, ungemein, und wenn eben dieser Professor ihm nicht wegen richtiger Bezahlung seines Collegiums gedankt, und ihn dieses Danks halber auf eine Viertelstunde in Verlegenheit gesetzt hätte; Gotthard wäre noch weit vergnügter gewesen. Bruder, sagt' er, wie wir weggingen, Gesellschaften solcher Art machen weit klüger, als Collegia. Die Erkenntniß aus Büchern ist todt; die aus Gesellschaften lebendig. Sie hat eine öffentliche Probe ausgehalten, sie ist abvotirt. — —

Nach Göttingen.

Berlin den — — 17 —

Den König, den König, nicht einen König, den König hab' ich gesehen! Gern möcht' ich sagen, König, wenn's nicht undeutsch wäre. Von Angesicht zu Angesicht, lieber Vater, gesehen! Das nenn' ich sehen; wenn man so hörte, würd' ich sagen: er predigt gewaltiglich. Dich, mein Vater, hab' ich so gehört, wie den König gesehen! Solch ein Auge! — Hat er Augen? Sterne hat er, Sonnen, die ihr eigen Licht haben und Strahlen werfen. Er ist die Experimentalphysik zu deinen Grundsätzen über den monarchischen Staat. Herr v. G— der ältere, das wett' ich, würde huldigen, wo nicht mit den beiden Schwurfingern, so doch innerlich. — Bis recht zum Herzen dringt, glaub' ich, keine Huldigung, sie geschähe dem König, oder sonst wem. Mein Reisegefährte ist in Beziehung der Monarchie dem Bilde seines Vaters ähnlich. (Ich behalte mit Fleiß deine Distinktion bei, nicht i h m, sondern s e i n e m B i l d e ähnlich — nicht die andere Welt empfinden, heißt es, sondern d i e K r ä f t e d e r a n d e r n W e l t —). Der dem Bilde seines Vaters ähnliche Sohn stand, sah und war weg — weg war er! — Er hätte nicht angelegt, wenn das Wild ihm zu Fuß gefallen und gehuldigt hätte. — Was wahr ist, ist wahr, sagte der gute

Wildfänger zu Hause, nachdem er sich von der königlichen lieben Sonne Licht und Pracht im Schatten erholt hatte. Was wahr ist, ist wahr! Ein besonderes Ding, König zu seyn! Was wahr ist, ist wahr! Dieser da! Groß, sehr groß, wie ein Löwe! (um beim Wild zu bleiben) und wenn er Liebhaber von der Jagd wäre — — „und wenn er aufhören möchte, der König zu seyn!" Ob ich ihn recht beim Wort gefaßt, ob ich recht eingegriffen, stelle ich deiner reifern Entscheidung anheim. Vater! die Augen! die Augen! Die Nase, Stirn, Hand, Gang, Alles königlich. — Wenn er sie doch schonen möchte, die großen Königs-Augen, und sie nicht so hin und her werfen, oft auf Leute, die des Blicks nicht werth sind — wahrlich nicht. Nach allem Menschmöglichen hab' ich mich erkundiget. Der kleinste Zug hat einen König. — Man ißt bei ihm; er ißt bei keinem seiner Unterthanen. Keiner würd' ihn, wenn der Legitimationspunkt zum Regiment je zur Frage kommen sollte, seiner Vollmacht wegen in Anspruch nehmen. Er trägt sie unterschrieben und besiegelt in Gedanken, Gebehrden, Worten und Werken. So viel Siegel, daß der Lack ordentlich verschwendet ist. Feiner Lack, Vater! — Gleich wie ich ihn sahe, dacht' ich, warum reisen denn nicht Dichter, Maler, Bildhauer nach diesem Ideal eines königlichen Aussehens, nach diesem Bilde des Königs? Er herrscht und regiert. Regenten giebt's auch in der Schule. Mein Rector magnificus, den ich das letzte halbe Jahr hatte, regiert' im rechten wahren Sinn; allein herrschen kann nur König Friedrich! — Beim Regieren wird's schwer! Du hättest hören sollen, wie Se. Magnificenz Kron und Scepter niederlegten, als wenn Sie sich gebadet hätten, so leicht, so wie neugeboren. Herrschen sieht immer leicht aus, so leicht, als einschlafen. Eins, Vater, mit Sr. Majestät Erlaubniß, gefällt mir nicht. — Was ich mich geärgert habe, daß Er die Flöte spielt, das sollt' er dem Apoll überlassen, wenn er in der Schäfermaske ist. Sage, Vater, giebt's ein königliches Instrument? Ich kenne keines. Die Flöte? Freilich da der König sie bläst, scheint es, es könne was aus ihr werden. — Einige glauben gar, sie wäre gekröniget, in den Königsstand erhoben. O ihr Kleingläubigen! Ich find' es nicht. Blasen? Kann man denn nicht den Odem zum Worte sparen, den Odem, den göttlichen Spiritus, den Geist, oder das Bild von ihm! — Aber der König läßt sich nie hören, er bläst die Flöte eben so, als er sich im Schlafgewand, wenn man es so nennen soll, sehen läßt. Eine Schlafmütze hat er nie auf seinem königlichen Haupte gehabt. Sie sticht überhaupt schlecht mit der Krone ab. Sein Hut stehet ihm, als eine Krone! So trägt keiner seinen Hut. Der Hut ist überhaupt ein Hauptkleidungsstück am Könige. Der König von Polen mit einer Mütze, der Sultan mit einem Bund, machen keinen Einwand. Den Bischöfen ihr Inful! Wenn der König grüßt, du solltest sehen, Vater, wie er den Hut faßt! — Seine Kleidung? Nichts was neu anschiene. Ein neues Kleid ist nicht königlich! Am Hut, der gewiß nicht neu war, keine Verzierung! Vater, durchweg ein König! Alles so natürlich. — Thäten wir es, wär' es die äußerste Affektation.

Aber wieder von der Flöte. Nur die haben seine Triller, seine Läufe gehört, die ihn nicht als König ansehen dürfen: Freunde! Fremde! — Tonkünstler! Ein König, Freunde? König Friedrich soll einen haben oder ein Paar, und das ist viel! — Ich hätte nicht das Herz, es zu seyn; auch du, Vater! so sehr du Monarchenfreund in abstracto bist, hättest du wohl göttlichen Ruf, es in concreto zu seyn? Immer gerade, wer kann sich halten? — Nur die so geschnüret sind, und dann thun es nicht sie, sondern das Eisen.

Die Verse, die er macht? Auch das könnt' er bleiben lassen, und es dem Voltaire anheim stellen. Französische Notabene gereimte Verse! hättest du das gedacht, Vater? Gott der Herr hat nie in Versen geredet; Könige tragen sein Bild. Es sind Götter der Erden. — Das schwerste Stück Arbeit eines Dichters ist, wie mich dünkt, Gott den Herrn redend einzuführen. Wenn Gott zu Menschen spricht, ist es Prosa. Der Donner selbst ist wahre Prosa. — Wir Menschen, wenn wir zu Gott sprechen, poetisiren, und das ist nicht ohne —

Du pflegtest zu sagen, Vater: jeder große Mann hat einen Vers gemacht, es sey im Wachen, oder im Schlaf. — Newton so gut, wie Rousseau, und ich glaub' es dir auf's Wort, dir, dem Einzigen, dem ich auf's Wort glaube, und als Sohn zu glauben von Gott und der Natur angewiesen bin, wofür ich dem lieben Gott Dank sage für und für. Da, dünkt mich, hab' ich die ganze Pflicht des Sohnes zum Vater gesagt. Christus verlangt selbst nichts mehr, da er uns zu Kindern Gottes berief, erleuchtete und heiligte.

Des Königs Poesie *). Gern, lieber Vater,

---

*) Ich mag nicht mehr darüber abschreiben, sondern begnüge mich, ehe ich weiter komme, die Anmerkung hinzuzufügen, daß Se. Majestät und ich einen und den nämlichen Verleger

hätt' ich mir den König abmalen lassen, allein da ist er so eigen, wie Alexander, mein Vetter.

* * *

Du hast mir oft und viel, lieber Vater, den Schlüssel zu deiner Monarchen-Liebe behändiget, und wie viel hab' ich nicht, wie sehr viel, was ich noch weglege, weil du dieses Depositum mit der Ermahnung zu übergeben pflegtest: Wintersaat — kommt Zeit kommt Rath! Wenn ich gleich, wie du weißt, das erste Siegel von *ἀνέχου καὶ ἀπέχου* gebrochen; dies Siegel soll mir heilig seyn. Es giebt Dinge, die durchaus Jahre erfordern. Leibnitz war zwar im funfzehnten Jahre Magister; allein als Magister war er nicht Leibnitz, und da er schon Leibnitz war, wie oft fiel er in den Magister! — Ich bescheide mich von selbst, daß ich gewisse Dinge, die du für mich eingepackt hast, noch so anzusehen verpflichtet bin, wie die meisten Menschen einen Folianten. Wenn ich gelegene Zeit habe, — oder wenn ich volljährig bin; denn wahrlich, ein Foliant in der Hand eines Knaben, ist nicht gleich und gleich, das doch allein sich gesellen, sich paaren sollte. Zwar hab' ich oft in meinem Leben Folianten getragen, und stellenweise, durch deine Güte, aus Folianten, die einige Leute, ich weiß nicht warum, geradeweg Quellen heißen, geschöpft. Quellen im gemeinen Leben sind im Verhältniß mit andern Gewässern nicht Folianten. —

Verzeih, Vater, meine Altklugheit, die in diesem Briefe hie und da hervorsticht. — Der König von Preu-

---

haben. Ein Compliment für uns alle drei! Das hätte noch mein Vater erleben sollen!

ßen, oder sein Blick, gab mir Veniam aetatis. Ist man doch heiter am heitern Tage. Ich müßte mich sehr irren, wenn ich nicht des Dafürhaltens seyn sollte, du wärest darum ein Monarchenfreund, weil du ein Menschenfreund bist; der Monarchen wegen ist's nicht. Da dem Herrn Christo, deinem Herrn, eine Münze vorgezeigt ward, was sagt' er? Gebet dem Kaiser, was des Kaisers ist, und Gotte, was Gottes ist. Die Monarchen sind unseres Herzens Härtigkeit halber von Gott gegeben, und da nur ein Gott ist, so ist nach deiner Meinung die Monarchie die klügste, die natürlichste Staatsform. Sie ist die Theokratie in höchst fehlerhafter Uebersetzung. O Gott, wenn sie doch einmal Dr. Martin Luther übersetzen wollte, so in's ehrliche Deutsch! Monarchie ist der Freiheit halber da, die dem menschlichen Geschlecht in's Herz geschrieben ist. Der Monarch soll so lange grünen und blühen, und leben und hoch leben, bis die Unterthanen zu ihm kommen und ihm sagen: nun sind wir Alle so, daß, wenn uns Gott der Herr in's Paradies setzen wollte, wir nicht essen würden von der verbotenen Frucht. Jetzt ist kein Mein und kein Dein mehr zu verzäunen nöthig, wir brauchen keine Besatz- und Hypothekenbücher, und keinen rothbeschlagenen Richterstuhl weiter. Sey, lieber Herr König, wie unser Einer. Sey mit uns, wie Engel Gottes im Himmel, wie Adam vor dem Fall! — —

Hab' ich dich nur von weitem verstanden, so schreibe mir ja, Vater, sonst hilf mir zurecht mit einer authentischen Interpretation.

Die meisten Menschen reden wider den Staat, wider den König. Dergleichen giebt's in Preußen, so wie überall; indessen hilft der König sich mit seinen Augen.

Sein Aug' ist sein Miniatür. Wenn die Berliner, seine nächsten Nachbaren, politisch kannengießen — sieht er, und sieht Alles rings umher treu und hold, folgsam und gehorsam. — Er hat ein Gesicht, das man sehen muß, so oft es zu sehen ist. Er komme, wenn er wolle, Jedes läßt liegen, was er treibt, sieht, oder will sehen. Es ist, als wenn heraus gerufen würde. Die Mutter hebt ihr Kleines in die Höhe, und der Junge bleibt starr! Das Mädchen lächelt! Er ist selten in Berlin. In Potsdam ist er König; in Sanssouci Mensch. Aber, Vater! warum redet Alles wider die Obern? Es ist die natürliche Freiheit, welche sich vordränget, welche das Wort nimmt, pflegtest du zu sagen, und Herr v. G— ist dein unumstößlicher Belag. Ich hab' indessen Mißvergnügte gefunden, die es bloß sind, weil sie den Tyrannen in Kopf und Herz haben. Sie selbst wollen auf den Thron. O der Tyrannen! mit ihrem Freiheits-geplärr! O der Sünder wider den heiligen Geist! Einige der Mißvergnügten sind es, weil sie es sind. Sie wissen nicht, was sie thun. — Das Wort Freiheit ist ihnen nicht ein Deckel der Bosheit, wohl aber ein Deckel des Unverstandes.

In Curland, pflegtest du zu sagen, ist Sclaverei und Freiheit zu Hause. Jeder Adelhof ist ein Thron, jeder Thurm Sibirien, jeder Stock Scepter. Der Edelmann ist Despot, Tyrann, seine Einwohner, bis auf den Pastor loci und den Hofmeister, welche altioris indaginis sind — Sclaven! —

Solch ein König auch König Friedrich ist, getraue ich mir doch (und das ist wieder ein Wunder in seinem Auge) zu ihm zu kommen, und ihm den Antrag zu thun, zu seyn, wie unser Einer; es versteht sich, wenn dies Stündlein vorhanden ist. Das Menschengeschlecht sucht Alles auf dem unrechten Wege, und das kommt, weil es nicht zusammenhält. Da es nicht Gott treu ist, wie kann es Menschen treu seyn? Gott hat Alles dabei gethan, und den Menschen den Trieb der Geselligkeit so gar tief in's Herz gelegt; allein noch stoßen sie sich von einander. Wie sehr in weitem Felde liegt nicht Alles, und wie nahe könnt' es liegen; wenn Gottes Wille geschähe!

Nimm, lieber Vater, mit diesem specimine academico vor den Willen, das ich dir loco testimonii schuldig bin. Ich habe die Kosten dabei gespart, und bin bei einem Manne, wie du, eben so weit, wo nicht weiter. — —

* * *

Meine Leser werden freilich aus diesem Briefstück des mehrern ersehen, daß eine gewisse mir angeborne Königsfreude mich begeistert habe, und eben darum dieses Er an Ihn verzeihen, dafür sind auch so viele Sie's an Ihn (Briefe meiner Mutter an mich) weggefallen, und mit keinem einzigen ich an Sie, mit keinem einzigen von meinen Briefen an meine Mutter sind meine Leser belästiget. — — Ich habe meinen Brief an meinen Vater so gelassen, wie er war; warum sollt' ich's nicht? —

Im letzten Kriege, nicht in dem Prozeß, die Succession von Baiern betreffend, sondern im letzten Kriege, sagte Madame Pompadour, da ihr einer aus dem Volke vorwindbeutelte: man würde den König gefangen nach Paris führen; da wird man doch einen König zu sehen bekommen! Dies, was freilich nur eine

Maitresse sagen konnte, so wie das Erste nur ein Franzose, ist so schön, als wahr, gesagt! — Einem Kreuzzuge der Königin Saba zum Könige Salomo sieht es freilich nicht ähnlich, dafür ist auch Pompadour nicht Königin aus Saba, und Friedrich, ist er Salomo, der durch eine Lilie auf dem Felde in seiner Herrlichkeit beschämt ward? König Friedrich läßt sich mit keiner Feldlilie in Wettstreit ein. —

Der König lacht nur mit seinen Freunden; denn er ist König. Ernst liegt in ihm, und wenn's hoch kommt, Beifall. Er straft durch seine Collegia; den Lohn hat er sich vorbehalten. Danken kann er nicht; durch Thaten dankt er. In seinem Danke liegt: ihr seyd ein unnützer Knecht, ihr habt gethan, was ihr zu thun schuldig waret! Das sagt er, nicht in seinem, sondern im Namen des Staats. Er wechselt nicht mit Leuten, auf die er einen königlichen Accent gelegt; allein er hat auch keinen Liebling, ohne den es ihm schwer wäre zu seyn.

Bei seiner Liebe zu Hunden ist mir eingefallen: er sähe selbst als König ein, daß, wenn der Mensch sich dienen lassen sollte, es durch Hunde geschehen müßte. Sie scheinet die Natur dazu bestimmt zu haben. Vielleicht würden die Hunde und noch andere Thiere besser, wenn ihre angebornen Herren besser wären. Wenn ein Mensch, Mensch ist, bedarf er wahrlich keine andere Bedienung, als im Fall der Noth einen Hund. Diogenes konnte sich ohn' ihn behelfen.

Der König hält viel von glücklichen Menschen. Der Mensch hat Glück, sagt' er. Glück und Welt ist in diesem königlichen Sinn nicht viel auseinander, und so könnte man auch sagen, der König habe Glück! —

Der König ließ in seinen Feldzügen die Kugeln um sich herum pfeifen und heulen; so wie Mücken sah' er sie an, die um seinen Kopf sich lustig machten. Man sollte fast glauben, für einen unverwandten Blick auf einen Fleck, für einen festen Gang zum Ziel, für ein Bewußtseyn: das ist der rechte Weg! haben die Kugeln selbst Respekt. — Im Willen des Menschen liegt eine menschliche Allmacht. — Alle beherzte Leute verlieren das Gleichgewicht, wenn sie einen Unsinnigen sehen. Ist's Wunder, da die Beherzten die Mitleidigsten sind? Feigheit allein ist grausam. —

Was ist der Mensch ohne Vernunft? so sehen Thiere nicht aus, welchen es doch allen am Besten, an der Vernunft, fehlt — als ein unsinniger Mensch. Er ist weniger als ein Thier geworden. — Die menschliche Gestalt, ohne Vernunft, ist das Schrecklichste, was man in der Natur sehen kann. Kains Zeichen ist ein Gnadenkreuz dagegen. Der König kann keinen Unsinnigen aushalten. Er sieht, wie tief der Mensch sinken könne, obgleich er seines Gleichen ist. Ein προσκυνεῖν dünkt ihn daher wie ein Bruch der Vernunft. — Er zieht sich vor Jedem zurück, der vor ihm die Knie beugt. Alles aus einer und der nämlichen Quelle. — Das Haupt regiert, und nicht die Füße, sagte der nämliche Kaiser, da man ihm zu Fuße fiel, der, da man ihm sein theures Leben landesväterlich vor dem Geschütze zu decken anrieth, erwiederte: es ist noch kein Kaiser erschossen!

Gott der Herr ist überall. Der Himmel, heißt es zwar, ist sein Stuhl, und die Erde seiner Füße Schemel; allein das ist Poesie, und ein Selbstherrscher, ein Monarch, der im eigentlichen Sinne Gottes Bild trägt, sollte auch keinen beständigen Aufenthalt haben. Er, der überall seyn sollte, müßte wenigstens überall zu Hause seyn. Das Hoflager, kann es denn nicht wandelbar seyn, um die Allgegenwart zu spielen? Die deutschen Kaiser waren ehemals an keiner Stell und Ort zu Hause. Die Könige von Polen zogen auch umher, und was ist natürlicher, als daß Residenzen, Königsstädte, durch den Vorzug, den ihnen das Schlafzimmer des regierenden Herrn beileget, das Haupt, die andern Provinzen aber die Glieder werden! Würd' es nicht gut seyn, wenn die hohen Collegia des Landes an den kleinsten, unbedeutendsten Oertern wären? Gott regieret im Verborgenen. — Der König von Preußen visitirt wenigstens jährlich seine Provinzen. Er braucht keinen Wardein seiner Diener. Sein Aug' ist Schwert und Waage, und da blickt er umher, und wenn er einen Ueberhang von Aesten eines Unterthans über des andern Boden findet, der diesen störet; heißt's: haue sie ab, was hindern sie das Land? — Er besitzet ein moralisches Menstruum universale, alle seine Unterthanen aufzuschließen. — Bei Freunden irrt er öfters. Er hat einmal Berlin, und es verlohnt's, daß er es hat. Wer es behauptet, daß die Residenz der Extrakt, das Extrafeine, die Punktation aller Provinzen sey, mag so unrecht nicht haben. Ich glaube fast, daß man aus der Residenz den ganzen Staat in unsern Zeiten am sichersten übersehen könne; es kommt nur hier, wie überall, auf den Standpunkt an.

Thiergarten, rief Junker Gotthard, und lief spornstreichs hin. — Glockenspiel! schrie Gottfried, und vergaß darüber Danzig, wo Glockenspiel und kein Ende ist. Gott ehre mir, fuhr Junker Gotthard fort, meinen Thiergarten in — —, der natürlich ist, ich will den Berlinern gern den künstlichen lassen, und den Sand oben ein, der, wie er bemerkte, der grünen Farbe am schädlichsten ist. Sieh' nur, sagt' er, eine Blume, deren Laub vollgestaubt ist! — Darf man doch im Thiergarten nicht einmal eine Flinte losknallen! Auf die Parade zu gehen, hätt' ich ihn um eine Obristenstelle nicht überreden können. Man muß den Teufel nicht an die Wand malen, war seine Meinung. Ich war auf der Parade in meinem Element. Zuweilen war mir das Commandowort so nahe, daß ich's mit Gewalt unterdrücken mußte. Der Alexander wollte durchaus zum Vorschein. Wie viel Helms sah ich da, tapfere Helms! Alles wäre dem Junker Gotthard erträglicher gewesen, wenn nur die Fragen: woher? wohin? wer? wie? was? an den Thoren ihn nicht mit Vorurtheil eingenommen hätten. Muß man sich doch, sagt' er, hier durchdecliniren und durchconjugiren lassen. Da hatt' ich's ja beim Professor Großvater noch leichter, wo ich mich für mich antworten ließ, und den Argos kennen lernte, welches der beste Hund in der ganzen Welt ist. Einen seiner königsbergschen Argos, von dem er glaubte, daß er vom Homerschen abstammen müßte, hatt' er mit. Die andern wurden verschenkt. Amalia hatt' einen, (dies erfuhr ich erst unterweges.) Es war wahrlich kein Schooßhund! Was thut die Liebe nicht! Gottfried sagte, da auch er am Thor examinirt ward: Muß man sich doch hier an die Glocke schreiben. Da, wo der König selbst ist, gilt kein Revisor, wie der Nathanaelsche, kein Knabe, der mit der Hand das Posthorn so nachmacht, daß man glauben sollte, die Post käme. Nathanael würde hier seinen Abschied nicht genommen haben. Wo solche Revisors, wie unser Nathanaelscher, den König selbst vor Augen haben, können sie unmöglich: Wir Friedrich, ohne Furcht der Ruthe, mißbrauchen. Ich würde kein Kind zum Treiber des Volks machen. Wahrlich! Richterverstand kommt nicht vor Jahren!

Einem feinen Engländer lief ich in Berlin nach, und macht' ihn mit vieler Mühe zu meinem — Bekannten; Freund war er noch nicht. Ein Mensch von ausnehmendem Kopf. — Seine Nation war in ihm getroffen, wie aus dem Auge gerissen. Er kam von Rußland, und wollte noch weiter in die Welt. Hier, sagt' er, in eurem Staat (ich bin ein Curländer, mein Herr Engländer,) überall eine Saladiere zu wenig, ein Friedrichsd'or erspart. In Rußland zehn Rubel, ein paar Schüsseln zu viel. Immer Epakten, immer Ueberschuß! Das, fuhr er fort, liegt im geheimsten Mark des Staats. In Petersburg ist zu viel, in Berlin zu wenig Platz, das seh' ich an Gebäuden, die sich sehen lassen. — Man weiß, wie die Engländer sind! Für den König war er, wie ich. Ganz gewiß hat er an seinen Vater auch so geschrieben, wie ich. — Der Starrkopf! Die Franzosen waren seine Freunde nicht, wie gewöhnlich. Der König von Preußen, sagte mein Engländer, liebt den französischen Verstand; aber nicht den französischen Willen. Wir und ihr (Wir voraus, das hieß: Engländer und Deutsche) bleiben bei der Angel, wenn gleich in einigen Stunden kein Fisch kommt. Der Franzose schießt während der Zeit einen Vogel. Er trägt Gold auf dem Hut; wir ein feines Hemde. Viele in Berlin, fuhr er fort, welche den Unterschied von Verstand und Willen nicht so gut, wie der König, einsehen, sind ganz und gar

Franzosen. Man könnte diese, unterbrach ich meinen Engländer, weit eher, als die Letten in Curland, Undeutsche nennen. Dies war ihm was Neues vom Jahr. Undeutsch! wiederholt' er, und lächelte. Das Frauenzimmer, bemerkt' er, ist in Berlin zum größten Theil vom Haupt bis zu Füßen französisch. Zum größten Theil, fiel ihm Junker Gotthard ein, und der kleinere Theil? ist englisch! — Deutsch! wie Sie wollen, erwiederte der Engländer. Ich dächte, beschloß Junker Gotthard, das Frauenzimmer stamme durch die ganze Welt von den Franzosen, oder die Franzosen vom Frauenzimmer. Wir, der Engländer und ich, vereinigten uns wider den Junker Gotthard, und bewiesen ihm, daß es noch Frauenzimmer deutscher oder englischer Art gebe, und zeigten ihm davon etliche in Berlin! Ihr kennt sie nur von Ansehen, fuhr Junker Gotthard fort. Darf man mehr, wenn vom Frauenzimmer die Rede ist? Da ich dem Junker Gotthard die Gewissensfrage that, ob denn seine Trine von französischer Abkunft sey? war er verlegen. Ich richte meine Frage nicht auf Amalien, die einen Argos von dir zum Geschenke zurückbehielt, nicht auf die Brunette mit dem trefflichen Busen, wo ein Ball gegeben wird, und wo zehntausend Liebesgötter schweben! — von Trinen, frag' ich. — — Gotthard trat uns bei.

Der gute Junker Gotthard hatte es von seinem Vater, und dieser von dem meinigen, daß man das Volk in der Sprache suchen müßte, und da er sich viel darauf zu gute that, ein halber Landsmann von Großbritannien zu seyn, so neckt' er sich mit dem Engländer, dem es sichtbarlich Vergnügen machte. Schade nur, daß Junker Gotthard nicht viel Englisch wußte. Englisch

Mann, fing er an, England! Curland, warum denn nicht: curisch Mann? — Und dann wieder: Was solch ein englisch Mann vom Kopfe macht! Da haben wir doch, Gottlob! Stirne und Scheitel, und er Kopfkron und Vorkopf! — Bruder! erwiedert' ich, das Volk kann ein Wort vom Kopf mit reden. Und dann immer ich selbst, fuhr Gotthard fort, das Selbst doch ja nicht zu vergessen! Sieh! sagt' ich ihm, Bruder! da ist doch Jeder was selbst; im monarchischen Staat ist man Alles par Bricole. Dies vom Billard geliehene Kunstwort fiel ihm so auf, daß er als Curländer auch von selbst zu sagen sich berechtiget glaubte — obgleich ein Curländer mehr, als zween Herren, dient, und Niemand kann zween Herren dienen! —

Daß sich die Englischmänner auch in Abwesenheit beehren und dem Namen ein ehrerbietiges Herr vorsetzen, wenn gleich der Herr nicht da ist, und es auch so mit ihren Weibern halten, gehört auf das nämliche Conto! — In der Monarchie ist man Augendiener, fing ich an. Wenn man mit dem Herrn spricht, bückt man sich dazu, und ist er nicht da, heißt er schlechtweg Peter Paul Pompei. Heuchelei ist der Erbfehler der Monarchien. In Curland, wo doch Freiheit herrschen soll, fuhr ich fort, sehen die Leute ein, wie wenig sie bedeuten. — Doch warum eine Donatsche Stunde! — Ich will sie mit dem Worte Königreich schließen, auf welches mein Vater aus dem englischen Vater unser den Accent legte, und zwar nicht, wie man beim ersten Blick glauben sollte, weil mein Vater ein Königscher war; sondern weil er den seligen Zeitpunkt wünschte, das Fest aller Heiligen, wie er's zu nennen pflegte, da wir allzusammen eine Heerde seyn werden, und Gott unser König, ein königlicher Vater. Ist's Wunder, daß wir uns in einer Residenz, wo unstreitig der erste König regiert, an dies Fest aller Heiligen erinnerten, wo eitel Güte und Wahrheit herrschen wird, wo nicht steinerne Herzen und steinerne Gesetztafeln, sondern fleischerne Herzen seyn werden, und Leben für und für? Gott verhelf uns allen dahin, wo Freude die Fülle und liebliches Wesen ist immerdar! — So lang aber dies göttlich-väterliche Königreich nicht kommt, ist's wahrlich das Beste, einen König zu haben, der es im Geist und in der Wahrheit ist. —

Der König von Preußen hat viele Räthe; allein er ziehet keinen zu Rath.

Noch mehr vom Könige. Gern! Sowohl der Engländer, als ich, sind zu mehr bereit. Junker Gotthard wird sehen, wie es fällt.

Der König schreibt, trotz allen Wörterbüchern, Federic, obgleich Friedrich Frederic heißt.

Ich habe schon bemerkt, daß er sich nur angekleidet sehen läßt. Ein Held ist wie eine Uhr; sie muß aufgezogen seyn, wenn sie gehen soll. Sollte man dies nicht auch von einem Könige sagen können?

Der Engländer sagte: Finden Sie es nicht auch, daß Preußen so lange groß bleiben werde, als es immer Schach bietet? —

Alexander der Große fürchtete sich bekanntlich vor dem athieniensischen Czar Peter, vor den holländischen Zeitungen. Aretin machte sich alle europäische Höfe zinsbar; König Friedrich ist darüber weg. Man sagt: er habe bei Gelegenheit, daß eine unschickliche Schrift, die wider ihn gerichtet war, sehr hoch hing, bloß verfüget, sie sollte etwas tiefer geschlagen werden. —

Was ich gern Prinzen sehe! sagte mein Engländer; ich seh' in ihnen ein ganzes Land. Hunderttausend in Einem. — —

Der König siehet Jeden an; allein er will nicht, daß man ihn wieder so dreist ansehe. Wer kann in die Sonne sehen? —

Man sagt: der König habe blöde Augen, und eben daher sein Blick, sein großes Auge! Kann seyn! Seinem Blick ist es nicht anzusehen. Er hat Alles an sich, was ein vollgültiger Blick haben kann. — König und ein Perspektiv sind fast unzertrennlich. —

Der König hält den Soldaten für seinen Freund, den Civilisten für seinen Unterthan. Ist das recht? fragte der Engländer. Junker Gotthard schrie: Nein. Der Engländer gab ihm die Hand. Der Soldat, fing ich an, ist des Staats Wundarzt; der Civilist sein Medicus! allein ich kam nicht weiter. — Mit dem Civilisten spricht der König über sein beschieden Theil; mit dem Soldaten über Alles. Ob der Soldat antworten kann, ist des Königes wenigster Kummer. Alle Staaten, wenn sie groß werden, sind kriegerisch. Sind sie groß, und wollen sie's bleiben, bedürfen sie Staatsmänner.

Der König will einen gewissen Esprit de corps in sein Heer einführen, welches das ganze Geheimniß der Phalanx war, so im ersten Paragraph der phalanxischen Kriegesartikel stand. Das ganze preußische Heer soll eine Phalanx seyn. Was Einem begegnet, soll Allen begegnet seyn. So denkt jeder Edelmann in Curland, fiel Gotthard ein. Nicht wahr, Alexander? Ja doch, lieber Junker Gotthard, jeder Edelmann in Curland! —

Wie kommt's, fragte der Engländer, daß beim Exerciren Niemand hustet? Hat kein preußischer Soldat den Husten? Er hält sich gerade, erwiederte ich; — das hilft für alle Krankheiten, selbst des Todes Bitterkeit ist damit zu vertreiben. — Es ist eine monarchische Cur, sagte der Engländer, und Gotthard trat bei. Ich weiß, daß viele Krankheiten hiedurch kurirt sind! — Man verbeißt sie! —

Bei Allem, was der König öffentlich thut, ist die Uhr aufgezogen. Thun die Menschen, sagte der Engländer, denen der König die Parole giebt, doch so, als wenn sie den König Salomo urteln gehört!

Der König hat in gewissen Dingen keine Proportion. „Da geb' Er doch den beiden Mädchen drei Friedrichsd'or." Es sind viere, Ew. Majestät, die gesungen haben! „So geb' Er dreihundert," das heißt: geb' Er ihnen eine Kammer, oder ein Schloß!

Der König (wahrlich das ist groß) wird so wenig im Krieg als im Frieden bewacht. Man sieht offenbar ein, er sey unbesorgt, er sey ruhig! — Wenn das ein König seyn kann; so hat er's weit gebracht!

Noch Etwas, das dem Engländer das Herz stahl! Alles ist gleich weit vom Throne. Der Bediente des Königs ist ein Bedienter. —

Warum beschreibt er nur eine Seite? Und warum muß Alles, was an ihn gebracht wird, auf eine Seite Platz haben? —

Er liebt nicht Registraturen und Kanzeleien. Herzog Friedrich der Weise, Churfürst zu Sachsen, nannte die

Kanzelei der Fürsten Herz! — Wie sie doch der König nennen mag? Wir waren Alle der Meinung des Herzogs Friedrich des Weisen, Churfürsten zu Sachsen.

Alexander der Große ärgerte sich, da Aristoteles eines seiner Werke — drucken ließ, hätt' ich bald gesagt, und einen entsetzlichen Druckfehler begangen — ausgab. Alexander wollte in Allem besonders seyn, und Etwas bloß für sich haben, was jetzt auch Andere hatten. Wie muß er es doch gemeint haben, daß er lieber Alles an Gelehrsamkeit als an Macht übertreffen wollte?

Was ist besser: wenn die Fürsten philosophiren und die Philosophen regieren, oder wenn die Regenten bloß thun, was die Weisen lehren? Der König von Preußen ist ein schöner Geist — — —

* * *

und mein Engländer ist ein Engländer. — Gern hätt' ich mir diesen lieben Jungen zum Freunde gemacht. Wer weiß aber, wie lang er den im Noviciat behält, der zum Freunde eingeweiht wird! — Wir waren wirklich so nahe, als man es mit einem Engländer seyn kann, der noch nicht Freund ist. Seine Ungeselligkeit blieb mir kein Geheimniß, das ist der einzige Umstand, wo die Engländer ohne Rückhalt sind. Wir waren immer, wilst du zur Rechten, will ich zur Linken, obgleich er den Deutschen die Ehre that, sich mit ihnen wider die Franzosen in Bündniß einzulassen. Ich ließ es mir merken, (bitten hätt' ich ihn um Vieles nicht können, kein Engländer läßt sich bitten) daß ich es gern sehen würde, wenn er noch acht Tage bliebe, wie ich. — Den andern Morgen war er weg, und, um ganz englisch zu seyn, ohne Abschied. Ohnfehlbar stand in seinem Reisekalender: Geh ich ab, und da hätt' ihn keine Observation der Venus durch die Sonne gehalten. Gott geleit' ihn, den guten Jungen! Ich wünschte wohl, wenn er seinen Lebenslauf schriebe, daß er an mich dächte. In dieser Welt glaub' ich, werd' ich ihn so wenig wiedersehen, als den Alten mit dem Einen Handschuh, der auf ein sanftes Ende mit dem Herrn v. G— trank, und der nur höchstens noch acht Tage zu leben hatte, da er zum Herrn v. G— kam, und dessen Zeit edel war. O da werden wir so manche gute Seele finden, die wir in diesem Buche verloren haben! Junker Gotthard würde hinzufügen, auch so manchen Argos. Die Fortsetzung also von unserm Engländer folgt künftig.

Ich habe viel in Berlin verloren, da mein Engländer mit seinem zu Viel und zu Wenig nicht mehr da war. Junker Gotthard munterte mich wahrlich nicht auf. — Gottfried glaubt' auch noch andere Oerter zu finden, wo Glockenspiel wäre. —

Auch ohne Engländer, wie vortrefflich Berlin! — Außer meinem Elemente, dem Paradeplatze, was für Nahrung für Geist und Herz! Berlin könnte Deutschlands Athen seyn, wenn der König es wollte, und so mancher Undeutsche, der um ihn ist!

Den Tag vor unserer Abreise kam Junker Gotthard so außer Athem nach Hause, daß ich befürchtete, es wäre ihm ein Ehrenhandel aufgestoßen. Was ist dir? fing ich an. Und siehe da, man hatte sich über sein grünes Kleid lustig gemacht, und wußt' er nicht, wie er damit daran war. Warum, fing ich an, hast du nicht was daran spendirt und dem Witzling, dem eine derbe Antwort noth that, Wehr und Harnisch genommen? Warum waghalsen, sagt' er, Bruder? Wir reisen heute. Morgen, erwiedert' ich. — Damit ich mich räche, fiel er ein, heute! Ich hatte Mühe, ihm zu beweisen, daß man sich darum an einem Verräther der grünen Farbe nicht rächt, wenn man einen Tag früher aus Berlin reiset. Wir blieben die vollen acht Tage.

FSC
www.fsc.org
MIX
Papier | Fördert gute Waldnutzung
FSC® C083411

Kolibri 360 GmbH
Ferdinand-Jühlke-Straße 7
99095 Erfurt, Deutschland
produktsicherheit@kolibri360.de